U0175103

BUSTING
BEAUTY MYTHS
SO YOU KNOW
WHAT TO USE
AND WHY

美丽圣经

THE
BEST SKIN
OF
YOUR LIFE
STARTS HERE

PAULA
BEGOUN
Bryan Barron
Desiree Stordahl

升级版

【美】宝拉·培冈
布莱恩·拜伦 德希莉·斯托达 著
童文煦 程云琦 译

目录

前 言

永远不变的是变化本身

化妆品行业，尤其是围绕着护肤品当中最令人难以置信的事，莫过于皮肤生理学和生物学知识及技术的更新速度之快了。在过去的30年里，我们眼花缭乱地见证了各种关于皮肤功能的研究与严肃调查，以及它们的成果所揭示的保养肌肤的更好方式。那些新的成分、新的成分组合以及新的科学发现，促进了化妆品行业的发展，给我们带来一次又一次惊喜。

我们一直关注皮肤和护肤品行业新的研究和数据，并据此在网站PaulasChoice.com的“专家建议”以及“化妆品成分词典”这两个专栏里进行及时更新。我们注重基于科学研究信息的应用，因为化妆品行业中有太多陷阱，人人都急欲推出自己的奇迹产品，或者某种刚被发现的最佳成分。不幸的是，如果你被这些引诱所迷惑，遭殃的是你的皮肤。我们见过太多骗人的成分在市场上来了又走，有些持续的时间还很长，甚至有一些至今仍不肯退场，继续伤害着使用者的肌肤。

穿透这些宣传迷雾，找出科学界和学术界对于皮肤和护肤的最新发现，以及这些领域里经过严肃研究得到的真正可信的结论，这才是以最佳方式保养你的肌肤的必备良策。在过去的30年中，我们不间断地提供这些信息，并致力于将这种努力一直持续下去。读完本书，你还可以访问

BeautyMythBusters.com，这样你就能继续跟上最新研究的脚步，了解那些真正对皮肤保养有用（或没用）的技术。我们将持续帮助你，让你的皮肤能够保持生活中最好的状态，无论是现在，还是将来！

第 1 章

拥有生命中最好的肌肤

我们的寄语

“从现在起，拥有生命中最好的肌肤”，这个说法听起来像是大胆的自夸，但我们对此充满信心，毫无愧色。我们的信心来自本书每一页所包含的信息都基于最新的研究，它们都以你能够理解并可行的方式，通过互相配合的护肤体系一步步地解决你的皮肤问题。由此，我们确信你能获得并保持你梦寐以求的美丽皮肤。我们贯穿全书所展示的各种细节、推荐和鼓励，都能令你快速找到解决自己皮肤问题的最佳护肤产品和解决方案。

宝拉的自述

作为本书作者之一，我大概算得上是在化妆品领域里关于美容护肤的书籍作者中历史最悠久的那个人。如果你对我的作品还不熟悉，那么允许我简单介绍一下自己：在学习、评论和研究护肤领域的科学与医学杂志方面，我有着超过 35 年的经验。我接受过科学背景的本科教育，在西雅图做了四年生活时尚记者。从 1985 年开始，我就开始写书（第一本书是《别再用蓝色眼影了》）——你手上的这本已经是我在美容、护肤、化妆和美发领域所写的第 21 本书了。大多数我写的书都超过 500 页，有些甚至超过 1 000 页，在全世界已经卖出了几百万册。

顺便说一句，在这 21 本书中，我与本书另一位作者布莱恩 · 拜伦合作了 8 本，与第三位共同作者德希莉 · 斯托达合作了两本。除此之外，我们还一起合写了关于皮肤与护肤领域数不清的短文。

另外，我还是成立于 1995 年的宝拉珍选（Paula’s Choice）护肤品公司的创始人。这家公司研发了针对各种皮肤类型和皮肤问题的系列护肤品。毫无疑问，我喜欢我们公司自己开发的产品。但其他公司的产品线里也有不少好东西，而且我的目标一直是帮助你获得最佳状态的皮肤，帮助你了解如何护理皮肤，该做什么、不该做什么，以及找到最适合你的皮肤类型以及最能够解决你皮肤问题的产品。

为了实现这个目标，自从宝拉珍选问世以来，我的团队和我自己就已设计了超过 100 种护肤产品，今天仍在努力。我的团队里有着化妆品行业最优秀的人才，在利用护肤领域最新信息和研究成果这方面我们一直不遗余力。我们注重的唯一标准是对于皮肤的真实了解。我们不会用欺骗和误导性的信息来浪费你的时间。

宝拉的历程：回到过去机器！

自从化妆品工业诞生以来，我就一直对它爱恨交加。我很小的时候就对护肤、化妆和护发有着强烈的好奇和热情。我的热情并不表现在热衷于购买市场上各种新奇的化妆品，而是想要解决我自己的皮肤问题，虽然我已经使用了我能找到的各种产品，咨询了各个专家，皮肤却越来越差。对于一个十几岁的少女来说，那段日子真是生不如死。直到今天，当我回想起自己在那个阶段虽然年轻却不能拥有漂亮皮肤所面对的压力和尴尬时，依然痛苦万分。

从 11 岁起，我就开始为自己的超级大油皮和痘痘而烦恼，我全身超过 60% 的皮肤被令人绝望的湿疹所覆盖（因为湿疹让我不停地抓痒，我的手常常发炎疼痛，只能戴着手套握笔）。那个时候我对生活的唯一要求，就是有一种能真正实现化妆品公司所宣称的效果的产品。这个要求听起来并不过分，不是吗？月复一月，年复一年，一次又一次，我使用了各种不同的产品，每一种都宣称能解决我的问题。总有一种能行吧？然而，在那几年里，不管这些产品来自化妆品柜台、药妆店、美容院甚至皮肤科医生，每一种我勇于尝试的产品带给我的最后都是失望。无论那些产品的宣传和承诺多么美妙，使用后我的皮肤都毫无起色，而且还渐渐地越变越差！绝望无助的我，在一次次让人沮丧的循环中寻找能让我皮肤起死回生的产品——然后再次失望，再度痛苦。但是，就像大多数女人一样，我还是不死心，一次又一次地尝试。

终于，在我成年之后，我意识到大多数化妆品的宣传要么就是严重误导，要么就是完全错误，最好的也是承诺过头。我决心一定要找到关于皮肤和护肤的真相——现在这已经成为我无法抑制的习惯，最终让我迈出了进入化妆品领域的职场第一步。这条路并非一帆风顺，我在开始时并不知道自己会有今天这样的成就，我只觉得自己有一种使命感，而且我在这条路上行走时从来没有放弃和偏离这一终极使命。

从我的第一本书出版，到成千上万次媒体访谈，到对世界各地女性的演讲，再到那些我研发的产品，我决心让自己的皮肤变得更好，让我所认识的人的皮肤变得更好，让全世界所有人的皮肤变得更好，过去如此，未来也会如此。我不愿意看到别人经历我曾经经历过的痛苦。回顾我不断演进的职业生涯，我相信自己达到了大部分当初所设定的目标。但我不会就此停步！还有许多工作和研究等着我进行。

改变宝拉一生的时刻!

早在1977年，我就开始了自己的化妆品职业生涯。在我早年从事化妆师和护肤品与化妆品销售工作时，我并不知道造成这么多护肤品和化妆品的真实效果离宣称效果相差十万八千里的具体原因，我只感觉到它们没有广告宣传的那么神奇。绝大多数产品的实际效果与宣传效果常常相差甚远。但在那个时候，我无法证实自己的感觉，想想吧，当年可没有现在这样的互联网，甚至大家都没有个人电脑。

大概就在那个时候，发生了一件事，堪称是化妆品界最具历史意义的事件之一。1977年，美国食品药品管理局（FDA）起草了《公平包装与标识法案》，它几乎是一部专门针对化妆品行业的法案，彻底改变了这个行业的规则，也改变了我的人生轨迹。经过多年的法律诉讼和谈判，最后落实的是，强制要求所有化妆品在其外包装上按含量从多到少依次列出其所含的全部成分。最前面的是含量最高的成分，最后面的是含量最低的成分。

现在已经很难想象这一事件在当时所具有的革命性和重要性。美国在1977年让该法案通过成为法律，第二个强制要求列出化妆品全成分的国家（澳大利亚）直到1995年才立法！而其他国家的加入大多是在2000年到2009年之间。

显而易见，我很高兴终于能够了解某款化妆品里到底含有哪些成分，但同时却又碰到了新问题，甚至感到失望，因为那么多成分在当时完全无法理解（现在也一样）。标签上有了这么好的信息，我却不知道自己所读到的到底代表什么，要知道，可能被化妆品设计师选来加入产品的成分多到成千上万种。

它们让我头疼，不过也正是它们激励了我立志看懂这些成分，并将我学到的东西传播给其他需要的人——这也导致了后来我的书以及宝拉珍选护肤品的诞生。

因为我大学学的是理科，而且有去图书馆看科学期刊的习惯（都是图书馆里的那些大部头，要知道那时候谷歌还未出现），我便开始了搜寻。我把自己淹没在生物学和生理学著作以及与皮肤相关的各种科学和医学期刊里（这个习惯我一直保留至今，并与我的团队分享，虽然在资料搜集方面现在比那时方便了许多）。

仅仅知道成分是不够的

虽然终于知道产品里到底含有哪些成分，且这些成分到底是有效或有益的还是有损皮肤的是一件大好事，但这还不够。换句话说，虽然我现在已经知道产品配方里每一种成分的功能，但在这方面依然有一些根本和复杂的问题需要解决。我还要知道每种成分的含量、针对的是什么类型的皮肤和什么样的皮肤问题（痘痘还是皱纹、干性皮肤、酒渣鼻、油性皮肤、混合性皮肤、晒伤、失去弹性、黑头等）、处在什么样的产品里。而且，如果一个人的皮肤有各种问题，比如油性皮肤有皱纹，偶尔又有痘痘发作，或者干性皮肤酒渣鼻加晒伤，又该怎么办？很多人，包括我自己，困扰于这种复杂状况，如何解决这些看上去相反的症状并不是一件易事。

只要想想当初为了解决自己的问题和达成自己设定的目标时所参考的汗牛充栋的科学和医学文献，就让人崩溃，更何况这类问题数不胜数。

其中最基本的问题，就是在各种基本护肤方式的框架下，哪些产品可以组合在一起，以及摒弃哪些不需要的产品，才能解决某个人的皮肤所面对的所有问题，获得漂亮健康的皮肤。

一个更复杂的问题是，大多数护肤品成分在起有益作用的同时，往往还有一些让人讨厌的副作用（或潜在的伤害皮肤的可能性）。例如，不是在同样的配方里任何成分都能保持稳定，但某些成分一旦与另一些成分以某个比例共同存在，就能保持稳定。还有一个问题，就是产品中某种成分需要多少含量才能获得最佳效果。

涉及植物提取物时，事情变得更加复杂。因为就算是同一种植物，不同部位的提取物会有不同的性质。以绿茶为例，在产品成分表里，它可能被列成茶（*Camellia sinensis*）。研究显示，绿茶是一种很好的护肤成分，但哪个部位的提取物最好？你用的是叶子、花、根，还是茎？我逐渐认识到，对于每种成分都会有这种细节问题。

我走进图书馆，在里面花了无数时间寻找这些问题的答案。足足花了五年时间，我搜集到了足够多的数据和细节，了解了对于各种类型的皮肤以及各种皮肤问题哪种配方最有用，而且更重要的是，哪些成分或配方会对皮肤造成严重伤害或刺激。

这些信息的集大成者就是我的第一本书《别再用蓝色眼影了》，出版于1985年。两年之后，我第一次作为嘉宾出现在奥普拉秀中，后来我又14次出现在这个系列里。

古老智慧并不聪明

至少在护肤方面，古老智慧并不聪明！每次我完成一本书，我就对自己说，这一次我终于说完了我想说的一切，人们终于能够像我一样，找到解决自己皮肤问题的方法，获得最好的皮肤，我再也不需要写另一本书了。显然，事实并不如此，因为后来我又写了更多的书、更多的文章。我多么希望我的第一本书就能够涵盖一切，但随着数不胜数的新研究以及新发现被发表，人们对于护肤知识的了解也有了发展和变化，相应地，我们对什么东西对皮肤有用（或无用）的结论与推荐也有了改变。

随着科学研究不断演进，我们的工作也在发生变化，因为我们总是将经过最新研究证实对皮肤有益的信息整合到我们的推荐之中。每一本新书都反映出当时显著且意义深刻的新成果，让你能够从中获得借鉴并让你的皮肤获得最好的护理。和以前的每一本书一样，这本书（以及宝拉珍选护肤品）所关注的唯一话题就是美丽的皮肤！

许多人问我们：为什么护肤这么复杂？相信我，我们也希望护肤简单一点，可是事实并不尽如人意，虽然我们理解有些人对此充满怀疑。有的女性这样对我说：“我祖母就用肥皂洗脸，她看起来很不错！”我一点都不怀疑她的祖母是个美女，但我同样不怀疑你现在用的是手提电脑而非继续使用打字机——或还在用着座机而不用智能手机——仅仅因为你祖母用她的打字机和座机很顺手。与手提电脑和智能手机一样，护肤领域知识的进步反映在研发今天的最佳产品时必须使用最新科技的发展之中。

保养皮肤可能与航天技术一样复杂，但尽管护肤有着多面性和复杂性，我们还是会尽量将它以浅显易行的方式讲述出来，让你能做出最有利于你皮肤的选择。

我无意冒犯上一代和古老的智慧，但以前一些常用的护肤方式和产品的确往往会带来灾难性的后果，它们并不能让你的皮肤变美，也无法解决你的皮肤问题。不要用那些上古的护肤误区来欺骗你的皮肤。仅仅在20年之前，人们还没有关于防晒重要性的信息，也没有认识到抗氧化剂、促进胶原蛋白生成、防止环境因素对皮肤伤害等方面的重要性。

另一个要点是你要记得在护肤产品中不存在某个奇迹成分。这是本书想要传达的事实里较难被接受的一个，你发现它难以接受，是因为化妆品公司接连不断地开发出新成分，并天花乱坠地跟你讲述各种引人入胜的故事以及它们在护理皮肤方面令人难忘的神奇功效。要拒绝这些持续不断的诱惑是很困难的。你要尝试拒绝下一个某种稀有植物的提取物、精油或新合成的成分带给你的诱惑，因为，这些信念只会让你的肌肤遭受磨难，无一例外。并不是因为这些新成分没有意义，或者不具有对皮肤的潜在好处，而是因为皮肤太复杂了，绝对不可能只使用某一种奇迹成分，一切问题都能解决。事实恰恰相反：皮肤需要一大堆成分才能维持和恢复健康，保持年轻光滑，并且看上去完美无瑕。

宝拉珍选的诞生

宝拉珍选护肤品诞生于 1995 年，我对我们开发的产品十分自豪。它的诞生大约在我的第一本书出版后的十年，想起来这真是一个非凡的旅程，我相信未来也同样如此！

创建我自己的护肤品产品线是一件有争议的事，因为我一直对化妆品行业持强烈批评的态度。开发自己的产品是不是意味着我弃明投暗了呢？我又如何能在产品评鉴中做到公正无私？任何一个熟悉我过去几年工作的人都会知道，这个因素从来没能让我在原则性和公平性上作出分毫让步——你会看到恰恰相反。我和我的团队对于开发产品了解得越多，与出色的化妆品化学家合作得越深入，我们对于护肤行业及护肤产品的知识就越深刻。所有这些经验都增加了我不仅要创造一系列好的产品，更要提供可靠的有研究数据支持的化妆品信息的动力。

当初我之所以创立宝拉珍选护肤品的原因在很大程度上来自我的朋友、

家人和我的读者们的压力。她们一直要我开发自己的产品，不会有那么多我在评论其他产品时所说的“但是”和警告。她们对我说：“在你的评论里，你总是说‘这款产品不错……但考虑到你真正得到的好处，实在太贵……但它含有太多香精……但它所用的包装让成分不稳定……但市场上还有其他更好的产品’。”她们常常回敬我说：“那你做一款自己的产品，让我们知道该用什么，否则你说了那么多，我们依然不知道该选哪个！”我了解她们的感受。

还有一个原因让我考虑开发宝拉珍选护肤品，虽然我有些不愿意承认。我不想再继续写书，宁愿开始做产品。我的每本书都变得越来越厚，耗费了我太多时间和精力进行研究。看上去我将精力、时间和对护肤的经验投入到产品开发之中似乎更容易一些——不再写书了。

所以，1993 年，在我生活中所有人的劝说和鼓励下，在克服了自我怀疑之后，我终于开始相信“对啊，我可以开发最佳护肤产品，不再有那么多‘但是’，而且里面所含的都是经过研究证实对皮肤有益的成分”。这就是宝拉珍选护肤品的来由，而第一款产品的真正诞生则是在差不多两年之后！

显然，你们现在都已知道，我对写书的热情并没有消退！我对自己之前十年所从事的工作和生活无法放下！传播护肤信息不仅仅是我的使命和传统，更是我生命的意义和价值。

我还要明确声明一点，对那些认为我痛恨化妆品行业或者我只爱自己产品的人说，你们的看法完全背离事实。我一直对配方正确的产品所能带给皮肤的正面效果充满敬意，不管它们是由谁开发的。但是，我的确痛恨那些可笑的宣传和误导，以及那些配方差劲的产品，因为这些实践让消费者无法正确护理她们的皮肤并浪费她们的金钱。当然，我绝对喜欢自己的产品，在本书接下来的部分中你也将见证这一点，但我绝对没有忽略其他选择。

众志成城……

刚开始时，研究与写作都是我自己一个人进行的，但幸运的是，我的合著者布莱恩和德希莉加入了进来，还有其他配方专家、研究者以及一些专家都帮助我们出版书籍、发布文章、维护网站。尤其是我们的网站PaulasChoice.com，现在已成为世界上提供详细护肤信息的最佳及最及时更新的网站之一。

我们这个出色的团队齐心协力一次次地完成了旁人认为不可能完成的任务。我们的书，每一版都超越了前一版，达到了一个全新的高度，提供给你护肤和化妆领域无与伦比同时又易于理解的信息。毫无疑问，缺了宝拉珍选整个研究团队的不懈努力和奉献，这本书是不可能问世的。在编辑此书的过程中，我们每个人都在信息、研究和哲学上到达了一个全新的高度。

我们一起搜寻并分析了护肤方法和成分领域里无数的研究工作，浏览了大量时尚杂志，花费大量时间去判断哪些有效、哪些无效，并寻求一个最好的方法以帮助更多读者能在复杂无序的护肤和化妆品世界里找到方向。

我一直强调众志成城，只有通过充满激情和专业知识的人所组成的团队的共同努力，才能完成我们宝拉珍选团队所完成的事——例如写出这本书、开发出宝拉珍选护肤品并保证其质量。通过这一切的努力，我和我的团队继续着我们的理想：向大众提供关于护肤和彩妆的最新、最全、最深刻的信息。

分享我们对真相的追求

一直以来，我都在努力工作，试图找出最好的方式帮助人们在护肤方面看到事实与虚幻的差别。一开始，我害怕自己过于苛刻。真的，经常有人指责我对化妆品行业抱有极端偏见，建议我能否温和一些，不要这么苛刻。

现在，如果你在谷歌上搜索我的名字，你就会发现对我的工作持中间看法的人是少数，大多数人不是热爱就是痛恨我的工作。你会看到有人指责我既非皮肤病专家，也不是科学家，认为我充满偏见，我批评别人的产品只是为了推出自己的产品，我的评论一点都不客观，等等。你也会看到很多正面的评论，赞赏我这35年来的工作，以及在面对新的科学发现之后修正自己以前的观点，还有我帮助她们的皮肤变得以前从来没有想象过的那么好，还有感谢我和我的团队提供了她们无法在其他地方获得的护肤信息。

人们也对其他化妆品公司的反应感到迷惑，也就是说，如果我们宝拉珍选团队所说的那些都是真实的，难道其他化妆品公司会不知道这些事实吗？如果他们知道，为什么不跟着做正确的事呢？答案是：我们不清楚。我的书和文章里所引用的研究结果都是公开可查的。在护肤领域，没有什么秘密，因为所有被确认的实验结果都发表在各种科学期刊和医学教科书里，只要点一下鼠标，都能出现在你的电脑屏幕上，甚至出现在你现在使用的手机上，虽然有些时候你需要付一些费用才能看到全文，或者有些报告比较难懂。但不管怎么说，这些研究和它们的结论都不是秘密，就算专利领域里的知识也不是秘密，因为在全世界范围里，你要用专利来合法保护某个发现，就必须公开这个专利所涉及的配方里哪怕最细微的成分细节。

不管你是不是同意本书所列的所有观点，但至少，你的耳边将有一个轻轻的提醒：“这儿有研究结果证实为什么这样对你的皮肤最好”，或者“根据皮肤生理学，这就是为什么这个产品对皮肤没有用或者至少没有商家所宣传的那些作用”。在如何护理你的皮肤方面，与相信那些化妆品行业永远不会停止的误导性宣传和错误信息相比，我们相信这是一个更好的作决定的依据。

对自己皮肤的不满普遍存在

宝拉珍选护肤品在全世界超过 50 个国家有售。这给了我接受成百上千次媒体访谈的机会，我在印度尼西亚的雅加达，韩国的首尔，瑞典的斯德哥尔摩，墨西哥的墨西哥城，新加坡，澳大利亚的悉尼、墨尔本，马来西亚的吉隆坡，荷兰的阿姆斯特丹，俄罗斯的莫斯科，加拿大的多伦多、埃德蒙顿、温哥华，中国的北京、上海和台北，当然还有美国的几乎所有大城市都有过演讲。

我从这些经历里获得的一个事实是：美容行当在全世界所有地方都不正常。世界上没有一个地方的人不困惑于自己该如何护理皮肤。不管我前往地球的哪个角落，那里的人们都满心期盼自己能看起来更年轻，拥有杂志封面模特那样的皮肤。结果，尽管我去的地方不同，被问及的问题却往往完全一样，我几乎不需要思考我该如何回答这些问题！

人们想知道为什么她们购买的护肤品没有用。为什么她们深深的皱纹没有消失？为什么痘痘消退后红色印迹依然存在？为什么她们的皮肤没有被拉紧？为什么她们脸上的肤色不匀没有改善？为什么她们还会发痘痘？为什么她们购买并使用了那么多保证可以改善皮肤的产品后皮肤依然干燥脱皮？为什么她们的皮肤发红敏感？什么是最佳抗衰老成分？知不知道一种刚上市的产品，里面含有一种奇迹成分，它真的有效吗？那种来自摩洛哥、亚马逊、印度、中国或其他你听都没听说过的地方的成分到底怎么样？

在我的讲演过程中，我已经熟悉了那种场景：在了解了美容护肤领域长久以来被那些误区掩盖了的真相之后，理解和信服的表情渐渐浮现在听众的脸上。

所有地方的人们都想好好地护理她们的皮肤，让皮肤看上去年轻，肤色均匀，没有痘痘、粗毛孔等等。每一个我所访问的国家，无一例外。美丽往往意味着拥有年轻和无瑕的皮肤，大家关心的是如何达成这一目标。而这一点——如何达成这一目标——无一例外，总是被层层迷雾所笼罩，全世界都这样。我和我的团队想要在此时此地拨开这些迷雾！我们并不需要你相信我们的保证，我们只是将所有真相展现在你眼前。

渴望美丽皮肤

我们理解皮肤问题所带来的精神压力。我们中的许多人都在自己皮肤看上去或感觉上不在最好状态时自信备受伤害。不管发生在哪个年龄，这种打击都可能让我们难以承受。这还不是最差的，让这些变得更糟糕的是，看起来我们似乎永远无法找到解决这些问题的方法，不管对你还是对我都一样。并非答案不存在，而是在更多时候，事实和真相常常与误导的信息、误区、错误的假设以及糟糕的产品配方纠缠在一起，无法区分。

许多时候，有人告诉你，全天然才是正确方向，或者有一种新的奇迹成分最适合你的皮肤，或者这就是你要找的那款能一劳永逸地解决你所有问题的产品，或者哪个你仰慕的明星正在使用某款你或许也该试试的产品，等等。这个行当使用各种手段向你保证你正以最佳方式护理你的皮肤，它们的产品不会对你的皮肤造成伤害……然后另一种充满希望的奇迹成分或植物提取物又开始在传统媒体和社交媒体上吸引你的注意……又一个循环开始了。

我们理解为什么这些营销手段充满了诱惑，受众们又是多么容易掉入陷阱。我们宝拉珍选护肤品团队的每一个成员都曾经掉入过这种陷阱。这也促使我们决心投入这么多精力，根据科学试验和医学原理来寻找和发现哪些手段或产品的确有效，哪些没有用，而不是听信那些虚构和夸大的宣传。这也是我们团队的每一个成员最终解决了自己的皮肤问题，并帮助世界上几百万人解决了她们皮肤问题的方式。正因如此，我们不仅自豪，而且感到幸运，这一方式能够实现我们的梦想，而且每天如此。

我们可以向你保证，在我们每个人身上，其结果都超乎想象——我们知道你也会获得同样的体验，真实可靠，没有华丽的辞藻和夸张！我们知道这是一个大胆的断言，但相信我们，坚持——你会发现你为此付出的时间和注意力都是值得的。

我们为你担心

为什么我们会为你担心？因为我们知道你所读到或听到的关于护肤的海量信息大多数是不完整、片面甚至错误的，或者只是让你恐惧和担忧。我们担心，依据这些信息你又怎么能够决定在自己的皮肤上使用或不使用哪些产品。误区或夸大宣传不会给你带来最佳皮肤。我们无法忍受那么多消费者被困在笼子里，被那些自相矛盾、令人疯狂的信息所左右，期望下一个所买的产品、所做的护理、所接受的美容手术就是解决她们一切皮肤问题的答案。这是一个邪恶的快乐旋转木马，只要你身陷其中，就一点儿都不会快乐，而且还难以离开。

外界有许多信息都是不可靠甚至错误的，它们不仅无法让你获得最佳的皮肤护理，还可能让你的皮肤变得更糟，唯一不变的就是不停地浪费你的钱。我们实在无法忍受这种做法。

我们将详述过去和现在遍布在化妆品行业每个角落的那些毫无道理或不实用的误区和护肤建议。我们在本书中所揭示的每一个真相，都将帮助你穿越护肤方面的层层迷雾。你将开始以最佳方式护理你的皮肤！本书将实际展示你该如何实现自己的护肤目标，无论你使用宝拉珍选护肤品还是其他品牌的产品。如果我们能成功做到这一点，或许你会发现自己的护肤之路充满乐趣！首先，让我们了解更多的背景……

年龄、肤色和种族不是皮肤类型！

你可以从几个角度了解你的皮肤类型，但首先你应该了解你的年龄、肤色和种族并不是那么重要的因素。我知道你或许难以相信这一点，特别是你常常能读到与此观点相反的说法，但我说的百分之百真实。我并不是说年老的皮肤与年轻皮肤没有不同，或者说深色皮肤与浅色皮肤没有差别，我说的是在你考虑如何护理你的皮肤，该做什么或不该做什么时，年龄和肤色这些因素并没有你想的那么重要。

重要的是你所要解决的皮肤问题和你的皮肤类型。你或许已经60岁了，但依然可能具有油性皮肤，容易爆痘并遭受过阳光伤害，要知道一个30岁的人或许也会面对同样的皮肤问题。

那些针对干性皮肤、油性皮肤、酒渣鼻、皱纹、痘痘、黑头、色斑、肤色不匀、痘印、敏感皮肤、晒伤（每个人或多或少都会受到阳光伤害）、湿疹、混合性皮肤等问题以及各种皮肤类型的护肤产品与护肤成分在本质上都是一样的（只有细微差别），对每个人都是如此。

这就好比是饮食。健康或不健康的食物通常情况下适用于每一个人。无论你的年龄和种族是什么，在你的食谱中多加些绿色蔬菜、水果总是健康的。同样，不管年龄与种族，巧克力蛋糕和反式脂肪对谁来说都不是什么健康食物。

研究已经清晰地表明了哪些护肤配方有着神奇的效果，另一些糟糕的配方却只能让皮肤变得更糟。这个结论与你是谁、多大年纪、什么种族或生活在哪里无关。我们将在第3章“皮肤类型与皮肤问题”中进一步讨论皮肤类型。

设定现实的期望与目标

本书的这一部分可能会让某些读者有些难以接受，因为我们将讨论护肤的局限。人们愿意相信世界上存在某种奇迹产品或奇迹成分，它们能让我们不做美容手术或其他美容整形疗法而达到后者带来的效果。我们也希望能够告诉你这是可行的，然而事实上这样的产品不可能存在。并不是说市场上没有配方精良的优秀产品可供选择，而是它们都有各自的局限（包括我自己的产品也一样）。

我们最真诚的承诺就是绝对不误导你或夸大效果。但不幸的是，我们从自己的经验里了解到，人们对于夸大和虚幻宣传的接受程度远远大于真相。面对虚幻，人们总是一厢情愿地希望，这里面多多少少存在一些真实。因此，我们在这里提供的信息虽然多少会让你失望，但请相信，不再无休止地搜寻和购买那些宣称能产生奇迹效果的产品正是你走上正确护肤之路至关重要的一步。

意识到护肤品具有局限性非常重要，哪怕你看到的广告、读到的文章，销售人员、皮肤科医生、美容师或者朋友的推荐都告诉你某个产品效果非凡，但要记住护肤品永远没有办法达到类似拉皮这样的美容手术所能达到的效果。护肤品的确能够带来明显效果，特别是当你坚持使用良好的产品并一年 365 天始终有效做到阳光防护，但它们还是不能满足你那些过于美好的期望。

护肤产品无法让时间停止，更无法让时光倒流。你无法依靠护肤产品让松弛下垂的颈部、下巴或眼下皮肤变得紧致。你同样也无法消除深深的皱纹或者长期严重的晒伤在你皮肤上留下的痕迹。再说一遍，护肤产品能够明显改善你的皮肤，但它的效果总是在皮肤生理学的现实范围之内。了解了这种局限，知道哪些是可能的、哪些是不可能的，不仅能让你避免一次又一次的失望，还能让你不再把金钱浪费在各种无用的产品上。

你或许听到过这种说法：谎言重复一千遍就会成为真理。化妆品行业也不例外。而在本书中，你将了解到那些被研究证实的对皮肤有益的事实，这些护肤方式可能让你吃惊并带给你显著效果（通常一个晚上就够了），尤其是在你停止使用那些无用（或事实上对皮肤有害的）产品的情况下。

更多惊奇在后面……

在本书中，我们会提供很多信息，下面的清单列出了一些特别重要且普遍适用的要点，你在阅读本书时不妨时刻牢记。在第 2 章“每个人都该知道的护肤真相”中，你将看到对它们更详细的讨论和解释：

» 为什么需要避免敞口罐包装
» 为什么许多天然成分对皮肤有害（真的十分有害）
» 为什么在护肤上花费太多金钱未必就更好
» 刺激性成分如何伤害皮肤
» 为什么你的皮肤并不总是让你知道它正在受刺激或受伤害
» 为什么有些抗痘产品会导致更多痘痘爆发
» 为什么有些眼霜反而会伤害眼部皮肤
» 为什么香精（不管是天然的还是合成的）会伤害皮肤
» 为什么一些精油会对皮肤带来严重伤害
» 为什么抗皱产品无法带来肉毒杆菌毒素、皮下填充或光疗等美容手术所达到的效果
» 为什么防晒产品是每天护肤步骤中不可或缺的组成部分
» 为什么类似“低致敏性”、“不引起粉刺”、“专利成分”、“皮肤科医生批准”

和“药妆”都是些没有意义的名词，事实上，有些最糟糕的产品上都标着这些标签

» 为什么不存在奇迹护肤成分（只存在许多优秀成分）
» 为什么你的皮肤不会对你所使用的护肤产品产生“适应性”或“抗药性”
» 为什么你可能招来你并不想要的皮肤类型或问题
» 你必须避免哪种化妆品成分，又应该选择哪些（并非基于合成的还是天然的这一常见标准）
» 为什么彩妆重在学会合理而有效的化妆技巧，而非购买更多产品
» 还有更多

什么是最佳成分？

一直有人问我和我的团队，护肤产品里哪种成分最好。每次一种新的成分被推出，我们就会被问到它是不是那种可以解决各种皮肤问题的“灵丹妙药”，特别是在抗皱方面。

事实上，能够用于护肤产品的成分成千上万，怎么可能有一个涵盖一切的方式来总结出哪种成分最好？哪怕试图寻找某一种成分能够解决你皮肤问题的想法都是愚蠢的。每个人都试图寻找一种万能产品，但这种产品在护肤世界中不可能存在。

我们希望护肤就像找到一种万能的护肤成分那样一劳永逸，但事实实在不是这样。皮肤，作为我们身体最大的器官，有着很多不同的物质成分，许多激素与分子在此相互作用，让皮肤保持年轻、光彩、光滑、健康、无瑕并且肤色均匀。如同你能够想象的那样：无数因素可能出错，系统会因此受损崩解。

当皮肤本身的修复成分和抗氧化剂充足并且工作正常时，你的皮肤就更容易自我修复，保持年轻状态更久。但如果阳光伤害、年龄、荷尔蒙变化、环境伤害和其他因素让这些修复物质被降解、修复系统运行变慢或改变时，你就必须提供皮肤所需要的物质来自我修复并防止更多伤害。这种修复永远不可能就靠一种成分或单个产品来解决。

就像你的身体需要你每天食用一系列不同种类的有益食物来保持健康一样，你的皮肤也需要类似的一系列复杂成分来保持自身健康。而且，不同皮肤类型需要不同的产品。例如油性、干性或混合性皮肤，以及受酒渣鼻、阳光伤害、褐斑、红印、痘痘、皱纹等问题困扰的皮肤也都有着不同的需求。某一种成分或许能够帮助解决某些问题，但显然不能解决所有问题。

好消息是，我们有几百种有益皮肤的很好的成分。另一方面，也有几十种很差的成分（既有合成的，也有天然的）会对皮肤带来严重问题。每次当你读到某种维他命、植物精油或植物提取物是护肤“最佳”成分时，不要相信。这么说吧，绿茶可能是一种很有益的饮料，但如果你只喝绿茶，不吃别的东西，很快你的健康就会出问题，甚至致命。你的皮肤也一样，平时它需要在皮肤中找到一大堆物质来“食用”，一天都不能少，这样才能尽可能保持健康。不幸的是，这使得皮肤护理变得复杂起来，但我们有各种信息可以帮助你让这个过程变得尽可能简单易操作。

天然成分怎么样？

关于全天然或来自天然或有机成分的讨论是一个两极分化的话题。有些人喜欢使用只含有天然或有机成分的护肤产品，但有些天然或有机成分会伤害皮肤，在这种情况下，使用那些产品并不会给你的皮肤带来益处。（天然未必总是更好，氰化物、铅和蛇毒可都是货真价实的天然物！）评价一个成分时，我们问的问题永远是：它对皮肤的潜在好处与潜在害处是什么？如果它有刺激或伤害皮肤的可能，那么危害有多严重，有没有其他替代成分可以提供同样的好处但没有这样的潜在危害？

你会对造成皮肤问题并最终对皮肤造成伤害的天然成分种类之多感到吃惊。护肤产品中并非所有的天然成分都是有益的。许多护肤品公司在吹嘘它们的天然成分时并没有说实话，它们暗示所有的合成成分就是有害的，但事实上许多合成成分能带来极好的护肤效果。

简而言之，全天然或来自天然的成分中有好的，也有不好的，同样，合成成分中也有好成分和差成分。这就是我们为什么一直关注各种研究文献的原因，以帮助你找到那些含有更多已被证实对皮肤有益成分的产品，避开那些含有大量刺激性、伤害性成分或者效果被大肆夸大达不到你所期待的产品。

为了让你更容易看懂成分表，我们在本书中整理了一部分化妆品成分词典(详见第16章)。它列出了一些你在护肤品成分表中能看到的比较典型的(和有争议的）成分，并解释了那些成分到底是什么东西，有什么作用，依据的是公开发表的研究，而非夸张或想象中的营销故事。

不要试用产品

我们经常被问到为什么不要通过试用某种产品，来看看自己是不是喜欢，或者根据别人的经验来判断某种产品是否适合自己。我们实在想不出在护肤方面有比这更大的错误了：仅仅根据某个人的（你的或别人的）感受，来判断某款产品是否对你皮肤有益或该产品的质量到底如何。就算在我们宝拉珍选护肤品团队，我们也不会自己试用产品线里的所有产品来确定它是否有效。

我并没有说你不应该使用一种自己喜欢的产品，但你的选择范围应该仅限于配方良好的产品，那些适合你的皮肤类型并且含有已有研究证实能产生非凡效果的成分的产品。仅仅依靠试用某款产品的感受本身，并不能提供你是否需要这款产品的最重要信息——配方质量。

那么，试用产品看看效果到底如何又有什么问题呢？答案是如果仅仅把护肤品涂在皮肤上，哪怕保持相对较长的时间，你也未必能够判断出该产品是帮助还是伤害了你的皮肤。这么说的理由有很多。

首先，使用（甚至只是“试用”）一种配方糟糕的护肤产品会对你的皮肤带来巨大危险。仅仅因为某些人依据自己的体验喜欢上某款产品，并不意味着它就是一款配方良好的产品，对她们或对你都一样。她们或许只是喜欢这款产品抹在皮肤上的感受或外观，但这与该产品会帮助还是伤害你的皮肤并无关系。

在护肤领域，甚至在饮食方面也一样，人们常常“喜爱”对自己并没有益处的东西，不仅短时间内如此，甚至长期都这样。对于护肤品，你很难甚至不可能仅仅从试用上区分出好产品和坏产品。产品还有可能被放在敞口罐包装里，这会让有益成分迅速降解；产品也可能含有问题成分，在长期使用后对皮肤产生伤害；或许它不含任何能够解决某种皮肤问题的有效成分；或者它缺乏某种关键成分，比如作为日霜，却没有防晒成分。

这样想吧，就像有人发誓抽烟来减肥，但这并不意味着抽烟有益健康。要意识到许多护肤品兼有益处与害处，有些效果是长期的，需要很长时间才能显现。健康饮食的好处也不会立刻显现，不健康的饮食的作用也一样，或许要许多年以后你才能看到造成的伤害。配方糟糕的护肤品也一样：伤害可能一直在发生，但是你却注意不到，因为它发生在皮肤深层，目不能及。可能要几年以后你才能在皮肤表面看到其造成的后果。我不想我们中的有些人在多年以后才发现自己涂抹在皮肤上的产品配方有多么糟糕。

我们实在没有必要通过试用来测试某种产品的优缺点，因为对护肤品所使用的大多数成分都已经有了相应的研究结果，而且这些数据和结论都是公开的，与食品和药品一样。你不需要亲自试吃加工速成食品来证明它们不够健康，或者特意去抽几年烟来证明吸烟的确有害。大量实验早已证实了这些东西所会导致的后果，护肤品成分也同样如此。

护肤品成分如何组合，如何在产品中发挥作用是化妆品、医学和生物科学研究中早已被熟知的课题。现在有非常详尽的医学与科学研究文献来反映这些成分如何影响皮肤。我们关于各种成分作用的信息就来自这些研究，这也就是为什么借助我们的推荐，你能够真正找到适合你的皮肤类型并解决你的皮肤问题的有效产品的原因。你会喜欢使用我们推荐的产品——因为它们有效！这是我们大家一致认同的想法，对不对？

你读得懂成分表吗？

我希望我能教会每个人读懂成分表，因为这里面包含着用来评价几乎所有护肤品（彩妆则是另外一个话题，我们将在第 15 章讨论）基本功能和效果的最基本但又最重要的信息。成分表是了解某款产品的宣传是否合理，以及评估该产品对皮肤到底是有益还是有害的关键。但是，读懂成分表并不容易，特别是在你缺乏化妆品科学或配方背景知识的情况下。

最先体会到却也是最麻烦的地方在于一款护肤产品配方中可用成分如此之多。真的有成千上万种成分可被用于护肤产品，而其组合更可以有亿万之多。目前的国际化妆品成分名单（INCI）是四本大部头，网上订阅价格高达几千美元。

更复杂的是那些成分的化学名常常过于技术性，让人不知所云。一个普通消费者又怎么可能了解聚甲基倍半硅氧烷、棕榈酰六胜肽 -12 或乙酰蓖麻醇酸丁酯是些什么东西，更不用说它们有些什么作用了。就算植物提取物的名字也让人读起来费劲，例如平铺白珠树（*Gaultheria procumbens*）或加州希蒙得木（*Simmondsia chinensis*）。维他命 C 是很好的护肤成分之一，但它有着十几种不同形式，常常以非常专业的名字出现在成分表里，而且每种都在各自的配方里起着不同的作用。

读懂成分表以及各种对某种成分或产品效果的宣传诱惑这一天书已经够难的了，更不要说整合网络上以及其他来源对某些成分的恐怖传说了。几乎可以毫无例外地说，你读到的关于羟苯甲酸酯、聚硅酮、矿物油、硫酸盐之类成分耸人听闻的危害都是毫无根据的。有些时候这些所谓的危害是对研究结果断章取义的解读，得出的完全是毫无意义并且错误百出的结论；在另一些例子里，这些结论完全是凭空捏造，是对原本就不靠谱的信息的进一步加工并夸大，常常完全没有科学依据。

只要摆弄事实，任何成分都能变得可怕。例如水的化学名称是一氧化二氢，听起来很容易与有毒的一氧化碳相混淆，因为它们的英文名听起来有点相似——更不要说虽然水完全无毒，但如果在很短时间内饮用太多水一样会对身体带来严重伤害。

让我用矿物油在护肤品中的应用来说明这种成分“恐怖主义”的危害吧。有些人费尽心机想让你相信矿物油对你有害，让你心怀恐惧，但研究结果恰恰相反。或许出乎你的意料，矿物油也是天然成分（来自地球上自然形成的石油），更重要的是，研究还明白无误地证实它是所有化妆品成分中最温和、最安全的一种，特别是对损伤愈合和干性皮肤而言。从某种意义上说，它甚至比水还安全！

另一个被妖魔化的护肤品成分是聚硅酮，它们是一组非常出色的成分，数十年来一直广泛应用于全世界医院的烧伤科；还有硫酸盐，它们既不会伤害皮肤，也不会致癌；苯甲酸酯也是用于化妆品中最安全和最无刺激性的一类防腐剂。

真实且公平的科学信息都在那里，要发掘并从各种研究报告中过滤出真相却费尽我们全部精力，这些知识并不是一个普通消费者能够轻易了解或在很短时间内就能掌握的；就算很多从事化妆品行业的专业人员在这方面也感到困难重重，因此那些误导性或完全错误的信息才能够轻易占领市场。现在，让我们告诉你关于护肤品和如何最佳护肤的真相吧。

第2章

每个人都该知道的护肤真相

为什么你的皮肤尚未处于最佳状态

很多因素让你的皮肤状态不尽如人意：晒伤、遗传、皮肤病、衰老、激素水平下降、健康状况、污染、含有刺激性成分的护肤品等等。或多或少，所有这些因素都造成自由基伤害，这是一个持续存在于我们体内与体外的分子降解的复杂过程，常常伴随炎症反应或由炎症反应所引起。

在你体内发生的自由基损伤和炎症带来的结果是衰老与疾病，同样不可逆的损伤也发生在你的皮肤表面和内层。日积月累，这些持续性的伤害过程一次次地带来炎症，慢慢减弱皮肤自我修复的能力，让它不再年轻、健康、紧致和肤色均匀，并且长出痘痘。炎症还能引起皮脂的过量分泌，让皮肤不再光滑。不管你从什么角度看，炎症反应永远是个坏消息!

虽然上面所列的各种因素都通过它们所引起的炎症反应让你的身体和皮肤陷入混乱，但你涂抹在皮肤上的东西也会带来同样的伤害，甚至常常在带来这些伤害的过程中起着更重要的作用。护肤产品会对皮肤带来刺激，因而引起炎症反应，带来各种问题——那些你试图用护肤产品和美容手术来解决的问题。

在了解了你的皮肤类型以及要解决的皮肤问题之后，知道你的皮肤需要什么非常重要。但同样重要的是，你还需要知道你的皮肤“不需要”什么。这一点至关重要，因为你所使用的护肤产品可能会加重你试图解决的皮肤问题。

我们研究护肤产品配方已经多年，依然常常惊诧于许多消费者为了解决某一皮肤问题而购买的产品到头来却让皮肤问题变得更为严重。例如，据称能够控油的护肤产品常常含有一些让皮肤变得更油的成分。一些号称无油的产品所含成分会让皮肤分泌更多的油脂。一些号称不会引发痘痘的产品却含有能堵塞毛孔的润滑剂，听起来这些润滑剂毫无坏处，只因为我们读不懂那些印在包装盒上的成分表里的名字。难以计数的护肤产品中含有刺激性成分，每次使用都会加重对皮肤的伤害。在本章中，我们将要讨论的就是这些问题。

刺激性是你的皮肤的最大敌人

无论怎么强调这一点都不过分：刺激和炎症反应对皮肤有害——非常非常有害！未经防护的每天日晒、用过热的水洗脸，以及使用含有刺激性成分的护肤产品会对皮肤产生伤害，造成炎症反应。这些伤害降低了皮肤自我修复的能力，降解皮肤的主要维护物质（胶原蛋白和弹性蛋白），让皮肤外层的保护功能变弱，并带来许多其他症状。

有着油性皮肤的人，尤其应该注意这些皮肤刺激会影响毛孔中的神经末梢，其后果是带来更多雄性荷尔蒙分泌，而雄性荷尔蒙能促进油脂分泌并让毛孔变得更为粗大！当然这对任何类型的皮肤来说都不是什么好事！

研究揭示，随着我们对日晒（紫外线辐射）、污染、吸烟，甚至护肤品中的刺激性成分所造成皮肤炎症反应了解得越来越深入，我们对于皮肤衰老、皱纹、褐斑、皮肤自愈以及痘痘之类的形成机制也越来越清楚。所有这些因素都导致了皮肤内部逐渐积累的损伤，导致胶原蛋白和弹性蛋白的降解，抗病细胞的死亡以及难以控制的自由基损伤。

皮肤的沉默杀手

如果吸烟带给身体内部的损伤能够马上在外部显现出来，吸烟者戒烟或许会容易一些。令人遗憾的是，事实并不如此。我们已经知道，这种伤害往往要经过好多年的积累才能显现出来。有趣的是，在皮肤伤害方面也同样如此。

人们常常认为自己用的护肤品对皮肤没有伤害，因为她们没有看见或感觉到任何负面反应。但是，虽然我们可能没有看见或感觉到什么，然而事实上，我们在皮肤表面所涂抹的东西或进行的动作所带来的损伤已经在皮肤表面之下发生，早晚有一天（或许是多年以后），这种伤害将在皮肤表面显现出来，会使皮肤不再美丽。

只要想象一下皮肤对无防护日晒的反应，你就能明白刺激性的护肤方法或护肤产品对皮肤所造成的不可见的伤害。日晒是造成自由基伤害和炎症反应的主要原因之一。这种伤害会造成褐斑、皱纹、皮肤癌和其他病变。但是，除非在很罕见（希望真的如此）的情形下，你在晒伤痊愈后并不会感受到甚至看到太阳对你的皮肤所造成的伤害，直到——你猜对了——多年之后。更让人吃惊的是，阳光里杀伤力最强的那部分光线能够穿透窗玻璃——这才是真正的沉默杀手！

香精：你的皮肤的麻烦制造者

我们都被芬芳的香味所吸引。事实上，大多数人选择护肤品的第一步往往是闻一下它的气味。虽然使用一款具有迷人香味的护肤品是一件乐事，但事实往往不尽如人意。不管那些香味来自植物还是化学合成，除了很少的几个例外，能取悦你的鼻子的物质大多有害于你的皮肤。

大多数香精成分散发香味的方式是通过复杂的挥发性反应，而这种反应往往会对你的皮肤产生刺激并引起炎症。研究证实，护肤品中的芳香成分是引起皮肤过敏反应和刺激的最常见的原因。

这意味着如果你每天使用含有大量香精的产品，无论这种香精是天然的还是合成的，都会给皮肤带来慢性刺激，干扰胶原蛋白的正常生成，造成皮肤变干或加重该症状，使皮肤自愈能力受损。对于所有类型的皮肤来说，使用无香精产品都是有益的。

不幸的是，你的鼻子并不能从一款产品的气味中精确分辨出是否含有刺激性的芳香成分。许多有益的护肤成分（例如抗氧化剂）含有天然香味，有些闻起来还相当不错！然而，区别那些能够真正缓和炎症反应的抗氧化成分与人工添加用来“勾引你的鼻子”的刺激性香精成分并不是一件易事。

在护肤品领域，基本信息都存在于成分表中，但阅读起来就像是在上大学化工课，读懂它们是一个挑战，尤其是芳香的植物油常常以提取它们的植物的拉丁学名来呈现，而不是用更显眼的“香精”二字。

每个人的皮肤都是敏感的

我们中的大多数人，或多或少都有着敏感性皮肤。也就是说，我们的皮肤对环境有负面反应，也因此可能对抹在皮肤上的东西产生负面反应。不管你的皮肤属于什么类型，有着什么皮肤问题，刺激性物质都会让皮肤发生炎症反应，这种炎症反应绝对是一种损伤皮肤的因素，不管刺激来源是什么，哪怕负面反应并不马上呈现在皮肤表面，其伤害也一样发生。许多因素能刺激皮肤，有些我们能够避免，另一些我们无处可逃，但使用优良的护肤产品以及注意防晒能够将这些刺激因素对皮肤的影响降至最低。

不管你觉得自己的皮肤对环境因素及所使用的护肤产品有着如何不同的反应，事实上对于刺激与炎症反应来说，我们的皮肤都具有敏感性，都会为其所害。

总之，不管你自己是否感觉到，你的皮肤都是敏感的。如果你想尽最大可能保养自己的皮肤，不管你的皮肤类型是什么，你都应该像症状更明显的皮肤敏感者们一样，对自己所使用的护肤产品更加小心，永远以最温和的方式对待自己的皮肤。不管面部皮肤是中性、油性、干性或易发痘，你都应该温柔对待，尽最大可能不用那些会引起刺激的产品。这个习惯对于获得并保持最佳的皮肤状态至关重要。

温柔相待

每个人的皮肤都会对刺激性的护肤成分产生负面反应，因此，为了皮肤的整体健康（也因为刺激对皮肤如此有害），你能够温柔对待皮肤的一切举措都是有益的。我们将在本书中多次提到这一点，不是存心唠叨，而是我们的良苦用心，希望这个观念能深入你的心中——温柔对待你的皮肤非常非常重要!

永远记得温柔对待你的皮肤并且只使用配方优良、不含刺激性成分的护肤产品，它们能促进胶原蛋白的正常生成，有助于你拥有光滑和亮丽的皮肤，有助于皮肤更好地保护自己免受环境伤害，防止或减少过多油脂分泌，并且让粗大的毛孔变小。本书后面的章节将详细告诉你对于每一种皮肤类型和具体的皮肤问题应该如何应用这一原则。现在，仅仅避免使用刺激性产品并且学会对自己皮肤温柔相待，我们就能保证你将看到自己皮肤的巨大改善。

成功护肤守则

遵守最佳护肤方式的基本守则是你获得最佳皮肤状态的重要方式之一。

要持之以恒。再好的护肤方法，也需要经常性地实施才能获得最佳效果。有些产品要求每天使用一次或两次，另一些则是隔天使用或每周使用一次，但不管怎样，坚持使用至关重要。另外，以正确的顺序使用产品也很重要。例如，防晒产品应该在你上妆前最后使用，这样才能避免被其他护肤产品稀释而降低防晒效果。在第 6 章“晒伤及防晒问题解惑”中我们将更详细地讲解这个问题。

不要指望立竿见影。虽然有些产品的确能带来又快又好的效果，但这只是例外：通常情况下，大多数产品需要时间来展现其效果。甚至更重要的是，持续使用才能保持这些效果。例如，能够让肤色均匀的产品需要至少三至六周才能开始展现其效果，前提还得是产品配方精良并且每天使用防晒产品。因为防晒产品能够每天保护你的皮肤免受日照伤害，缺了它，你永远不会看到自己肤色不匀问题得到改善。许多护肤产品都必须长期使用才有效果，特别是那些只有使用了才能避免皮肤受到伤害或其他负面影响的一类。

你必须每天给皮肤“喂食”。在你变老的过程中，特别是在遭受日照伤害后，你的皮肤无法自然补充维持自身健康所需的成分。优秀的护肤产品能够将这些成分“喂”给皮肤，但它们很快就被耗尽，所以必须每天持续补充。不要欺骗你的皮肤，不要让它“饿”着，不然它将无法呈现其应有的美丽和健康，无论是现在还是在多年之后的将来。

皮肤并不只在夜间自我修复。我们不止一次听过这种说法——“皮肤只在夜间自我修复。”——我们在这里解答这个误区：这完全是胡说八道！护肤方面的所有不利因素在白天照样发生，不管是来自环境的如日晒伤害，还是衰老、健康或者身体内不停波动的荷尔蒙水平。皮肤日夜都需要得到帮助，来修复和缓解这些因素带给它的伤害，以保持健康，并预防遭受进一步的伤害。你的皮肤对配方精良护肤品的需求不会分昼夜，唯一的差别在于，在白天它还需要 SPF30 以上防晒产品的有效保护。

没有一种产品可以解决所有问题。不同的皮肤类型（特别是当你的皮肤还有多种问题时）需要各种不同的产品才能将皮肤维持在最佳状态。除了那些基本产品（如洁面乳、爽肤水、去角质产品、防晒品和保湿品），如果你有痘痘、酒渣鼻、极干性皮肤、严重晒伤、混合性皮肤、肤色不匀或其他皮肤问题，你还需要专门针对这些问题的修复产品。

不要忽略去角质护肤品。我们将在第 4 章“该用和不该用的护肤品”中更详细地讨论这个问题。但整个讨论的要旨是做到这一点将给你的皮肤带来极大的改善。免洗去角质产品就是为数不多的几种能够让你的皮肤在一夜之间得到明显改善的产品之一，而且它的效果将在你坚持使用的每个夜里持续呈现。去角质产品能帮助你的皮肤有效去除累积的过量死皮细胞，这些细胞往往是被日照所伤害，或者来自油性 / 混合性皮肤或容易长痘痘肌肤。去角质产品无法根治你的皮肤问题，但能够对皮肤进行必不可少的维护，是你获得和维持最佳皮肤不可或缺的步骤。

使用一种视黄醇产品。有那么多理由去使用一款配方良好的视黄醇产品，我都想不出该从哪里说起。在本书后续章节中，我们将讨论视黄醇与各种不同皮肤类型和皮肤问题之间的关系。在这儿，只要记住这种细胞沟通因子能帮助所有类型的皮肤生成健康的细胞、疏通毛孔、光滑皮肤、减少皱纹和痘痘。如果说要在护肤领域中选出一种“神奇”成分的话，视黄醇应该就是，或者至少是这个称号强有力的竞争者之一。需要明确的是，视黄醇并非皮肤所需要的唯一成分，但它的确是具有特别效果的对每个人都有益的成分之一，而且使用后的效果明显且迅速。

当皮肤状态改变时要特别小心。有多种因素能让你的皮肤看上去一夜改变。许多女性了解当她们进入经期时皮肤状态的急剧变化。还有些人在进入更年期或停经后也经历同样剧烈的皮肤变化。另外，无论男女，季节性天气的变化、跨气候的旅行和生活中的巨大压力都会改变皮肤的状态。如果你的皮肤状态发生了改变，你也应该相应改变自己的护肤过程。例如，有些人从未经历过长痘痘或皮肤太油的问题，但在30至60岁之间的体内荷尔蒙水平变化可能会改变这种状态。如果发生这种变化——甚至有时你的皮肤还会在一夜之间显示出衰老迹象，你就需要考虑使用别的护肤产品。

每个人都需要同样的基本成分来获得并维持健康、年轻、光滑和无痘皮肤。对于这一点，我们再怎么强调都不过分。我们将在第3章“皮肤类型与皮肤问题”中讨论到，所有的皮肤类型——我们指所有类型——都需要同样的至关重要的护肤成分，包括抗氧化剂、皮肤修复因子（有时又被称为基底修复因子或与皮肤结构相似成分）和细胞沟通因子。这些成分中的每一种都是必不可少的，绝对必需。如果你想要获得最佳皮肤的话，至少对于在我们这个星球表面生活的每一个人都是如此。

只有平衡皮肤类型与皮肤问题的需求才能得到最佳皮肤。找到最佳护肤方法的第一步是了解自己的皮肤类型，因为你的皮肤类型决定了你的基本护肤方法所需要产品的基础质地。洁面产品、爽肤水、去角质产品、保湿品和防晒产品是每个人都需要的基本护肤产品，也含有我们上面提起过的那些基本成分，但它们会以不同的质地呈现，你应该依据你的皮肤类型选择最适合自己的种类（我们将在下一条守则中细说）。

在了解了皮肤类型与护肤方法的关系后，我们接着需要考虑的是皮肤问题，它可能是下列问题中的一个或几个：肤色不匀、痘痘、皱纹、色斑、极干性皮肤、极油性皮肤、黑头、晒伤等等。这些皮肤问题决定了你还需要什么特别的护肤方法。你需要平衡依据皮肤类型所选择的基本护肤方案和针对皮肤问题所安排的额外护理，这样你才能得到最佳的护肤方案，进而获得最佳的皮肤状态。

产品质地是根本。现在你已了解每个人的皮肤都需要相同的基本且又必不可少的成分（抗氧化剂、皮肤修复因子和细胞沟通因子），下一步就是了解为什么不同的皮肤类型需要不同质地的产品，以便将这些成分传递给皮肤。

简单来说，就像前面所提到的，你的皮肤类型决定了你适用的护肤产品的质地。也就是说，如果你的皮肤类型介于中性到干性，通常情况下，你应该使用乳液—乳霜质地的产品。如果你是极干性皮肤，你需要的产品应该具有非常润滑细腻的质地。如果你的皮肤类型是中性至油性或混合性，你应该只使用凝胶、液体、精华或较稀薄乳液质地的护肤品。如果你的整个脸部都是极油性皮肤，那么液体或凝胶将带给你更好的感受。虽然针对不同皮肤类型的这些产品有着不同的质地，但它们都应该含有同样的基本护肤成分。

而针对某一皮肤问题的修复产品应该质地轻薄，因为它们需要穿插在基础护肤过程中加以使用。

正确地分层使用护肤产品十分重要。有些时候，只需要相对简单的护肤手段就能获得并保持最佳的皮肤状态，但这只适用于你没有或只有很轻微皮肤问题的情况下。如果你不是那些少数的幸运儿之一，那么正确地分层使用护肤产品就成为关键。我们将在第 3 章中更多地讨论分层护肤，现在，你只要了解对于严重晒伤、油性区域、酒渣鼻、极干性皮肤、易生痘肤质、黑头和其他许多皮肤问题，更多层次的护肤产品和步骤有助于这些皮肤问题的改善。

饮食影响皮肤。除非你注意饮食，不然你的皮肤很难一直处于最佳状态。有足够的研究证据表明，富含糖分、动物饱和脂肪酸、加工食品及过量酒精等不健康食物都会加速你的身体与皮肤的衰老。糟糕的饮食还会加剧皮肤的痘痘问题，因为那么多对我们有害的食品会带给我们炎症反应。它们对于皮肤衰老的效应在你年轻时不会立刻显现，但对皮肤的伤害却是确定且持续的。如果你一直保持不健康的饮食，一段时间之后，你的皮肤将为此付出代价。相反，如果你的饮食中富含抗氧化剂、ω-3 和 ω-6 脂肪酸、全谷类和其他各种有益健康的食品，你的皮肤衰老就会变慢，也更不容易长痘，更不要说除了皮肤，你的心脏和整个身体都会感谢你的。

防晒。读完本书，你肯定会听厌“防晒”二字，但防晒的确是护肤中最最重要的步骤。虽然有足够多的研究显示未经防护的日照会给皮肤带来许多无法修复的损伤，但只有不到 20% 的人群经常性地使用防晒产品（真让我们惊掉下巴）。这就是为什么我要不厌其烦地强调：防晒是你获得最佳皮肤的基石，从今往后一直都是！

第3章

皮肤类型与皮肤问题

培养有效护肤习惯中常常遇到的一个比较迷惑的问题，就是如何找到既能解决皮肤问题又适用于皮肤类型的产品。确切了解每一种皮肤类型及皮肤问题应该选用哪种产品及其背后的道理十分重要。下面就让我们来讨论一下这个问题。

皮肤类型反映了皮肤最基本的感觉：油性、干性、混合性（指某些区域油而另一些区域干），还是中性（中性指既不油也不干，也不是混合性，是正常皮肤）。有些人还会在皮肤类型中再增加一类：敏感性。但是研究表明，皮肤永远会对外界环境以及我们所施于其上的物质作出反应，虽然有时候我们感受不到这种反应，所以从这个意义上说，每个人都有着敏感性皮肤，都需要小心谨慎。

在确定自己的皮肤类型之后，也就是你知道自己的皮肤是中性、干性、油性还是混合性之后，你就知道了自己需要什么类型的产品来做皮肤的基础护理。你必须使用适合自己皮肤类型的产品。基础皮肤护理产品包括洁面产品、爽肤水、去角质产品、保湿和防晒产品。如果这些产品的质地适合你的皮肤类型，它们将满足你每天的护肤需求。霜状、质地厚实的产品适用于干性皮肤，乳液适用于中性皮肤，凝胶或精华液或水质产品适用于油性 / 混合性皮肤。

下一步是找出你的皮肤问题，然后你就能针对这些特殊需求加入恰当的治疗性产品。最常见的皮肤问题包括皱纹、失去弹性、褐斑、红斑、晒伤、重度晒伤、黑头、痤疮、偶尔爆痘、皮肤粗糙、脱皮、发红、酒渣鼻、毛发角化症和皮脂腺增生。

因为治疗性产品将与基本护理产品一起使用，通常来说，治疗性产品的质地应该比基础护理产品的质地更轻薄，这样在使用后才不会感觉太厚重。它们应该是容易被吸收的精华液、液态、轻薄乳液或流体。

在确定了自己的皮肤类型和皮肤问题之后，你就能评估哪种类型的产品和配方组合能带给你最佳效果。

并不是每种皮肤问题都需要一种专门的治疗性产品，许多治疗性产品能同时解决一种以上的皮肤问题，甚至有时候只要使用正确的基础护理也能产生难以置信的效果。然而，一般来说，你的皮肤问题越多、越严重，就越可能需要多种治疗性产品来改善皮肤。当你面对多种皮肤问题，例如爆痘、皱纹、重度晒伤和肤色不匀时尤其如此。

总结一下：如果你是油性/混合性皮肤，你应该使用液态、凝胶、轻薄精华液或轻透哑光乳液质地的产品。如果你的皮肤属于干性，你应该使用厚重润滑质地的乳霜或乳液。如果你是中性皮肤，适合你的产品质地应该是柔软轻透的乳液。

记住以上内容，用它们来指导你建立每天的护肤习惯，了解皮肤类型应该是你平时皮肤基本护理的基础，这种基本护理应该包括洁面、爽肤、果酸或水杨酸去角质、日用带防晒功能的保湿霜（乳）以及一款不带防晒的夜用保湿晚霜。

在你具备了皮肤的基本护理手段之后，才需要找出你的皮肤问题并确定是不是有必要使用针对性的治疗产品。例如，在某些情况下，有些皮肤问题（如毛孔堵塞）可以用基础护肤产品中的一种（比如水杨酸去角质产品）来完美解决。但是，如果你还有褐斑问题，你就需要在基础护理之外再加上美白产品，更加针对性地解决皮肤变色问题，仅仅使用果酸或水杨酸去角质可能还不够。

每种类型的皮肤都需要的东西

我们在第 2 章已经涉及过这个问题，现在要稍稍扩展一下，讨论所有皮肤类型都需要的一些至关重要的成分。皮肤中天然地含有这些成分，但由于日晒伤害、衰老、皮肤失调（如痤疮或酒渣鼻及其他问题）等原因，这些成分慢慢地被耗尽，甚至最后皮肤不再合成它们。每天为你的皮肤补充这些内在成分能够长远地让你的皮肤保持健康和美丽。当然，从另一个角度来说，要想保护这些重要成分，防晒也是一个不可或缺的环节。（在第 6 章“晒伤及防晒问题解惑”中，我们将再次不厌其烦地强调防晒的重要性。）

抗氧化剂是一组天然或合成的成分，能够减少自由基伤害和环境伤害。为什么说这个成分很重要呢？因为抗氧化剂能在一定程度上防止日晒与炎症反应对皮肤的负面影响。炎症反应对于皮肤来说是致命伤害，因为它能导致胶原蛋白与弹性蛋白崩解，使皮肤失去自愈能力，让皮肤变薄。任何能减少炎症反应的措施都大大有利于你的皮肤，而抗氧化剂的基本功能就在于替你实现这一目标。

最佳保湿品（对于中性皮肤来说是乳液，干性皮肤是霜剂，油性 / 混合性皮肤是凝胶与液体）的配方里都含有大量不同种类的抗氧化剂组合，能帮助你的皮肤减少炎症反应，保持年轻。还有一个要紧的方面不该被忽略：这些抗氧化剂应该保存在不容易被破坏的容器里，也就是说，它们不该装在敞口罐或透明容器中，因为抗氧化剂接触到空气与光线时会迅速降解。

与皮肤结构相似的成分和皮肤修复成分是一些存在于皮肤细胞之间将细

胞连结在一起的物质（就像砖块之间的水泥），它们将皮肤细胞连结在一起构成一个物理屏障。一个健康无损的屏障能让皮肤看起来光滑柔软，富有光彩。它也让皮肤能够自愈，在保护皮肤不受环境伤害、痘痘痊愈、红斑消失的过程中尤为重要。与皮肤结构相似成分有许多种，包括广为人知的透明质酸、透明质酸钠、甘油和神经酰胺等。

细胞沟通因子是一类重要物质，它们能够告诉皮肤细胞或存在于皮肤中的其他细胞以更健康的方式行事并产生更“年轻”的细胞。随着年龄增长，以及日照伤害、痤疮、衰老和荷尔蒙水平变化，皮肤细胞以及控制细胞生成与修复的一些基因被永久破坏。其结果就是新产生的细胞变成不规则、变异、粗糙、有缺陷的“衰老”细胞，而不是伤害发生前的那些健康细胞。

细胞沟通因子能够与这些有缺陷的细胞“沟通”，有助于皮肤产生更健康、更年轻的细胞，从而帮助修复这些损伤。事实上，那些有缺陷的细胞会收到指令，不再生成更多的缺陷细胞，而是让其他健康细胞来填补它们的位置。这是近年来护肤领域中最激动人心的成果！细胞沟通因子的主要成员包括烟酰胺、视黄醇、合成多肽、卵磷脂和三磷酸腺苷等。

皮肤类型决定配方

我知道我的唠叨让人生厌，但请原谅我再次强调这一点，因为它的确非常重要。在你知道了自己的皮肤类型之后，你就能了解什么样的护肤产品及其质地适合自己。如果你的皮肤属于油性，你就要尽可能避免使用过于润滑或油腻的配方，相反，如果你是干性皮肤，最佳配方的产品就应该有着油性厚重的质地。了解这一点非常重要。虽然所有类型的皮肤都需要抗氧化剂、皮肤修复成分和细胞沟通因子，但含有这些成分的产品及其质地却由你的皮肤类型来决定。在护肤过程中依次使用相同质地的不同产品是可以的，或者，如果你愿意，你也可以在涂抹更厚重、润滑的产品之前先使用质地更轻透的产品。

影响皮肤类型的因素

许多人对自己的皮肤属于什么类型完全没有概念，其实这也不难理解，因为有时候我们很难确认自己的皮肤类型，而且它可能一直在变。几乎任何因素都会影响皮肤类型，外部与内部因素都会令皮肤的感觉与外观发生变化。

通常情况下，无法人为控制的影响皮肤类型的因素包括：

» 荷尔蒙水平

» 皮肤病

» 遗传决定

» 药物（口服或外用）

» 暴露于污染之中

» 气候（包括季节变化）

多少能够人为控制的影响皮肤类型的因素包括：

» 饮食

» 护肤习惯（使用刺激性产品或不适合自己皮肤类型的产品）

» 压力

» 未经防护的 / 长时间日晒或使用美黑床

你或许正在改变自己的皮肤类型甚至催生皮肤问题

显而易见，吸烟、日晒伤害、饮食和遗传基因会给你的皮肤类型与皮肤问题带来负面甚至危险的影响。但许多人并没有意识到，她们所使用的护肤品也可能成为加重或造成她们费尽心力想要解决或避免的皮肤问题的一个重要因素。换句话说，你的护肤习惯可能会让你的皮肤变得更糟而不是更好!

如果你一直使用的护肤品含有会造成皮肤问题的成分，你将永远不知道自己真正的皮肤类型，也无法控制和改善自己的皮肤问题。

如果产品中含有刺激物，你的皮肤会变干，但你原先的油性皮肤的问题不能得到解决，反而还会变得更糟（想象一下，皮肤表层变干了，但深层还是油性的）。含有刺激性成分的产品还会降解胶原蛋白和弹性蛋白，伤害皮肤的自愈能力，让皱纹变深。另一个极端的例子，如果产品过于油腻与厚重，同时你又使用了会让皮肤干燥的洁面凝胶，这样就会堵塞毛孔，让皮肤细胞的去角质过程无法进行（这会让你的皮肤发暗），结果某些地方的皮肤油油的，另一些地方的皮肤却干干的。如果你过度擦拭皮肤，则会伤害到皮肤屏障（表层），带来更多皱纹，并且会使皮肤过干。

毫不奇怪，你所用的护肤产品在你试图实现最佳皮肤状态的路途上起着至关重要的作用。

如何确定你的皮肤类型

在你将能控制的影响皮肤类型的所有因素都排除在外（例如避免无防护日晒、戒烟等），并且不再使用有问题的产品（配方糟糕、敞口罐包装、含刺激性成分等）之后，你就能比较准确地判断自己的皮肤类型了。

应该指出，几乎所有人在某些时候或多或少都有着混合性皮肤。那是因为你的脸部中央天生有着更多皮脂腺，所以 T 区更有可能呈现油性并发生毛孔堵塞。许多干性皮肤的人会发现自己的鼻子及额头中部与脸部其他区域相比不那么干。另外对很多人来说，他们脸部的某些区域（例如，鼻子周围靠近眼部的区域）会更敏感。

在你对着镜子仔细观察之前，最好用一款温和的洁面产品洗一下脸。然后等两个小时，看看你的皮肤在没有使用其他护肤品和化妆品时如何表现（如果你愿意，也可以在洗脸后使用温和的爽肤水）。你或许能在某些区域看到混合性的皮肤——有些地方是中性至干性的，另一些地方是油性的。我们要再次提醒，任何人的皮肤都可以是多“类型”的，而且这些类型会受到身体内荷尔蒙水平的周期性变化、季节、压力等各种因素的影响而变化。

如何确定你的皮肤问题

从某种意义上说，这是本书最容易的部分，因为我们中的大多数人早就痛苦地意识到自己的皮肤问题是什么。我们中的大多数都已经知道皱纹、痘痘、黑头、皮肤下垂或褐斑等长什么样。这些都很简单，但有一些皮肤问题就不那么明显，比如皮脂腺增生（小小的、略发白的、像火山口似的皮肤隆起）、粟粒疹（皮肤表面小小的状如珍珠似的隆起）、毛发角化症（微小的红色粗糙隆起，多发于手臂与腿上）以及酒渣鼻（发红的敏感皮肤）等等。我们将在本书后续章节中详细介绍这些皮肤问题。

关于皮肤问题最重要的知识是：大多数人可能同时具有多种皮肤问题。我们经常看见一个人同时有酒渣鼻、皱纹、晒伤、褐斑和局部过干。这就是护肤为什么那么复杂的原因，因为你了解了自己的皮肤问题后，就需要使用能够修复它们的产品。你的基础护肤产品或许能够解决部分皮肤问题，但这取决于那些问题的顽固程度及其发生的深层原因。只有你自己才能决定你所需要的护肤方法的针对性与精确性。

有一些非常专门的治疗产品，处方药与非处方的都有，能够专门治疗痤疮、酒渣鼻或其他类型的皮肤发红、黑头、极油性皮肤、重度晒伤、皱纹、湿疹、色斑等等。我们将在后续章节中详细探讨这些皮肤问题及其基本护肤需求，我们还会告诉你一些有用的建议，帮助你建立一个良好的护肤方法，包括护肤顺序。

基本护肤需求

这部分将简单介绍一下建立核心或基本护肤方法所需要的产品。（我们将在第 4 章“该用和不该用的护肤品”中更详细地讨论这个问题。）接下来，我们将结合各种皮肤类型列出你每天都应该使用的产品，只有这样你才能维持皮肤的健康状态，满足皮肤需求，甚至解决某些皮肤问题。听起来好像有些夸大，但事实的确如此，我们相信只要按照这些步骤去做，每个人甚至十几岁的小女孩都能让皮肤大大受益。虽然我们知道很多小女孩根本不在意这些护肤方法，但尽早朝着正确方向走，至少走个几步，都是一个完美的开端。

基本护肤的要点就是：每天两次使用适合你皮肤类型的**温和水溶性洁面**产品，对于干性皮肤，用更柔滑的产品，中性皮肤就用乳液状产品，而对油性 / 混合性皮肤，则使用凝胶或略起泡的珠光乳液。在使用洁面之前或之后你可以用卸妆液卸妆，但一定要确认将化妆完全洗净，带妆入睡绝对不是一件好事。

接下来使用的是**爽肤水**，当然它不可以含有任何刺激性成分。在这一步你要确保给皮肤补给所流失的那些我们先前提到过的重要物质，如抗氧化剂、皮肤修复成分及细胞沟通因子等等。爽肤水的质地应该是轻透的，并且适合你的皮肤类型：干性皮肤应该用柔润剂含量较多的产品，中性皮肤应该用不含柔润剂的水状质地，油性 / 混合性皮肤所用的产品则应该含有能够平衡油性皮肤的成分。

接下来再使用适合你皮肤类型的**去角质**产品。我们将在下一章详细解释为什么去角质产品应该放在每日护肤的基本步骤之中。

精华液是再接下来的一步，它能给皮肤一剂浓缩的出色成分，这些成分正是皮肤所需的，包括抗氧化剂、皮肤修复成分和细胞沟通因子。许多人不重视基本护肤中的这一步，往往认为它浪费时间而从护肤步骤中划去，不过你在这么做之前，最好亲身体验一下它的益处。

毋庸多言，但我还是要再次强调：如果是白天，你必须使用 SPF30 或以上的**防晒**产品，而且你应该试着找出让你皮肤舒服的防晒产品质地。对有着干性皮肤的人来说，油性质地的防晒产品正合适，中性皮肤的人会喜欢乳液状的产品，如果你的皮肤属于油性 / 混合性，哑光效果的防晒产品或许最适宜。

到了晚上，你需要用保湿产品再次喂饱你的皮肤，它应该含有足够量的抗氧化剂、皮肤修复成分和细胞沟通因子。它的质地应该适合你的皮肤类型：对于油性 / 混合性皮肤的人，液态、凝胶或轻薄的精华液最适宜，干性皮肤的人需要厚重滋润的霜剂，中性皮肤则使用乳液就好。

护肤产品的叠加

获得朝思暮想的最佳皮肤，第一步就是建立一套如上所述的基本护肤方法。那些基本却相当重要的步骤——水溶性洁面产品、爽肤水、去角质产品、白天使用防晒日霜以及晚上使用保湿晚霜——适用于每一个人。所有这些基本产品的质地都应该适合你的皮肤类型，并且含有同样的对皮肤来说不可或缺的重要成分。

虽然我们在本章开头部分就已经解释过，但还是让我再重复一次，每个人都需要抗氧化剂、皮肤修复成分和细胞沟通因子。如果你的皮肤属于干性，产品质地应该是厚重滋润的霜剂或精华液；如果你的皮肤属于中性，就应该用轻薄的乳液或精华液；如果你的皮肤类型是油性 / 混合性，最好使用凝胶、液体和稀薄的精华液。对于某些类型的皮肤和皮肤问题，基本护理就足以让你获得光滑、柔软、亮丽的皮肤。但如果你的皮肤问题较复杂，或者脸部皮肤有多种不同类型，那么增加护肤步骤就变得极为重要，这时候你就需要考虑如何分层使用护肤产品了。

根据你的皮肤问题（易发痘、黑头、重度晒伤、酒渣鼻或其他问题）以及特别的皮肤类型（季节性皮肤类型变化，皮肤干燥区域较多的混合性皮肤，极油性皮肤或极干性皮肤等），你或许需要考虑将一种或多种专门性的护肤产品搭配基础护肤产品分层使用。

分层使用意味着在基础护肤之外，再使用所谓特殊精华液、精华、强化剂或药物（处方药与非处方药）等各种产品，你可以每天都用，也可以根据需要使用。我们将在后续章节中详述应该如何将某种或多种专门产品加入到基础护肤中来针对性地改善某种特殊的皮肤问题，譬如消除或减少色斑、为极干性皮肤补水、滋润季节性干性皮肤、祛痘、针对顽固的黑头及重度晒伤使用强力去角质产品等。

你可以把这些针对性的产品加在洁面与爽肤水之后的任何一个护肤步骤中。依据你所要解决的皮肤问题，这些针对性的治疗产品可以每天、隔天、每周或季节性使用。

最要紧的是记住，没有哪一种单一产品能够解决你所有严重而独特的皮肤问题。虽然有时候只需要一种针对性产品就能满足你的需求，但这完全取决于你的皮肤问题，而不是常态。分层使用产品并不是护肤领域里的新概念，但随着科技的发展，市场上出现了很多全新且先进的轻透而相容的配方，它们能够真正带给你皮肤问题看得见的改善。在你了解了分层使用的原理以及应该选用哪些具有最佳效果的产品之后，获得更好的皮肤状态将水到渠成。

第 4 章

该用和不该用的护肤品

洁面产品

使用洁面产品可以说是护肤过程中最基本也是最重要的一步了。清洁脸部为一切脸部皮肤护理准备了良好的舞台。一款良好的洁面产品能够除去过多的油脂、灰尘和彩妆，并帮助去角质，让面部皮肤光滑新鲜，不再感觉油腻或干枯。

如果你没有按时洁面的习惯，或者不将彩妆完全去除，你的皮肤将为这个疏忽付出代价，结果产生炎症反应、痘痘，出现干皮和眼袋。

虽然对所有类型的皮肤来说，洁面这一步骤都很重要，但不要忘记同样重要的是选择温和的洁面产品。很多皮肤问题特别是区域性干皮、脱皮和皮肤发红，其背后的原因常常是过度洁面或使用了过干的洁面产品。

另一方面，有些洁面产品会在脸部皮肤上留下一层油膜，或者清洁力不够，结果这些产品会堵塞毛孔，让脸色黯淡，阻止皮肤吸收日霜或晚霜中的有益成分。正确地洁面非常重要，你需要彻底但又温和地清洁脸部。

你应该先从卸妆开始吗？

许多人认为洁面程序应该始于卸妆，包括使用卸妆液、卸妆棉或卸妆油。虽然这种安排适用于很多人（特别是上了浓妆的人），但这只是选项中的一种，而非必须。

不管你使用的是什么卸妆产品，在脸部特别是眼部周围擦拭时需要特别小心。拉扯皮肤会让弹性蛋白受损，增加皮肤松弛下垂的风险。拉扯得越少，皮肤越有机会长期保持紧致。

我们建议你从使用温和的水溶性洁面产品洗脸开始，这么做可以将拉扯皮肤的风险降到最低（水溶性的质地减少了摩擦力），因为大多数彩妆都能靠冲洗除去。在此之后，如果你还需要使用卸妆产品除去残余彩妆，只要在小块区域局部使用就行（如贴近发际线或睫毛的地方），从而最大程度地避免了拉扯皮肤。

与其他许多护肤方面一样，你需要多次尝试来找到最适合自己皮肤类型和个人喜好的产品——但要记住不要拉扯你的皮肤。

脸部清洁油怎么样？

前面已经说过，使用卸妆产品包括清洁油，一定会或多或少地拉扯皮肤，会增加破坏弹性蛋白从而让皮肤有松弛下垂的风险，这是由皮肤生理学所决定的。如果你看到自己的皮肤被上下推动，你就在承担比正常情况下更大的让皮肤松弛的风险。重力终将会让皮肤松弛，但你没有必要以拉扯的方式加速这个过程。对于脸部皮肤，尽量不要去拖动它。

“脸部清洁油”这个词常常让人疑惑，因为它所代表的产品类别不那么清晰。有些脸部清洁油只是在名字里带有“油”，它们实际上更像是加了更多柔润剂的水溶性洁面产品，能够用水洗净。如果你的皮肤属于中性到极干性，那么这些产品实际上是很好的选择。

传统意义上的脸部清洁油，指的是真正的油或混合油，如果它们可以被温柔地洗去，也有很多选用的理由。它们能够迅速有效地溶解彩妆，而且比水溶性洁面产品感觉更舒缓、更柔润。

如果你的皮肤极干且敏感，清洁油则不必被完全洗去，虽然你可能更喜欢彻底洗净的感觉，这完全取决于你希望在使用了所有护肤产品之后的皮肤感觉。如果你的皮肤类型属于中性至油性，或者属于混合性，或者易发痘，你更应该将残余尽量洗干净。不管你选用什么样的清洁油，最重要的是尽可能避免拉扯皮肤。

关于脸部清洁油有许多误区，来源复杂。我们更注重事实，事实是：脸部清洁油并非护肤神品，它只是帮助你清洁皮肤的一种选择，根据你的皮肤类型和皮肤问题，清洁油或许有用，或许没什么用处。

所谓清洁油能够疏通毛孔，以某种化学力将黑头从毛孔中吸出的说法没有任何科学实验或事实的支持。(至今我们依然无法理解关于这种论断的解释，因为它违背科学和生理学原理。)

还要提醒一下，许多脸部清洁油产品还含有香精成分，会给皮肤带来严重威胁。我们将在本书中反复强调：香精，不管是天然的还是合成的，都会给皮肤带来伤害。你只应该考虑将无香精的植物油使用在脸上。

肥皂如何?

我们真心希望块状肥皂是很好的护肤产品，这样选择洁面产品就会变得非常方便和便宜，可惜的是，事实并不如此。有许多理由让你永远不要在脸部使用块状肥皂，甚至颈部以下部位也最好不要使用。如果你有干性皮肤或易生痘时更是如此，但即便你的皮肤属于其他类型，大多数块状肥皂也会带给你许多严重的皮肤问题。

许多有着易发痘痘、混合性或油性皮肤的人觉得在使用肥皂洁面后的皮肤紧绷感意味着脸部皮肤的彻底清洁。这些人觉得脸部越是干净紧绷，皮肤就变得越好，事实却恰恰相反！这种干净紧绷的感觉其实来自皮肤被刺激后的反应，皮肤变干、承受压力，反而让一切皮肤问题变得更糟。

块状肥皂的最大问题在于它的高碱性（高 pH 值）。“皮肤 pH 值的升高刺激了皮肤生理上的保护性‘酸性覆盖物’，改变皮肤表面菌群构成以及皮肤上皮层的酶活性，后者的最佳环境是酸性 pH。”这个专业性解释的基本意思就是说皮肤的正常 pH 值在 5.5 左右，而大多数块状肥皂的 pH 值位于碱性的 8 到 10 之间，这事实上造成了它们对皮肤表面的负面作用，让皮肤受到刺激并助长了细菌的繁殖。

有研究显示，用 pH 值高于 7 的洁面产品洗脸后，脸部皮肤表面的细菌量明显高于用 pH 值为 5.5 的洁面产品。与块状肥皂相比，水溶性洁面产品的配方通常都有着更低的也就是更合适的 pH 值，这又给了你一个理由选择这样的洁面产品，而非肥皂。

还有些专门的肥皂产品，它们的名字听起来一点都不像肥皂。这些产品通常都添加了很多柔润剂和乳剂，看上去没有普通肥皂所具备的性状，但它们依然有着与肥皂相似的害处。首先，块状洁面产品（从技术上说，它们不是肥皂，有时候被称为合成洗涤剂块，因为它们的清洁成分是合成的）通常有着比较低（不那么碱性）的 pH 值，这意味着它们相比肥皂来说对皮肤的刺激少了一些，但与温和的水溶性洁面产品相比依然更具刺激性。而对皮肤来说，温和是非常重要的要求。其次，所有块状洁面产品都具有的缺点是让它们保持块状形态的成分都会在皮肤表面留下一层薄膜残余，而这种残余会引起毛孔堵塞。

那些号称专为油性或痘痘皮肤设计的肥皂常常含有更强烈的成分。即便是标记为针对干性皮肤和敏感皮肤的肥皂，虽然它们常常含有甘油、石蜡（矿物油）、植物油等有益成分，能减少潜在的皮肤刺激，让你在使用后觉得皮肤不那么紧绷，但依然存在一个问题——你的皮肤并不需要令其成为块状的那些成分。

如何选择温和的洁面产品？

通常情况下，液态或乳液状的洁面产品比块状的更温和。但万事皆有例外，因为并非所有液态或乳液状的洁面产品都来自一个配方。而且更令人抓狂的是，你还几乎无法依据成分表来选择合适的洁面产品，因为那些专业名词看起来就像天书，而且不同的配方可选择的成分有成百上千种。简而言之，如何选择洁面产品不是一个简单的问题。

可以肯定的是，无论你的皮肤属于什么类型，最佳洁面产品都不应该让你在使用后有干燥或油腻或紧绷的感觉。对所有的皮肤类型来说，好的洁面产品可以做到令皮肤清洁干净却又不会破坏皮肤表面重要的屏障物质。

对于中性至油性或易生痘的皮肤，正确地清洁皮肤或者彻底清洁皮肤常常被误解。有些人将洁面过程进行得过于彻底，甚至追求那种紧绷的感觉，结果皮肤被磨薄甚至磨破（好吧，可能夸张了一点，但你应该懂这个意思），这种方式的洁面会加重皮肤出油，让痘印变大、妨碍皮肤自愈能力，还会带来一大堆其他问题。

简而言之，对所有人，如果一款洁面产品让你感觉它洗不干净，你就需要换一种更强的洁面产品；如果它让你觉得皮肤在使用后变得更紧绷，你就需要找一款有更多柔润剂的产品。只有多试几次，你才能找到最适合自己皮肤类型的洁面产品。

我需要磨砂膏或洁面仪吗？

磨砂膏或洁面仪（或者其他超声洁面刷或普通洁面刷）当然可以成为你每天常规护肤的一部分。二者都能提供更进一步的清洁，磨砂膏还可以让你手工去角质；但也因为各种原因，磨砂膏不能胜任以最好的方式来温和、均匀和自然地去角质。皮肤自然的去角质方式是手工去角质无法实现的。当你的皮肤被晒伤、有黑头、发痘痘或属于过于油性和混合性皮肤时，就无法自然地去角质。如果你有这些问题，你需要借助更有效的去角质方式，最佳选择莫过于果酸和水杨酸去角质产品（我们将在本章后续部分详细讨论）。

与许多真正能令人耳目一新的免洗去角质产品（如果酸或水杨酸）相比，磨砂膏有很多明显的缺陷。磨砂膏所能作用的只是皮肤最表面的一层，但实际上大多数不健康和堆积的死皮细胞都位于皮肤更深的地方，因此不能被磨砂膏去除。

磨砂膏或洁面仪的真正好处在于能确保你把脸洗干净，但又不会过度清洁脸部皮肤。但许多磨砂膏的最大问题是质地过于粗糙坚硬，因此有可能会擦坏皮肤，并给皮肤带来伤害。这些微小的伤口破坏了皮肤屏障。后果呢？皮肤需要更长时间才能自愈，痘痘留下的红印变得更明显，皮肤变得更干、更敏感，还会带来其他问题。

如果你确定想要手工去角质，一定不要选用那种带有磨砂成分的产品，即便它们是天然的。如果你使用洁面仪，要确保按照使用说明来正确使用，只选择“敏感皮肤”的那一档设置。洁面仪的刷头摸起来一定要非常柔软和有弹性，千万不能发硬或粗粝。

还有一种简单的方法是，使用一块柔软的洁面巾，与你每日的洁面产品配合，在去角质方面它不输于你能买到的任何护肤磨砂膏和洁面仪。（真的！）另一个优点是洁面巾更柔软（因此更温和）、更便宜，而且它不含会堵塞毛孔的成分，不会给油性的、易生痘痘的皮肤带来额外负担。

你真的需要爽肤水吗?

爽肤水是护肤产品中最让人迷惑的一类。因为错误观念，许多时尚杂志、皮肤科医生甚至护肤品销售人员都建议不要使用爽肤水，甚至把爽肤水从备选护肤项目中删去。这让人遗憾，因为一款配方良好的爽肤水能带给皮肤真正惊艳的效果。

一旦你知道爽肤水的作用原理，知道爽肤水中哪些成分对皮肤有害以及哪些成分有益，你就能找到一款理想的爽肤水，让它成为你每日护肤步骤中重要的一环，帮助你获得健康且光彩照人的皮肤!

爽肤水应该在洁面之后使用。它们曾经因为有助于皮肤恢复合适的 pH 值而被推荐，特别是在使用了上面提到过的块状肥皂或其他块状洁面产品之后，因为那些洁面产品能将皮肤的天然 pH 值提升到一个不健康的高度。但是，随着现在配方温和、pH 值在 5—7（水的 pH 值是 7，不同地区的水会略有不同）的水溶性洁面产品的出现，这个理由已经不再重要。

我们现在已经了解，在洁面以后，你的皮肤还需要一系列成分来恢复并修补它的表层。一款液态的爽肤水能够以晚霜或日霜无法实现的方式（乳液或霜剂的作用方式与液体不同）迅速向皮肤提供大剂量的有益物质，而且对于皮肤来说，这些包括抗氧化剂、皮肤修复成分（如甘油、脂肪酸和神经酰胺等）的有益成分多多益善。

合适的爽肤水能够带给皮肤大量令其看起来年轻、鲜活并有光泽的成分，在洁面完成之后，这种效果能够维持一整天，而且还有一点点清洁能力，除去你在洁面过程中不小心遗留的一些残余，例如发际线或下巴等漏掉的区域。

针对油性或易生痘皮肤的爽肤水

如果你是油性或易生痘痘的皮肤类型，在选择爽肤水时要特别小心。几乎毫无例外，声称针对这些皮肤类型而设计的爽肤水都有问题。因为大多数专为油性皮肤或痘痘皮肤设计的爽肤水中都含有刺激性成分（如酒精、金缕梅或薄荷醇），会影响皮肤自愈，让痘痘问题变得更严重，延缓愈合过程，而且令人吃惊地，会刺激毛孔底部的油脂分泌。在油性或易生痘的皮肤上使用这些有问题的爽肤水，一定会让皮肤变得更油，发红以及持续时间更长的痘印，甚至造成局部区域过干脱皮，其下却又是出油的皮肤。

对油性或易生痘的皮肤来说，最理想的爽肤水应该添加有助于皮肤表面自愈，让皮肤感觉更光滑、让毛孔变小的成分，如细胞沟通因子就能帮助皮肤细胞更有效地处理过多油脂。对于某些皮肤类型，尤其是在夏季或温暖气候条件下，一款配方良好的爽肤水或许是油性皮肤真正需要的唯一“保湿润肤”产品！

针对干性或敏感性皮肤的爽肤水

有着干性或敏感性皮肤的人常常不使用爽肤水，因为爽肤水常常有着让皮肤变得更干更紧绷的坏名声。毕竟，干性或敏感性皮肤绝对不需要那些刺激物，这些刺激物会给皮肤带来刺痛感并让皮肤变得更干更红！但是，一款配方良好的爽肤水能让干性或敏感性皮肤的状态发生天差地别的改变：皮肤发红会得到改善，脱皮也会变少，皮肤会变得更平静舒适。

如果你依然将信将疑（我们完全理解），不妨尝试一下一款配方精良的爽肤水——我们确信你会被自己皮肤的改善速度之快惊到的！

针对混合性皮肤的爽肤水

如果你的额头和鼻子皮肤油性而脸颊和下巴部位皮肤呈中性或干性，那么你就属于典型的混合性皮肤。混合性皮肤的人使用错误的爽肤水，会让干性皮肤变得更干而油性区域变得更油（如果伴有痘痘或毛孔堵塞，后果会更严重）。

怎么办呢？你需要的是一款温和无酒精的爽肤水，它还必须含有能让皮肤恢复正常的有益成分，这样你才能看到干性和油性区域都变得向正常方向靠拢。如果你能够在每日护肤常规中坚持使用合适的爽肤水，你还能看见粗大的毛孔渐渐变小。

在挑选爽肤水时，你一定要选择只含有益成分的产品。无论产品标签上是否写有“温和”或“对敏感性皮肤有益”的字样，你都没有任何理由去使用一款含有刺激物的爽肤水（特别是香精——不管是天然的还是合成的，对于皮肤来说，这是一个严重的问题。此外，爽肤水这类产品中常常含有金缕梅成分，你也要避免）。虽然很常用，但金缕梅的的确确是一种皮肤刺激物。

为什么免洗去角质产品如此重要

如果磨砂膏不是去角质的理想选择，那我们应该使用什么呢？毫无疑问，几乎每个人都能从每天使用配方良好的免洗的 AHA（α 羟酸，例如羟基乙酸和乳酸）或 BHA（β-羟基酸，又称水杨酸）去角质产品中获益。这两类产品的作用机制大大不同于磨砂膏或洁面仪。一款温和的免洗去角质产品能够重启原本应该由自然去角质所实现但在实际中却出了岔子的进程。这种方式的去角质具有多种好处，包括对抗衰老痕迹并减少肤色不匀、黯淡和痘痘等问题，因此不要听到这些奇妙成分的名字里有个“酸”字就被吓跑了。

你的皮肤每天会自然脱落上百万个细胞，但这种自然脱落可能会因为晒伤、皮肤过干、过油、基因问题或各种皮肤疾病而变慢或停止，造成死皮细胞的堆积或影响细胞在毛孔底层的移动过程。所造成的后果令人沮丧，而且显而易见：皮肤变得黯淡无光、干燥或脱皮、毛孔堵塞或变大、黑头、白头、皱纹、失去弹性以及肤色不匀。

在日常护肤步骤里加上一款配方精良的免洗去角质产品，将有助于你的皮肤在各方面都获得平衡。当你以温和的方式去除堆积的死皮细胞后，就能够疏通毛孔、阻止痘痘发生、平复皱纹，甚至让干燥黯淡的皮肤完全改观!

AHA 与 BHA 去角质产品之间有什么差别？

在配方良好的前提下，AHA 与 BHA 在皮肤表层去角质方面都是非常好的选择。在补水、减少皱纹、刺激胶原蛋白生成以及紧致皮肤方面，二者有很多相似之处。二者也都能减少因晒伤造成的皮肤色斑以及痘痘愈合后在皮肤表面留下的明显印迹。但二者依然有各自不同的特点：

» AHA 更适合皮肤问题主要是晒伤和过干的人群使用，因为它们主要去除皮肤最表层角质。AHA 无法穿透皮脂，因此对于油性 / 混合性皮肤的人就没那么适合。

» BHA 更适合油性皮肤及易生痘痘并且主要皮肤问题是黑头、毛孔粗大和白头的人群使用，因为 BHA 能够渗入堵塞毛孔的油脂，并且促使出了问题被堵塞、造成痘痘的毛孔基底恢复正常。

» BHA 有改善炎症反应与抗菌作用。这是选择 BHA 去角质产品的另外两个理由，特别是你有痘痘或皮肤敏感发红的话。

» BHA 更适合有酒渣鼻的人群使用。不是每个有酒渣鼻问题的人都能耐受 BHA。但是，考虑到 BHA 的多种优点，尝试一下自己的皮肤对 BHA 产品的反应不失为一种聪明的做法。因为 BHA 有抗炎与抗菌的特点，你很可能看到皮肤发红消褪并变得更加光滑平坦，痘痘与小红包变少。（抗菌对酒渣鼻或许有效果，有研究显示皮肤上存在的某些微生物会加重酒渣鼻的症状。）

如果你的皮肤已被晒伤，还苦于痤疮或毛孔堵塞的困扰，不妨在你的基础护肤中加入 BHA 产品。你想同时使用 AHA 与 BHA 产品也是可以的。有些人发现同时使用这两种效果很好，还有些人发现早上用一个，晚上用另一个效果更好。你也可以将二者隔天换着用，第一天用 AHA，第二天用 BHA。你需要尝试找出最适合你自己的方式，但是对我们中的大多数，仅仅使用其中的一个就足以获得并保持良好的效果。你并不一定要同时使用 AHA 和 BHA 产品，但二者都尝试一下看哪种更适合你是一个很好的主意。

注意：对阿司匹林过敏的人不能使用 BHA 去角质产品，因为阿司匹林是 BHA 的类似物：BHA 是水杨酸，阿司匹林是乙酰水杨酸。

充分利用 AHA 或 BHA 去角质的小窍门

» 尝试不同浓度的 AHA 与 BHA 产品，找出能帮助你获得最佳效果但又不对皮肤造成任何刺激的最高浓度。

» 每天可以使用 AHA 或 BHA 产品一到两次。

» 两种去角质产品都能用在眼部周围，但最好不要用在眼睑上或下眼线的下方。

» 彻底清洁过皮肤并且等到爽肤水晾干后再使用 AHA 或 BHA 产品。

» AHA 或 BHA 产品被吸收后，可以接着使用其他任何护肤产品，如日霜或晚霜、精华液、眼霜、防晒以及（或者）粉底。

» 如果你使用外用处方药如诺瓦（维甲酸护肤霜）、其他视黄醇产品或任何针对酒渣鼻或痤疮的处方产品，首先应使用 AHA 或 BHA 去角质产品，然后按照产品质地从轻到重的顺序使用其他药物。有些人会发现自己的皮肤在使用了 AHA 或 BHA 产品后无法耐受维 A 酸产品，但能够耐受的人会获得极好的效果，所以你绝对应该尝试一下，看看这种组合是否适合你。

另外你必须了解，用 AHA 或 BHA 去角质不会影响到皮肤底层正常皮肤细胞的生成，那是因为 AHA 与 BHA 不会穿透皮肤表层或毛孔内部。去除死皮细胞能够促进胶原蛋白生成，增加皮肤保持水分的能力，让毛孔正常工作。与一些错误的判断相反，AHA 与 BHA 去角质产品不会让皮肤变薄。

能否用磨砂膏或洁面仪来代替 AHA 或 BHA？

我们在本章前面部分已经讨论过这个问题，但还是值得重复一下：手工去角质所带来的好处远远无法与一款配方良好的免洗 AHA（羟基乙酸和乳酸）或 BHA（水杨酸）去角质产品相比。你可以把这些化学物理方式的去角质产品看作另一步洁面（就像是使用柔软的洁面巾或洁面仪），用它们来提升洁面产品的效果。

精华液为什么是你的必需

虽然你所使用的每一款护肤产品都应该含有一系列满足皮肤需求的抗氧化剂和细胞沟通因子等成分，但对于精华液你应该有更高的期待。为什么？配方良好的精华液与保湿品的差别，在于它们不需要在配方里为保湿品所含的传统的柔润剂或增稠剂“腾地方”——这些成分使得保湿产品具有乳液或更厚重的霜状质地。相应地，精华液也没有日霜应该含有的防晒成分。因此，精华液可以利用这些多出来的容量，添加其他有益成分或比所有其他护肤产品含更多的抗氧化剂。

精华液不能取代你用的日霜或晚霜，但如果每天早晚使用一次，它们可以提升抗衰老的效果及皮肤的整体健康。另外，如果你的皮肤属于油性（因此不需要更多滋润），一款配方良好的精华液可以一物二用代替晚霜。它可以成为你的皮肤在夜间唯一的保湿品！

找到一款合适的精华液的过程就像找一个合适的恋人——真正的好处只有在你与它日夜厮守之后才能体现。有时候你能看到皮肤的即刻改善（因为精华液富含抗氧化剂，能安抚发红的皮肤并能让皮肤变得更加亮丽），经过一段时间，你还会看到皮肤受损的痕迹逐渐淡去，看上去并感觉到更加健康和紧致！

选择精华液需要关注其所含的抗衰老成分，这些成分的效果必须被大量独立进行并且经过同行审议的研究所证实。这些成分常常包括一些性质稳定且有效的抗氧化剂如维他命 C、绿茶 /EGCG、葡萄和白藜芦醇等，以及细胞沟通因子如视黄醇和烟酰胺。

不存在一种单一的“最佳”精华液，所以你要根据自己的皮肤类型和皮肤问题来选择。不管一款精华液的配方如何精良，如果它不适合你，或者与你的皮肤类型不相容，就不会带给你最佳效果，你也无法坚持使用它。例如，如果你的皮肤类型属于油性或混合性，你就应该使用水状轻透型精华液，这样你就不会觉得它厚重或油腻。如果你的皮肤属于干性，你可能会喜欢精华液中添加了许多抗氧化剂的滋润性植物油。其他皮肤类型的人也应该根据自己的喜好来选择。还可以大胆将几款不同的精华液换着用，这样你就可以享受每一种产品所能提供的独特益处。敏感性皮肤呢？可以根据皮肤的油性或干性程度来选择精华液的质地，但需要确保它含有大量的抗刺激成分，譬如柳草、海鞭和甘草根等成分。

注意：配方良好的精华液通常是浓缩型的，因此也常常比保湿品更贵，尽管通常情况下精华液产品的容量也少于保湿品。

你该在什么时候开始使用精华液？

平衡的膳食和经常锻炼能够让你在岁月的洗礼下保持身体健康和年轻，

这已经成为常识。既然如此，是不是要等到健康出了问题或者五六十岁才开始建立健康的生活方式？当然不是！在对抗皮肤衰老方面也是一样。

在衰老迹象显现之前，你就应该开始使用富含大量有益成分的精华液（永远不会太早），这样你就能在变老过程中保持更均匀的肤色和更紧致健康的皮肤。你的皮肤不会对这类成分产生“耐药性”，就像你的身体不会对健康饮食产生“耐药性”一样。

当然，在你的皮肤已经出现衰老迹象后这些成分也有效果，但毫无疑问，越早使用效果越好！

名目繁多的保湿品……

润肤乳、抗皱霜、紧致液、抗衰老霜……不管护肤品行业发明了什么新名字来指称它们（新名字的名单可谓无穷无尽），一款保湿品的作用应该是改善皮肤的柔软度、光滑度以及保有某些必需物质的能力，这些物质能够让皮肤不仅看上去而且在实际上变得更年轻。某些保湿品在这方面相当出色，但另一些（数量惊人）则不尽如人意，其中还不乏一些价格不菲的产品。

这一护肤步骤的标准称谓是“保湿”，但这一步并不是给皮肤以水分，也不是给皮肤抹上一层乳液或霜剂。事实上，并不是每个人都需要“保湿”，但每个人每天都需要为她们的皮肤补充抗氧化剂、皮肤修复成分和细胞沟通因子。这些成分是保持并获得你所想要的皮肤状态所必需的，因为你的皮肤需要这些物质来自我修复、生成健康的皮肤细胞、产生健康的胶原蛋白，以及（在可能的范围内）修复被损坏的弹性蛋白并增强皮肤的免疫力。不管产品的名字与质地，选择一款富含这些成分的产品是让皮肤保持正常功能并且看起来年轻与健康的关键。

你只要在这一大类基本护肤品中选择一款配方良好且含有一长串重要成分的保湿产品，并结合你自己的皮肤类型考虑产品的质地，除此之外，印在包装盒上的产品名字究竟是什么完全不重要。

在配方良好的保湿品中，唯一让它们之间有所差别的只是质地，不管它们的名字是润肤乳还是抗皱霜，或是其他什么。如果你的皮肤类型是干性到极干性，你会需要霜剂产品；如果你的皮肤类型是中性至干性，一款乳液就很好；如果你的皮肤是中性至略干或混合性，轻透乳液或稀薄液态产品最适合你；如果你的皮肤是油性或易生痘痘，凝胶或液态产品是最佳选择，你也可以考虑一款哑光精华液（不要与粉底混淆，因为粉底配方里通常不含有上述那些令人惊艳的有益成分）。

保湿品中不应该含有的成分

我们在上面列出了一款好的保湿品在治愈并改善皮肤时应该含有的成分。但同样重要的是,我们还应该了解一款保湿品不应该含有的东西。许多保湿品，包括那些标签上写着专门针对干性或敏感性皮肤的产品，含有一些能让皮肤问题变得更严重，或者会抵消它原本所含有益成分效果的成分。我们指的是酒精（不是那些“有益的”脂肪醇，而是指变性乙醇和异丙醇）和香精，包括来自薰衣草、玫瑰、柠檬和薄荷的芳香精油。

如果你所考虑的保湿品中含有任何一种上述成分，果断放弃它！这些成分中有许多，特别是那些挥发性植物精油（比如薰衣草油与柑橘油）被宣传为天然或有机护肤方案，但它们会导致皮肤刺激和炎症反应——是干性皮肤的头号大敌！

包装很重要！

不要用任何装在敞口罐里的保湿品！我们将在第 14 章“常见美容问题与

误区”中详细解释，无论一款产品的配方多么精良，只要它使用敞口罐包装，或者比它稍好一点的透明（透光）包装，一切都完了。这种包装将有益却又脆弱的成分暴露在空气或光照之中，令它们被降解破坏。如今有很多采用与空气隔绝的减压或密闭包装产品可供选择，为什么你还要在那些最有效成分在开封后很快就消失（或至少不再那么有效）的产品上浪费钱呢？

眼霜

如果配方良好，眼霜当然可以作为你护肤产品的一个选择。配方良好的意思是说它含有能够帮助你眼部周围皮肤的有益成分并且不含有害成分。这听起来太理所当然了，都不用动脑子，但事实上有太多眼霜含有并不适用于眼部周围皮肤的成分，那些成分甚至同样不适用于脸部任何部位。

关于眼霜的一个严重问题是大多数供白天使用的眼霜并不含防晒成分，这会加速而不是延缓眼部周围皮肤的衰老（除非在使用眼霜后，再在眼部周围使用防晒产品）。日晒是造成皱纹与眼袋的主要原因，因此眼部周围应该与脸部其他部位一样需要得到防晒保护。

说到防晒，我们强烈建议在眼部周围只使用矿物配方的防晒产品。“矿物”指的是只以二氧化钛和（或）氧化锌作为防晒成分。这两种成分对皮肤都很温和，而且能够提供全波长防晒保护。并不是说合成的防晒成分没有效果，只是相对来说合成成分与矿物成分相比不那么温和，可能会刺激皮肤而已。不管产品标记为眼霜还是别的，在这方面都一样。

所有你听到的关于眼霜的配方如何特殊，如何针对眼部周围敏感皮肤专门设计等等，都是市场营销的策略，而所谓眼霜可以去除眼袋、黑眼圈，让松弛下垂的眼部周围皮肤变得紧致之类的效果，往往都不符合事实。被认为专门适用于眼部皮肤的成分很少，大多数情况下，对整个脸部皮肤有好处的关键成分也同样有益于眼周皮肤。一款优秀的脸部保湿品绝对可以用在眼部周围，这也是为什么我们认为并不是每个人都需要眼霜（或眼部凝胶或眼部精华液）的原因。

上面这个观点的例外情况是当你的眼部周围皮肤与脸部皮肤分属不同类型。例如，眼部周围皮肤比脸部皮肤干很多，那么你或许需要在眼部周围使用含有更多柔润剂的保湿品。

特别是当你的皮肤属于油性，那些专为油性或混合性皮肤设计的凝胶或液体质地的保湿品配方可能与你的脸部皮肤很相配，但对于眼部周围稍干性的皮肤来说就不够滋润。但同样，你不必专门选购“眼霜”。当然，如果眼霜能提醒你要在眼部区域使用一款特殊产品，而且它的确也是货真价实，那么我们也同样乐于接受。

我们将在第 14 章“常见美容问题与误区”中再次讨论眼霜，以及眼部浮肿和黑眼圈等眼部皮肤问题。

带有 SPF 的保湿品：护肤基石！

有时候执着于一些东西是可以接受的，例如健康饮食、护理牙齿、谨慎驾驶以及每天使用防晒产品。最后一项，每天在皮肤上抹一层带有防晒功能的保湿品绝对应该列在这张单子上。如果你能够忠实执行这项忠告，那么当别人出现笑纹及其他皮肤衰老痕迹时，你就能笑到最后，因为那些皮肤衰老的标志绝大多数都来自日晒损伤。

毫无疑义，防晒霜是你应该使用的**头号抗皱、抗松弛和抗色斑产品**。未经防护地暴露在紫外线之下几乎是所有皮肤衰老迹象的罪魁祸首。我们称防晒为皮肤护理的基石，因为缺少了它，你所做的其他改善皮肤外观与健康的努力都不会有很好的效果；无防护的紫外线伤害真真切切地毁灭皮肤，虽然过程缓慢，但结果确定无疑。

关于护肤程序中最重要的这个环节，我们在第 6 章“晒伤及防晒问题解惑”中还会有更详细的讨论。

专门治疗：特殊的皮肤问题

或早或晚，大多数人都会用到一种或几种所谓的专门治疗产品。如同产品名字所暗示的，它们被用来专门改善皮肤的某种特殊问题，例如痤疮、褐斑、皱纹、顽固脓包、发红等等。

例如，有些饱受痤疮所苦的人或许会受益于一款含有外用抗感染成分过氧化二苯甲酰的产品。有褐斑的人或许会受益于含有氢醌（对苯二酚）、烟酰胺或高浓度维他命 C 的产品。而极干性皮肤的人可以试一下混合的润肤油，单用或与保湿品混合使用皆可。

如果你在同一个皮肤区域使用多种专门产品，先用哪一个取决于产品的质地（从轻薄到厚重）和个人喜好。好消息是你不必担心不同产品里不同成分之间互相影响；几乎没有例外，你可以分层使用这些产品，也可以根据你的需要在早晨和（或）晚上使用。

针对性的治疗产品也包含外用处方药，如改善皱纹的视黄醇类的维 A 酸或针对酒渣鼻的壬二酸产品 Finacea。

面膜及其在护肤步骤中的位置

虽然面膜在世界范围内有很多拥趸，我们却从来不怎么推崇它。并不是说面膜有什么害处（当然我指的是配方良好的面膜，显然有许多面膜并不属于此类）或全无益处，而是因为你每天都好好照顾皮肤远远比一个星期使用一次或两次面膜管用得多，无论这款面膜的功能看上去有多么神奇或特别。

在东亚，许多人每天使用面膜。如果你每星期只用一次的话，面膜不见得那么有用，但如果你愿意更频繁地使用，它们的益处也会相应变大——然而这也意味着面膜配方是否优良变得更重要。另外更重要的是，面膜必须与你的护肤习惯相合。例如，如果你在护肤过程中每一步都使用温和且配方良好的产品，但面膜中却含有刺激性或有问题的成分，使用它就抵消了其他护肤步骤试图获得（并保持）皮肤最佳状态的成果。

面膜有两种主要类别：一种的功能主要是滋润与补水（更适合中性到干性皮肤），另一种能够吸油并帮助去除皮肤表层的黑头，让皮肤显得光滑不油腻（更适合油性或混合性皮肤）。真正中性皮肤（稀有类型！）的人如果想使用面膜的话，尽量往更滋润的那个方向靠，避免吸油的那种。如果你的皮肤是混合性（同时具有干性与油性区域），可以考虑使用两种面膜：在干性区域使用滋润类型，在油性区域使用吸油类型。

不管你用不用面膜，你需要了解，与销售宣传相反，面膜并不是必需的护肤产品。撕拉型面膜或纸质面膜，在变干过程中改变颜色或让你觉得温暖、在某些特殊区域如眼部周围感觉凉爽的面膜，都可以让你的护肤过程变得有趣，所以，如果你只是想让自己有个好心情，而且它们也的确能做到的话，你大可继续使用——只要确保所使用的面膜不含有问题成分如变性酒精、薄荷醇、金缕梅、芳香性植物油或其他已知的皮肤刺激成分。就算你只是偶尔使用面膜，你依然需要只选用成分温和的面膜，避免将自己的皮肤暴露在有害成分之下。

多久以及怎样使用面膜完全取决于个人喜好以及每款面膜的使用说明。通常情况下，你需要在使用面膜前清洁皮肤，在使用后用水洗掉或按摩吸收，然后接着进行正常的晨间或晚间皮肤护理。滋润型面膜可以留在脸上过夜，而矿泥或撕拉型面膜则应该在使用后10—15分钟内洗去或揭掉，因为留在脸上的时间越长，越会增加皮肤过干和紧绷的危险。眼部周围面膜可以在保持一段时间后按摩吸收或留着过夜，遵照产品说明书使用就好。

第5章

建立完美的护肤习惯

确有实效的护肤习惯

我们在本书开头就向你承诺实现最完美的皮肤，现在就让我们揭开谜底：获得完美皮肤并保持它的唯一途径就是开始（永远不要偏离）使用最先进的护肤方法，而该方法或产品必须经过不带偏见的科学研究证实的确对皮肤有效！除此之外，真的别无他途。如果你关注的只是产品宣传、可疑的前后对比图片，或者关于某种全新的神奇成分、奇迹产品毫无实据的市场营销，你的皮肤终将受到伤害，自己也会一次又一次地浪费钱。如果你在护肤道路上已经走了一阵，应该早已对这些无头苍蝇似的体验烦透了吧？我们都经历过这种挫折，正是这种挫折激励我们去找出有用和无用的护肤方式，以及它们背后的原因！

当我们对护肤在整体上有了更多了解之后，下一步就要了解哪些产品能够互相配合使用，它们如何让你皮肤受益，以及以何种顺序来使用。我们在下面表格里所给出的信息是一个简单易行的指导，按部就班地帮助你建立自己的护肤习惯，或根据你的皮肤问题，选择最合适的产品。

我们将介绍每一类产品的用处、为什么你需要它以及你所能期待的结果，这既适用于基本护理，也适用于更进一步的护理步骤。记住：如果你有多种皮肤问题，很有可能你就需要多种专门的针对性治疗产品。我们也希望有一种护肤产品可以解决所有皮肤问题，遗憾的是这在现实中不可能发生。只使用一瓶或一管产品就解决多种皮肤问题是不可能的，不管商家如何宣传或产品售价几何。

关于专门治疗的说明：你或许只需要在基础护理之外再加一种专门的针对性治疗产品，或者也可以隔天换用另一种或另几种针对别的皮肤问题的产品。如果护肤步骤很复杂，涉及几种不同的产品（包括外用处方药），你就需要尝试找到哪种方法以及哪种使用频率最适合你自己。现在，就让我们依次介绍各种产品和步骤，开始你的护肤之旅！

你所需要的产品（及理由）

洁　面

（第一步）

这是做什么的	一款温和、水溶性且不含肥皂的洁面产品能够洗去皮肤上的灰尘、油脂与彩妆。
为什么我需要	仅用水冲洗不能将你的脸完全洗净。当脸部真正干净后，你所用的其他护肤产品才能发挥更好的效果，早晨与晚上都如此。
我能获得什么效果	**一款配方良好的洁面产品能让你的皮肤外观与功能上都变得更健康、更光滑，并让它做好得益于其他护肤产品的准备。**

爽肤水

（第二步）

这是做什么的	一款配方良好的爽肤水能让皮肤变得光滑、柔软和平静，并除去最后一些彩妆残余。它还能在你洁面之后迅速补充重要的皮肤修复成分。
为什么我需要	含有皮肤修复成分的爽肤水能够在洁面之后迅速为皮肤表面补充水分并促进其修复。它还能改善皮肤发红及干皮区域。
我能获得什么效果	一款配方良好的爽肤水能让皮肤变得更柔软，感觉更光滑，减少发红。油性皮肤的毛孔会变小。**每天使用爽肤水会让你的皮肤得到变得更年轻、更健康所需的成分。**

AHA 或 BHA 去角质

（第三步）

这是做什么的	一款免洗 AHA 或 BHA 去角质产品能温和地除去死皮细胞堆积，显露新生皮肤。**AHA 能去除皮肤表面角质并保持水分；BHA 能去除皮肤表面与毛孔内部的角质，减少皮肤发红。**
为什么我需要	阳光伤害能让皮肤反常增厚。痤疮与油性皮肤更进一步恶化这一问题。去角质能够去除这些角质堆积，而后者会引起毛孔堵塞、肤色不匀、黯淡

以及皱纹变深。

只要一个晚上就能让你的皮肤看上去光彩照人，变得年轻光滑（绝不夸张）！

我能获得什么效果	每天使用配方良好的 AHA 或 BHA 去角质产品将疏通堵塞的毛孔，减少皮肤变红、黑头 * 及痘痘，让皱纹变浅，促进胶原蛋白生成并改善不匀的肤色。 *BHA 是对付黑头的最好克星。

痤疮治疗

（第四步，如果需要的话）

这是做什么的	使用 AHA 或 BHA 去角质后，使用含过氧化苯甲酰的产品能够杀死造成痤疮的细菌并帮助减轻红肿。
为什么我需要	如果你有痤疮问题，研究显示外用过氧化苯甲酰可作为治疗痤疮而获得正常皮肤的关键手段。
我能获得什么效果	坚持使用配方良好、不会造成皮肤干燥的痤疮治疗产品，将减少痘痘发作的机会，并减轻那些又大又红的肿包。**痤疮将会减少，甚至可能完全消失。**

亮肤治疗

（第四步，如果需要的话；第五步，如果还在进行痤疮治疗）

这是做什么的	每天至少使用一次，亮肤产品能够逐渐减少并且在某些情况下去除褐斑及其他因晒伤或荷尔蒙水平波动而造成的色斑。
为什么我需要	使用亮肤产品能减少黑色素的过量生成，而黑色素就是形成皮肤褐斑或色斑内色素颗粒的元凶。
我能获得什么效果	每天使用，8 至 12 周后你将会看到色斑淡化甚至彻底消失。**肤色将变得更均匀且富有光彩。**如果需要保持效果，你应该继续使用。

精华液

（第四步，如果没有使用痤疮治疗产品和亮肤治疗产品；不然的话，把那两步放在前面）

这是做什么的	早晚各使用一次，精华液里富含抗氧化剂和其他抗衰老成分，能保护你的皮肤，减少环境危害，包括阳光伤害 * 和污染物等等。 * 与防晒产品一起使用时。
为什么我需要	配方良好的富含抗氧化剂成分的精华液能在许多方面改善你的皮肤，从减少发红到促进健康胶原蛋白生成，促使皮肤紧致且减少皱纹发生。
我能获得什么效果	立竿见影，你的皮肤会感觉更光滑、更有光彩。**每天使用两次，那些损害的痕迹将变淡，皮肤将从外观到功能上都变得更健康、更年轻。**

抗衰老/抗皱防晒保湿品

（晨间护肤的最后一步）

这是做什么的	这是晨间护肤的关键步骤，它能让你的皮肤免受日照伤害。你的防晒产品必须具备 SPF30 或更高的防晒指数，并能够提供全波长防护。
为什么我需要	含有防晒成分和抗氧化剂的保湿产品是防止阳光伤害皮肤的关键产品。记住日晒是产生皱纹、褐斑和其他皮肤衰老迹象的头号凶手。
我能获得什么效果	保护你的皮肤免受日照的进一步伤害，促进形成新的更年轻、更健康的皮肤细胞。这是让你的皮肤光彩照人的关键一步。**你更不容易见到皮肤衰老的迹象！**

抗衰老/抗皱保湿品

（晚间护肤的最后一步）

这是做什么的	所有类型的皮肤都能从一款配方优良的保湿品中获益，只要它富含经研究证实有助于皮肤变得更健康、更年轻的成分。
为什么我需要	坚持每天使用保湿品（霜、乳液、凝胶或液体，根据你的皮肤类型来选择），它能帮助你的皮肤更健康地工作，同时保持皮肤光滑柔软的感觉。你也可以在眼部周围的皮肤上使用。
我能获得什么效果	当你使用适合自己皮肤类型的保湿品后，你就能获得更光滑、更有光彩的皮肤。**原本干燥、黯淡或脱**

皮的皮肤将会被外观上和功能上都更年轻的新生皮肤所取代！

针对性治疗产品

（使用顺序和频率取决于产品）

这是做什么的	这些是你可以选择性增加的额外步骤，取决于你自己的皮肤问题，包括面膜、眼霜和密集型精华。
为什么我需要	这些产品可以用来对皮肤作进一步的护理，譬如加强补水、吸油、减少发红、治疗某种特别症状或偶尔出现的皮肤问题。
我能获得什么效果	使用效果取决于你所选择的针对性产品，包括吸油、皱纹变浅或特别保湿等。

晨间与晚间护肤步骤示例

根据你的皮肤需求，你或许只需要基础护肤，或许需要更复杂的步骤。下面的基础护肤每一步骤（晨间与晚间）详细介绍了每个人每天都应该使用的产品及其使用顺序。不管你的皮肤属于哪种类型——油性、干性、中性或混合性，你都需要遵守。

每种类型产品的质地都要适应你的皮肤类型和个人喜好（乳液或是霜剂，凝胶或是泡沫），但基础和使用顺序都是同样的。

每一类产品（步骤）的质地或许不同，但它们都应含有每个人的皮肤所需要的关键成分。在第 12 章“如何护理特殊皮肤问题”中，我们将进一步介绍专门针对特殊皮肤问题的产品以及它们的使用步骤，这些皮肤问题包括酒渣鼻或晒伤引起的褐斑。

基础护肤：晨间

» 洁面
» AHA 或 BHA 去角质产品
» 含防晒成分，防晒指数 SPF30 或以上的保湿品

基础护肤：晚间

» 洁面
» AHA 或 BHA 去角质产品
» 不含防晒成分的保湿品（晚上不需要防晒）

如果你为多个皮肤问题所苦，最好的办法或许是采用更复杂的护肤步骤，我们不妨称之为特别护肤。它包含一些在基础护肤步骤之外加入的针对性治疗，来解决你独特的皮肤问题如痤疮、红印、皱纹、晒伤、褐斑或酒渣鼻等等。

选哪个呢？这里有一个例子：如果你唯一的皮肤问题就是皮肤干燥，基础护肤就能解决。然而，如果你既有皮肤干燥又有皱纹问题，或者同时又有油性皮肤、皱纹和痤疮，你就需要采用特别护肤步骤才能得到最佳结果。特别护肤步骤会用到更多产品并且需要花更多时间，但每种产品都有着重要的不可或缺的作用，能带给你皮肤看得见的改善！一旦你看到它们的效果，特别护肤虽然多了几个步骤，也必然会变成你的第二天性，而且每天只需要多花几分钟时间。

特别护肤步骤包含一款作为第二步使用的爽肤水，早晚都要。如果你从来没有用过配方优良的爽肤水，那就准备好迎接它奇迹般的效果吧！你还可

以在需要的时候增加一些针对性的治疗产品。

特殊护肤：晨间

» 洁面
» 爽肤水
» AHA 或 BHA 去角质产品
» 修复性产品（如精华液或眼霜或二者都用；白天眼部周围皮肤使用的产品要具有防晒功能）
» 含防晒成分的保湿品
» 可选：针对性治疗产品（需要的话在防晒产品之前使用）

特殊护肤：晚间

» 洁面
» 爽肤水
» AHA 或 BHA 去角质产品
» 修复性产品（如精华液或眼霜）
» 不含防晒成分的保湿品
» 可选：针对性治疗产品（需要的话在修复性产品之前或之后使用）

产品配合

你或许听到过一些说法：如果你使用了另一种牌子的产品，会让你正在使用的其他产品的效果大打折扣，甚至完全失效，你必须把所有护肤品都换成同一种牌子，否则你的皮肤不会改善，或者不再享受到“产品无效退款”

的保证。这些说法都没有依据。

将各个品牌的产品混着用不仅完全没有问题（尤其是处方性产品，取决于你的护肤需要），甚至有些时候这么做还是你获得最佳效果所必须的！想想我们生活中的其他领域，我们都善于混合产品——食物就是最好的例子！谁会只买一个牌子的食物，或者只在一家饭店里吃饭？

真正重要的是配方，还有就是这些产品是否适合你的皮肤类型与皮肤问题。只要你不间断地使用配方良好且适合皮肤类型与皮肤问题的产品，你就能看到良好的效果。当然，你需要抱有现实的期待：任何外用涂抹产品都不可能有肉毒杆菌毒素这种效果，也没有一种局部点涂的产品能在一夜之间彻底去除顽固的痘痘或深刻的皱纹。但如果你的目标是让皮肤看上去干净、光滑、光彩照人、健康和年轻，那你绝对可以通过每天使用配方优良的产品来实现这个目标，不管这些产品是什么牌子的。

不同肤色或不同人种的人需要不同的护肤产品吗

或许你会吃惊，无论你的祖先来自欧洲、亚洲还是其他地方，你都不需要基于肤色或种族背景的特别的护肤产品。为什么？因为肤色不是一种皮肤类型！没有任何研究显示不同种族、不同肤色的皮肤在护肤产品的需求方面有什么不同。

深色皮肤在生理学上或许会与浅色皮肤有些不同，但这些不同并不影响所需的护肤产品。就像饮食，不管我们的种族背景和肤色如何，维持健康所需要的食物营养是相同的（食物要能提供抗氧化剂、脂肪酸、蛋白质、维他命等）。皮肤也遵循同样的道理。皮肤是我们人体最大的器官，每个人的皮肤都需要同样的成分来解决干皮、痤疮、皱纹、晒伤、肤色不匀、油皮、酒渣鼻、敏感皮肤等问题。各种肤色的皮肤都会遇到所有这些问题。

每个人的皮肤也都需要同样的基本护理——温和的洁面、防晒，以及针对独特皮肤类型的最先进产品。避免有问题的成分也一样重要，这些有害成分包括酒精、薄荷醇、留兰香、桉树油、柠檬、青柠以及天然或合成香精，因为暴露在这些刺激物之下会让所有肤色的皮肤状态变得更差。

研究显示，非洲裔美国人与白人皮肤的唯一差异是黑色素细胞（那些能够产生我们皮肤色素的细胞）的多少、大小及分布。过量的黑色素也是造成在受到刺激或晒伤后肤色变深的原因，深色皮肤会因此颜色变得更深或发灰，而在浅肤色的人身上则表现为粉红色、红色，或在更多黑色素被刺激生成的情况下会变成褐色。

虽然更多黑色素对于那些肤色深的人来说是好事，但这并不意味着未加防护的日晒对皮肤的伤害在这些人身上不会发生。肤色不匀、皱纹和愈合变慢（特别是伤疤处）的原因往往是晒伤。虽然对于深肤色的人来说，阳光伤害的显现相比较浅肤色的人来说需要经过更长时间或更强光线的照射，但即便如此，慢性日晒造成的皮肤伤害永远比使用防晒产品得到适当保护的皮肤来得多。

现在你应该了解了许多给我们误导的护肤误区——这又是一个。简单地说，在生物学和生理学方面，无论你的种族背景、文化背景是什么，你都不需要特殊的护肤产品。要放弃那种错误观念——在大多数情况下，它对你的皮肤没有帮助（实际上还会带来伤害）。

你大概听说过或读到过亚洲人的皮肤更敏感，因此需要不含刺激性成分的护肤品。即便真的如此，其实这个世界上没有人——不管是不是亚洲人——需要含有刺激性成分的护肤品。所有人都需要对皮肤温和的有益成分，都应该温柔对待皮肤。使用刺激性、过于芳香的产品有害于你的皮肤，对谁都一样。

无论你的皮肤类型是中性、油性、混合性还是干性，或者你的皮肤问题涉及晒伤、皱纹、痤疮、毛孔粗大、肤色不匀、酒渣鼻、皮肤松弛等等，都没有任何研究证据显示基于种族的不同而需要什么特别配方的护肤产品。对皮肤有益或有害的成分适用于全世界所有人。将整个护肤托付给特定的某个品牌，让你相信它最适合你所属的种族背景，这完全是无稽之谈。

颈部与胸部皮肤需要特别产品吗

皱纹、皮肤干皱、褐色或灰色斑点在不加防护地暴露在阳光之下的皮肤上会更快地出现。这在颈部与胸部尤为明显，因为与脸部保护相比，我们常常忽略对颈部与胸部的防护，让它们暴露在日晒及其带来的伤害之下。那也是为什么对女性来说，护肤真的应该从胸部开始！我想说的是，你用在脸上的产品同样可以，而且应该用在颈部与胸部上！

护肤品柜台里堆满了数也数不清的针对颈部与胸部的产品（它们常常被标记为“美胸霜”）。事实上，买一款特别的颈部、胸部或美胸霜产品完全是浪费钱。这些“专门性”产品很少有良好的配方，几乎不少含防晒成分，而且考虑到其成分，几乎无一例外都过于昂贵。要点是，它们完全不必要，因为你用在脸上的产品（如果配方良好的话）同样可以完美地用在颈部与胸部。

没有研究显示颈部与胸部需要与你在脸部使用的产品不同的成分或配方。事实上，相当多的研究得出无可争辩的结论，即身体任何部位的皮肤要保持外观与功能上的年轻需要相同的成分与护理。温和清洁，富含抗氧化剂、皮肤修复成分、细胞沟通因子的产品，以及坚持不懈地使用配方良好的全波长防晒，这些原则同样适用于你的脸部、颈部与胸部。

还有一个要点值得强调，颈部的确有一些特殊性，倒不是你需要使用不同的产品，而是当我们变老时它的变化。确实，颈部会显示出同脸部一样衰老的痕迹，但通常比脸部慢一些，因为我们的头部为它提供了天然的防晒保护。但不管日晒造成的伤害痕迹出现得有多慢，如果你忽视颈部护理，早晚它也会显示出日晒伤害痕迹，与你身体上其他未采取防晒保护的皮肤一样。

与脸部皮肤相比，颈部皮肤让人讨厌的一点是它常常会更快地松弛下垂。在某种程度上这不仅仅是护肤（确切地说是缺乏护肤）造成的，同时，这也是重力与生理学造成的结果。

脸部与胸部的皮肤被骨骼完美地支撑，但颈部前面的皮肤没有骨骼结构（只有颈部后侧有，总体上考虑到颈椎骨的大小与形状，对皮肤几乎没有什么支撑作用）。同时，颈部复杂而精巧的肌肉网络也不能提供太多的皮肤支撑。这一切都意味着颈部及其脂肪块与脸部及身体其他部位相比更易受到重力牵拉的影响。

遗憾的是，尽管你听到过一些夸大的宣传和保证，但事实上没有一种特殊的护肤成分能够紧致松弛下垂的颈部皮肤——能够紧致脸部皮肤的产品同样有助于紧致颈部皮肤；就这么简单。但是（你知道我接下来要说什么，对不对？）与衰老相关的皮肤松弛下垂有一个点，一旦过了这个点，要想消除，就只有依赖手术，护肤品将无能为力。

为什么皮肤会对护肤产品产生不良反应

有时候，使用一款新产品或新的产品组合时，即使产品的配方完全没有问题，也会让皮肤产生不良反应。这样的不良反应通常让人费解，因为很难确定到底是哪里出了错，或者为什么会这样。更让人沮丧的是，有时候你不知道该如何应对，特别是当你满心期待这款产品能带给你它所承诺的效果。你或许会疑惑是不是自己哪里做错了，或者产品本身就有问题。

皮肤对新产品、新的护肤步骤，甚至你用了几个月或几年的护肤产品都可能产生不良反应，其中大致有五种主要原因：

产品配方有问题。产品含有会刺激皮肤的成分，如酒精、香精或芳香的植物提取物。不良反应可能马上发生，也可能随时间逐渐累积。有时候，当几种芳香性产品一起使用时，皮肤的不良反应会达到一个临界点，结果不良反应突然显现，而且表现强烈。

常常是皮肤对配方中的某种成分或成分组合过敏。这与产品质量无关。事实上，这是一种对某种成分或成分组合的个体反应。就像有些人对猫过敏，对这些人来说，实在是一种令人不快的体验，但这并不是猫的错，也不能说猫是一种有害动物。

使用了不适合你皮肤类型的产品。例如，你的皮肤属于干性甚至有脱皮问题，但使用了吸油产品，或者油性、毛孔粗大且易生痘痘的皮肤使用了过于滋润的产品。

同时使用了太多“活性”产品。对于抗衰老或抗痘产品，有些人觉得如果少量就能产生很好的效果，大量使用（或更频繁使用）就应该更好。因此这些人同时使用三种去角质产品，而且每天两次！后面还再加上高浓度维他命C精华液，一款处方视黄醇，然后是亮肤处方药。对有些人来说，这种组合或许一开始效果很好，但很快就带来副作用，让原先正常的皮肤变得极为敏感甚至容易过敏。如果同时还进行专业磨皮或过度的脸部按摩、熏蒸和深度清洁的话，不良反应还有可能变得更加强烈。

有些人的皮肤就是对化妆品或护肤品更加敏感，无论成分如何。对于她们，使用的产品越多，发生不良反应的风险就越大，特别是如果产品中还含有香精或芳香的植物提取物的话。如果你这类人，你最不应该做的就是从一种产品线跳到另一种产品线，误以为这样就可以阻止皮肤的悲惨反应。

怎么办

首先，确定你所使用的产品不含已知的具有刺激性的问题成分。只使用配方良好的产品（通常意味着不含香精，因为香精对所有人来说都是常见的过敏源）是关键。

接下来，确定你所使用的产品适合你的皮肤类型。含吸油或哑光成分的产品用在干性皮肤上将是一场灾难，而滋润厚重的保湿品对于有着油性皮肤的人或用于混合性皮肤的油性区域也会带来问题。

如果你最大的困扰是过度敏感的皮肤，就要小心对待那些活性成分，不要一次使用太多的量，也不要同时使用太多种活性成分。可以轮换使用这些产品，抗衰老与抗痘不是一蹴而就的。

在仔细了解产品成分及类型之后，考虑你的产品组合以及使用频率。虽然防晒、含氢醌的亮肤产品、AHA 或 BHA 去角质产品、抗痘产品、含视黄醇的抗衰老产品等都有很多益处，但它们也会让某些人产生不良反应，特别是在每天护肤过程中一起使用的话。

在这种情形下，你可以从更换防晒产品开始，试一下只含有矿物活性成分如二氧化钛和（或）氧化锌的防晒产品，这两种成分导致皮肤不良反应的可能性很小。这些矿物活性成分极其温和，它们可被用于眼部周围和发红的皮肤上。

还可以试着减少使用频率。不要每种产品都每天使用两次，可以变换着用，早上用一种，晚上用另一种。或者你还可以隔天使用。例如，不要每天都用以视黄醇为基底的产品或抗痘处方药，而是隔天使用，看你的皮肤会怎样反应。如果降低频率依然不管用，那就停用所有可疑产品，看你的皮肤不良反应是否得到改善。

在你手边准备一本笔记本，记录你皮肤的反应。简短地记下某款产品的优缺点，以及你当天的护肤过程有没有什么变化。是的，这的确会占用你一些时间，但你今后可以回看，帮助你更好地应对可能出现的不良反应。

虽然活性成分和有问题的成分是导致皮肤不良反应的最常见原因，但甚至基础护肤产品如洁面产品、爽肤水或保湿品也可能造成皮肤的不良反应。这种情况通常始于你将一款新产品引入已有的护肤步骤，或者更换一组产品之时。

如果反应不那么强烈，就停用一种产品，看看会不会改善。如果没有好转，再停用另一种新用的产品，看看一到两天后的效果。如果依然不行，就回到以前使用的没有问题的产品。可悲的是，到了这一步，你往往还会接着寻找不会引起不良反应的产品——除非你真的想接着用先前的产品，假设它们真的配方良好的话。

在护肤步骤中加上处方产品

或许你有很多原因希望或必须在常规护肤步骤中加上外用处方药。例如，你有顽固型痤疮，含有外用抗生素如克林霉素（BenzaClin）或外用视黄醇达芙文（Differin）及全反维 A 酸（Retin-A）之类的处方药产品就是你的救星。

维甲酸（Renova）是处方级浓度的视黄醇产品，对于抗皱很有帮助。处方类维他命 A 如 MetroCream、Atralin 和 Finacea 等外用药能够帮助酒渣鼻，可的松可以治疗湿疹，卡泊三烯（Calcipotriene）能够治疗银屑病，而外用痤疮用药 Tazorac 通常是控制这种讨厌疾病的终极选择。

关于外用处方药治疗多种不同皮肤疾病的机制及其潜在副作用的研究有很多，但令人吃惊的是，几乎没有如何将这些处方用药整合到你每天护肤步骤中去的信息。然而，你依然需要清洁脸部皮肤，使用帮助皮肤愈合的爽肤水，用有效的防晒成分保护皮肤不被阳光伤害，使用适合你皮肤类型的保湿品或精华液，以及对大多数人来说必需的去角质……但你应该如何正确地完成这些护肤步骤并同时使用那些处方药物呢？这些产品放在一起会如何作用？它们能否放在一起使用？

可悲的是，皮肤科医生们对于处方药物与非处方护肤产品能否一起用，哪些非处方护肤产品可以与哪些处方药物一起用以及以什么顺序使用并没有一致的答案。真令人沮丧，不是吗？更令人吃惊的是，连如何避免处方药物常见的副作用如皮肤发红、刺激、干燥和炎症等都没有一致意见。

我们研究了大量科研资料，寻找提示你该如何安排最理想的护肤步骤的线索，在考虑到你的皮肤类型及皮肤问题的情况下将处方外用药整合到你的护肤步骤中。我们的目标是能够让你持续稳定地使用那些外用药产品，因为这些外用药并非一剂见效并彻底根治你皮肤问题的灵丹妙药。如果你的护肤步骤导致皮肤刺激与炎症反应、干皮或其他新的问题，你将得不到最佳使用效果，或者（在许多情况下）你将无法坚持使用那些原本有益的药物。

第 1 步：只使用温和的水溶性洁面产品。

不管你使用哪种外用药，每个人都需要适合自己皮肤类型的温和的水溶性洁面产品。如果洁面产品不够温和，会导致皮肤刺激与干皮，而你随后使用的药物往往会加重这些症状。

用药期间，不要使用磨砂膏去角质。大多数磨砂颗粒会在皮肤表面造成微小伤口，会加重你原本就有的皮肤问题并增加药物带给皮肤的刺激。如果你想要增加一些深度清洁，使用洁面巾与温和的水溶性洁面产品就好。

注意：如果你想将处方药物与洁面仪配合使用，请三思。这种搭配对皮肤可能过于刺激，尤其是你还同时使用去角质、亮肤和含视黄醇的精华液的话。

第 2 步：使用较好的爽肤水。

大多数爽肤水含有包括金缕梅在内的刺激性植物提取物、酒精和香精——一句话：糟糕！另一方面，富含有益的皮肤修复成分的爽肤水却能为你所使用的外用处方药准备最佳的皮肤环境。

第 3 步：使用一款 AHA 或 BHA 去角质产品。

去角质能给大多数人的皮肤带来巨大改善，在与大多数外用处方药物一起使用时效果尤为明显。

小窍门：去角质成分有一定风险，所以你必须慢慢来，先从较低浓度的产品每三天使用一次（早晨或晚上）开始，观察自己皮肤的反应，然后根据皮肤反应情况逐渐提高使用频率及（或）产品浓度。如果你发现皮肤刺激，并且这种情况持续，就减少频率，降低浓度，或彻底停用。

第 4 步：使用富含抗氧化剂、屏障修复物质及其他有益成分的精华液。

这些成分几乎与所有外用处方药都相容。

注意：许多人问我们关于非处方视黄醇产品如某一款精华液与处方维甲酸等药物搭配使用的问题。两者可以同时用；通常情况下，你应该先用非处方视黄醇产品，然后使用处方药。是不是两者都需要用呢？未必，但有些人发现两者共同使用后效果更好，也有些人喜欢将这一强一弱的视黄醇产品交替使用。与使用所有含有活性成分的护肤品一样，你需要注意皮肤的反应并相应调整你的护肤步骤。同时使用两种视黄醇产品对有些人的皮肤来说可能过量——并不一定是越多越好，你绝对不要把用量加大到导致皮肤刺激发生。

第 5 步：使用你的处方产品。

现在才是在护肤过程中最适合使用处方药的时候，尤其是处方产品的质地是霜剂或乳液时。如果它的质地是液体，可以在第 3 步之后使用。

第 6 步——日间：绝对不要忘了必须每天都用 SPF30 或以上的全波长防晒保湿品。

保护你的皮肤免受阳光伤害不仅能减少衰老迹象出现，还能减少炎症反应，帮助皮肤自我修复并且改善皮肤问题。所以，除非医生给你不同的建议（患有严重银屑病的人或许需要多晒太阳），一定要使用防晒产品。

第 6 步——夜间：每晚都要使用修复保湿品及（或）精华液。

保湿品和精华液几乎能与所有外用处方药有效共用。依据你的皮肤类型与个人喜好选择一个或同时使用两个产品，并且不要遗忘眼部周围。如果需要，你可以增添一款眼霜。

如果你同时还使用针对性治疗产品，可以在使用日间或夜间保湿品之前涂抹，或者如果是局部点用，在你使用完毕处方外用药及保湿品之后再点在需要用到的局部皮肤上。

许多专家建议将外用处方药与保湿品混合在一起使用，这样能让你皮肤变干或刺激的风险降到最低。这的确是一种选项，但我们觉得与分开用差别不会太大，先用处方药然后再涂保湿品或精华液在本质上与二者混合使用是同样的。（然而，关于产品混合，你不应该将其他护肤产品与防晒产品混合后涂抹，因为精华液、保湿品或处方药物会稀释防晒成分，降低防晒效果。）防晒产品应该永远是护肤步骤中的最后一步，用不用处方药都是如此。

如果碰到讨厌的副作用，就和你的医生谈谈，看看是不是减少用药的频率，但要明白如果减得太多就不会有什么治疗效果。如果使用处方药的频率低于每周三次，而它依然会造成皮肤刺激，或许你就应该建议医生换一种药，或使用更低剂量，让你的皮肤能够耐受。

在我们的研究和个人体会中，我们注意到有些推荐处方药和非处方药的医生，他们所建议的用量与用法不太靠谱，至少在我们看来如此，估计对你来说也一样——许多读者对我们说，她们对医生的建议不甚满意。即便如此，你还是必须遵循医生的建议——或者另找一个医生或药剂师咨询一下，听听他的看法。

第6章

晒伤及防晒问题解惑

日晒伤害绝对不是好事

防晒如此重要，为此我们专写一章，而且在本书中一有机会就不厌其烦地重复：每日不加防护就暴露在紫外线之下，哪怕只有短短的一分钟，也会让皮肤遭受最糟糕的对待。研究已经确切证实，重复性的无防护日晒暴露、晒伤或重复性地使用美黑产品能引起DNA损伤，并引发皮肤细胞基因突变。长年缺乏防晒保护及忽略防晒的行为，有可能让突变的皮肤细胞最终发展成皮肤癌。

即便你足够幸运逃脱了皮肤癌，长年未受防护的日晒，或更糟的以晒太阳或美黑床的方式有意晒黑皮肤，将会让你的皮肤置于加速衰老的轨道上。与一直小心防范自己的皮肤暴露于紫外线照射之下的人相比，你会更快地看到皱纹、松弛、褐斑、肤质改变、毛孔粗大或形变以及皮肤自愈能力降低（如痘痘持续时间延长）等情况。

我们强调“紫外线”，因为虽然太阳光中还含有其他波长的光线，只有紫外线是伤害皮肤的杀手，即便在多云甚至阴天也如此。换句话说，并不是只有太阳高照的大晴天才有晒伤风险，只要你白天暴露在户外光线之下，无论何时何地，日晒风险就存在。而且这种损伤在你的皮肤暴露于日光之下的第一分钟就已开始！连我们都惊讶于这个研究结果。如果你想要尽可能长久地保持自己的皮肤处于健康年轻的状态，那么一年里的每一天，不管下雨、下雪还是艳阳高照，防晒都是必不可少的。

问题是关于防晒产品及其用法细节的讨论常常让人一团雾水，充满了片面甚至误导性的信息，而本章的目的就是想厘清这些事实。

何时以及如何使用防晒产品非常重要！

何时使用一款带防晒的日用保湿品并知道该如何使用，是一件复杂、令人迷惑甚至充满争议的事，我们完全理解你对此的各种疑问。特别是对于每隔两个小时就要重新涂一次防晒的建议——任何时候都要！至少，这看起来确实是一件麻烦事。如果你使用彩妆，你是不是需要先卸妆，重新涂抹防晒，然后再次上妆，还要一整天里每两个小时再来一次？谁有那么多时间？下面就让我们来解释一下。

毫无疑问，一年 365 天每天都使用防晒能最大程度上减少皮肤的提前衰老。但你是否聪明的防晒取决于你自己，我们知道许多人依然觉得夏天或假期晒晒太阳是生命中不可或缺的一部分，觉得“稍微晒黑一点”没问题，但请至少考虑一下下述信息，因为毫不夸张地说，你皮肤的生命取决于它。

下述得到研究支持的事实将帮助你更好地理解防晒，让你获得躲过太阳光伤害的最好防护：

» “SPF”是英文防晒指数（Sun Protection Factor）的缩写，用来表示你使用了以该指数标记的防晒产品后，你的皮肤能持续暴露在日照下而不变粉红（意味着皮肤开始被晒伤）的时间。

» 虽然使用标记有 SPF15 的防晒产品也可以，但最近的研究显示，具有更高防晒指数的产品大大优于 SPF15 的产品，因为前者能提供更好的防晒保护。所以要选择 SPF30 或以上的防晒产品及（或）考虑采取多层使用 SPF 防晒产品来提高抗衰老保护。

» 伤害皮肤的紫外线有两种，分别是 UVA 和 UVB。UVA 的杀伤力大大高于 UVB，因为它整年整天都有，而且与波长较短的 UVB 相比能穿透到皮肤更深层。UVB 存在于直接照射的可见太阳光中并能引起晒伤，而 UVA 更多的是晒黑。在阳光灿烂的日子里 UVB 较为强烈，而且主要是在上午 10 点到午后 2 点之间。UVA 在一年四季整个白天的强度都几乎保持相同。

» 标记有“全波长”的防晒产品应该可以保护你的皮肤免受 UVA 与 UVB 两种紫外线的伤害。

» 所有标记有 SPF 值的防晒产品都提供可靠的 UVB 防护，因为有许多种 UVB 防护成分被批准用于防晒产品。能可靠防护 UVA 的最佳活性成分是二氧化钛、氧化锌、阿伏苯宗、依莰舒（对苯二亚甲基二樟脑磺酸）和天来施（有时候以亚甲基 - 双 - 苯并三唑 - 四甲基 - 丁基 - 苯酚的化学名出现）。

» 你必须大量使用防晒产品才能获得其标记 SPF 值的有效防护。不幸的是，大多数人并没有大量使用防晒产品，这个习惯对皮肤有害。这个常见的错误或许会让你觉得你所使用的防晒产品效果不佳。

有建议说，即使你没有游泳也没有出汗，但也要每隔两个小时重新涂抹防晒产品，对此又该如何看待呢？这是一个好问题，但不是一句话就能解答的，请耐心看下去，我保证你会得到答案。

在早上涂抹的防晒产品在下午时分还有用吗？

如果你的一天是在办公室或学校教室里度过的，答案大多数时候是肯定的，这一切取决于你在户外停留了多长时间，因为防晒活性成分在太阳的直晒下会分解，它们的有效性受阳光照射时间的影响，而非简单的时间流逝。

通常某一天（如果你待在办公室或其他室内环境），你早晨使用的防晒产品在你下班回家的路上依然能够提供足够的防晒保护，只要你早上涂了足够多的 SPF30（或以上）的防晒产品的话。

如果你一天中的大多数时间是在室外度过，那么建议你还是每隔两小时涂一次防晒，尤其是你在游泳或出汗时。这条建议基于以下事实：

» 大多数人没有涂抹足够量的防晒产品。如果用量不足，你将无法获得标签上所标注的 SPF 值等级的保护。如果你就是不愿意大量涂抹防晒产品，那么每过两个小时重新涂抹一次是有意义的，不管有多么不方便。这个建议的初衷是：如果你不能一次涂抹很多防晒产品，那么在太阳照射下每过两小时重新涂抹一次可以弥补用量的不足，因为这相当于又涂了一层新的防晒。

» 涂多少：有许多衡量方法有助于你知道应该使用防晒产品的量，但在现实中，使用多少完全取决于你希望覆盖的面积。我们的建议是在暴露于阳光下的皮肤上均匀地涂上一层，你的肉眼必须能够看到，然后再按摩皮肤直到防晒产品被吸收。我们知道在它被彻底吸收之前皮肤会觉得不舒服，但它所提供的保护完全值得你付出片刻不适的代价。此外，别忘了胸部、手臂和双手（以及其他暴露在外的皮肤）！

» 使用频率：我们先前就回答过这个问题，但我们的任务是让你从现在开始就拥有最佳皮肤，而防晒又是确保达成目标的第一条规则，所以在这一点上要不厌其烦地重复。除了每天都要使用防晒（绝无例外），每天早晨使用一次 SPF30 或以上的防晒产品将在通常工作环境（室内）、一次午饭外出和开车回家的情况下保护你一整天。如果你每天在阳光直射下停留三四个小时，你最好再次使用防晒，是的，这意味着你需要重上彩妆，这也是我们建议你使用 SPF15 或以上的粉底补妆的原因。

» 如果你大量出汗（比如室外运动或天气非常湿热），或者你洗了手、游过泳，或被弄湿了，你都需要再次涂抹防晒产品，不管产品的 SPF 值是多少。如果产品上标有“极度防水”，那么在大量出汗或游泳的状态下它能保护你大概 80 分钟。如果产品上标着“防水”，你弄湿后大概能够得到 40 分钟的保护。但不要忘了，就算你用的是这种防水的防晒产品，在用毛巾擦干身体或脸部的时候，也会把它一并抹去，所以在这种情况下，一定要记得重新涂抹。

你已经了解，关于涂抹与再次涂抹防晒产品的规则与你所处的环境有关，如果你出汗或身体是湿的，与你大多数时间处于室内并保持身体干燥相比，这两种情形所对应的规则有很大不同。

待在室内并不意味着你的皮肤受到了完全的防晒保护！

如果你坐在靠窗的位置，有很大的可能你不会被晒伤，因为几乎所有的窗玻璃都能阻挡 UVB，也就是那种会晒伤皮肤的紫外线。但除非这种窗玻璃是特殊的防 UVA 玻璃，否则你的皮肤依然暴露在阳光中 UVA 的照射之下，因为 UVA 能够穿透玻璃。因此在判断多久涂一次防晒产品的时候你还必须考虑这个因素，或者你可以通过使用更高 SPF 指数的防晒产品来解决这个问题。当然，你也可以考虑下列措施：

- 确定你的窗玻璃能够同时遮挡 UVA 与 UVB。
- 用百叶窗控制进入你工作区域的阳光。
- 在办公室窗玻璃上贴一层能够过滤紫外线的贴膜，大多数家装店都有这样的贴膜卖，安装也不难。

常见防晒问题解答

怎样才算“大量”涂抹防晒产品？

先前我们说过，有各种不同的标准来衡量你应该涂抹多少防晒产品。皮肤科医生经常引用的标准是用一盎司（一个标准酒盅的量）涂抹全身。虽然用心是好的，但这个标准不那么实用，而且也不合逻辑。

酒杯法则只适用于身材苗条、个子娇小，并且所穿衣服很少如在海滩或夏天只穿泳衣或吊带加短裤的情况下。如果你身材高大，体态丰满，也穿着很少衣物时，一酒杯的量估计就不够了。关键是暴露在阳光下皮肤的总面积，一酒杯的防晒产品可能足够，也可能不够。你可以参考我们的标准，在皮肤上涂抹自己看得见的一层防晒产品，然后将它抹匀让皮肤吸收就够了。

记得被质地紧密不透光的衣物覆盖的皮肤面积越多，你要涂抹的防晒产品量就越少，因为衣物也为皮肤提供了防晒保护。但不要过于相信衣物，尤其是长时间处于室外环境。有些专门生产防晒服的公司如 Sun Precautions 和 Coolibar 的产品，能够提供足够的防晒保护，这些产品可以在网上或一些运动用品商店买到。

我们也建议另一种做法，就是分层涂抹，这也能达到大量使用防晒产品的效果。例如，使用让你觉得舒服的量的 SPF30 或以上的日霜，接着使用 SPF15 或以上的粉底，然后再用粉饼提供更多防晒保护。这样你就能够得到足够的阳光防护，又避免了涂大量防晒产品后皮肤厚重油腻的感觉。

别忘了分层使用防晒产品并非简单地线性叠加：例如，同时使用 SPF15 与 SPF30 的产品不会带给你 SPF45 的效果。但分层使用防晒产品将会增加皮肤上防晒成分的量，绝对有助于提高防晒保护，虽然所提高的精确数值我们无法知道。在皮肤上覆盖更多的防晒成分其实就是化学家们设计配方以实现更高 SPF 指数的基本思路——他们所做的就是在产品中加入更多的防晒成分！所以分层涂抹是聪明的防晒手段！

你应该在什么时间涂抹防晒产品？

答案是每一天早上，并且作为护肤步骤的最后一步。绝大多数医学专家与皮肤研究者都同意：使用防晒产品应该永远是护肤步骤中的最后一步。任何涂抹在防晒产品之上的护肤产品都会稀释防晒成分，或多或少地减少防晒效果。因此，如果你在防晒产品之上再涂上保湿品或精华液，你所获得的防晒保护将减少，这对护肤来说是一个严重的问题。

除了极少数人对此持不同意见，绝大多数专家都认同上述建议是使用防晒产品的正确方式，违反这个规则会对皮肤的健康及外观带来不利影响。当然，是否遵守这条建议，最终决定权还在你自己。

在白天需要使用保湿品与防晒这两种产品吗？

通常情况下，答案是否定的。这是因为大多数防晒产品是以保湿品为基底配方的。而且最好的产品都含有其他有益皮肤的成分，因此大多数人可以省掉在白天使用“普通”保湿品的那一步——你的防晒产品能提供足够的保湿，因此没有必要在防晒产品之下再涂上一层保湿品。如果你真的想增加保湿，不如考虑在使用防晒产品之前涂上一层富含抗氧化剂的精华液或强效精华来加强皮肤抵御环境伤害的能力。研究人员证实，当与大量不同种类的抗氧化剂同时使用时，防晒产品的效果更好。

有时候人们还会问，有没有必要在带 SPF 指数的保湿品之上再抹上一层“常规防晒霜”。防晒产品就是防晒产品，不管它的名字叫“日霜”还是“防晒霜”，只要它的 SPF 值为 30 或以上，并且其单一或组合防晒活性成分能够提供全波长防晒保护的话，都同样能提供符合产品标签所称的防晒功能。

有 SPF 防晒指数的日霜与大容量防晒霜的主要差别在于，与“常规防晒霜”的配方相比，防晒日霜通常含有更多的其他有益成分（譬如，抗氧化剂与细胞沟通因子）。因此，与你通常带到海滩上用的巨大罐装防晒霜相比，一款面部防晒日霜同时具备更强的抗衰老功能，虽然二者的防晒指数可能相同。但是，如果你只需要紫外线防护，那么常规防晒霜也能用在脸部，还能帮你省下不少银子。

关于涂抹后必须等一会儿才可以出去晒太阳的建议有道理吗？

合成的防晒活性成分（常见的例子包括阿伏苯宗、甲氧基肉桂酸辛酯和氧苯酮）的确应该在你准备将皮肤暴露在阳光下之前 20 分钟就涂抹，因为它们需要时间在皮肤最外层“激活”后才能发挥最佳防护作用。

但另一方面，矿物防晒活性成分——二氧化钛和氧化锌——能提供即时保护，因此，如果你的防晒产品中活性成分是它们的话就不需要等待。这也是为什么我们推荐使用矿物防晒，尤其是当你在户外；而且在手上使用时，在每次洗手或使用免洗液消毒后你应该再次涂抹防晒产品。

有时候，我们还会被问及是否可以在含有合成活性成分的防晒产品之上再涂抹含有矿物防晒成分的彩妆。答案是可以——如今的防晒产品活性成分都已微粒化、覆膜化并稳定化，能让你随意搭配各种配方的防晒与彩妆产品。事实上，许多防晒专家就建议以这种方式搭配防晒产品，以获得最佳防护！

可以在使用了防晒产品之后再使用粉底（不含防晒成分的那种）吗？

我们前面已经提到过，这么做会稀释防晒成分，并或多或少地降低防晒产品的防护效果，但你可以采取一些步骤来降低这种影响：

- 等待 3—5 分钟，让防晒产品完全吸收固定，然后再使用粉底。
- 使用粉底时，确保均匀上妆，并朝下移动，不要反复摩擦或来回擦拭，也不要用潮湿的海绵来上妆。
- 不要施加太大的压力，不管你用的是哪种工具。
- 使用干的（而不是湿的）海绵或化妆刷，不要用手指上妆。

如果你不是那种愿意等待的人，那就选用 SPF 指数为 15 或更高的粉底或带色保湿品（避免稀释原来的防晒产品，SPF 指数越高越好），这类产品选择很多，各种价格的都有。更进一步的话，你还可以用 SPF 指数为 15 或更高的粉饼来固定你的粉底。

你或许读到过这样的建议：你不能只依靠 SPF 指数 30 或以上的粉底或带色保湿品来作为唯一的防晒保护。对此我们并不同意！没有研究显示防晒粉底或带色保湿品（或 BB 霜、遮瑕霜）在紫外线防护上有任何问题，只要你遵循上述使用常规防晒产品同样的规则。在这个例子里，要考虑的最主要因素应该是对于这类产品你所需要的遮盖度是多少。如果 SPF30 或以上的粉底、带色保湿品、BB 霜或遮瑕霜的使用量不足，你就无法获得其标称的防护效果。因此，如果你是喜欢薄薄一层底妆的人，你就不应该指望仅依靠底妆来防晒。但是，如果你愿意厚厚地涂上一层，那么遮盖度应该足够。另外，不要忘记你的颈部也需要防晒，但如果你用彩妆来实现颈部防晒，你的干洗花费估计会增加不少！

尽管粉底、带色保湿品、BB 霜与遮瑕霜在足量使用后能提供足够的防晒保护，但含防晒成分的散粉与粉饼类产品未必有此能力。要获得满意的防晒效果，这些产品的使用量就必须足够多，但这会产生大多数人不喜欢的满脸是粉的效果（我们也觉得这样看上去比较奇怪）。含防晒成分的散粉和粉饼，最好还是在使用了其他防晒产品之后层次性使用，如前所述。

能不能将不含防晒成分的带色保湿品或粉底与矿物防晒产品混合后使用，以消除矿物防晒带来的发白颜色？

我们不建议这么做。稀释防晒产品永远不是什么好主意，因为防晒是整个护肤过程中最要紧的一步。你应该做的是先使用矿物防晒产品，让它吸收，然后上薄薄一层粉底消除发白的颜色。或者，你可以在矿物防晒产品中加入一滴或两滴（绝对不要多）古铜色染色液或其他如 Cover FX Custom Cover Drops 特殊彩妆产品，来抵消那种白色。在这种情况下，所加入的产品量很少，因此对于矿物防晒产品防护能力的负面影响也相对有限。

PA++ 标记代表的是什么？

就好比整个 SPF 系统还不够叫人迷惑似的，护肤品行业又推出了一个 PA 指数系统！防晒产品标记里的字母 PA 后面跟着一串 + 号（PA++, PA+++），这一系统起源于日本。虽然有趣，但这个系统有它的缺陷。PA 系统只在意 UVA 防护。PA++ 代表普通 UVA 防护，PA+++ 代表高度 UVA 防护。一些行业管理专家认为这种分级表示法不够可靠，因为它只看 UVA 防护，而自然界里的太阳光中既含有 UVA 也含有 UVB，二者通过不同的机制对皮肤造成伤害。

对于 PA 分级法的测试不同于 UV 关键波长的通常测试方法，而后者曾是用来测试产于美国与欧盟国家的防晒产品 UVA 防护的标准方法。美国与欧盟的测试方法被认为更可靠，因为被测对象暴露于紫外线（同时含有 UVA 与 UVB）照射之下，与实际情况相似，也就是说，防晒产品防护紫外线的能力被置于与现实世界相似的光照环境下被评估。

防晒产品 PA 分级法的另一个问题，是该方法的评测基础建立于所谓“持久性色素深化”(PPD)之上。前面曾经说过，UVA 是让皮肤变黑的元凶，因此，如果皮肤暴露于 UVA 之下，肤色就会变成褐色或更深，但这并不适用于所有人。在决定 PA 分级的真实试验中，UVA 照射前肤色相同的两个人，在接受同样的 UVA 照射后产生的肤色常常不同：有些人的肤色变得更深，而另一些人却没有多少变化。这些变量让这类测试的结果在长期看来不一致和不可靠。

不管你中意的防晒产品是不是使用 PA 分级系统（并不是必须采用 PA 分级系统，而且使用了该系统的产品绝对不代表它比未使用该系统的产品更好），一款配方良好的防晒产品应该能够提供全波长的紫外线防护。此外，它也必须与其他任何防晒产品一样足量使用，并在需要的时候重复使用，这样才能维持对皮肤的有效保护。

防晒产品会致癌吗？

不会，没有任何研究显示防晒产品会致癌。大量的研究显示，经常性地使用防晒产品事实上能够阻止癌症发生、减缓皮肤早衰、减少褐斑发生、改善皱纹并帮助皮肤自我修复。有些人对此视而不见，这让我们感到震惊。我们将在第 14 章“常见美容问题与误区”中详细讨论这个话题。

结论

虽然了解防晒并不是一件易事，但你只要记得足量使用一款 SPF30 或以上的全波长防晒产品，而且每天都要把它当作你护肤步骤的最后一步，就已经是一个极好的开端了。除此之外，就是如果你去游泳或大量出汗，务必使用一款防水的防晒产品，并且每隔 40 到 80 分钟就需要重新涂抹（取决于该产品是“防水”还是“极度防水”)。如果你长时间持续暴露于太阳直晒之下，每隔几个小时就需要重新涂抹防晒产品。另外，如果你用毛巾擦干身体之后也别忘了重新涂抹。

当我们说你生命中最佳皮肤状态由此开始时，我们指的就是这个——每天勤于防晒，你的皮肤将在外观上与功能上都变得更年轻。你还会减少褐斑、皮肤松弛下垂、深度皱纹和皮肤自我修复功能受损等问题出现的频率与风险。最重要的是，防晒还会降低你得皮肤癌的风险！

防晒产品推荐

下面的清单是我们特别喜欢的各种质地的防晒产品。它们都能提供全波长紫外线防护，并含有包括抗氧化剂等在内的有益成分。而且，这些品牌通常都生产质量稳定良好的 SPF 防晒产品，不管产品的名字是面部防晒日霜还是用于身体的“常规”防晒霜。

» Alba Botanica Very Emollient Mineral Sunscreen Protection, Fragrance Free SPF 30（$11.49）
» Clinique Sun Broad Spectrum SPF 30 or SPF 50 Body Cream（$23）
» KINeSYS SPF 30 Alcohol-Free Sunscreen with Mango（$18.99）
» MD SolarSciences Mineral Creme Broad Spectrum SPF 50 UVA-UVB Sunscreen（$30）
» Olay Regenerist Regenerating Lotion with Sunscreen Broad Spectrum SPF 50($25)
» Replenix Sheer Physical Sunscreen Cream SPF 50（$29）
» Paula’s Choice Resist Super-Light Daily Wrinkle Defense SPF 30（$32）

» Paula’ s Choice Resist Youth Extending Daily Fluid SPF 50（$32）

» Paula’ s Choice Sunscreen Spray Broad Spectrum SPF 43（$25）

» Yes to Cucumbers Natural Sunscreen SPF 30 Stick（$8.99）

第 7 章

抗痘和抗粉刺

了解青春痘

青春痘（痤疮）是全世界范围内最常见也是最令人烦恼的皮肤问题之一，从情感上来说，它也是最令人感到尴尬的皮肤病之一。虽然大多数人总是把青春痘与花季少年和青春期联系起来，但事实上青春痘问题绝不仅仅发生在青春期。即使有人年轻时未必长过青春痘，但在随后的岁月里也可能受到它的困扰。

大多数人对青春痘或多或少有一些了解，就算未必清楚造成皮肤长青春痘及其他一些皮肤问题的详细原因。教科书上，青春痘被定义为当毛囊（你脸上的每一个毛孔其实是毛囊的一部分）被死皮细胞和皮脂腺分泌的皮脂堵塞造成皮肤红肿发炎，导致出现充满液体的白色毛囊的一种皮肤病。

通常，皮脂和死皮细胞的混合物会流出毛囊，并不会给皮肤造成太大的问题，但这些混合物适合造成青春痘的细菌即痤疮丙酸杆菌的生长，如果毛囊被堵塞，这些细菌就会大量繁殖，结果令皮肤长出青春痘。

在毛囊内容物的滋养下，这些细菌开启了一种连锁反应，进而会促进引发炎症的各种化合物和酶的生成。这个过程继而触发人体免疫系统作出反应，白血球与这些细菌搏杀，结果炎症加剧。

最关键的是，青春痘是一种炎症性皮肤疾病，在抗痘时千万不要忘记！减少炎症的任何措施都有助于抗痘，并且会改善青春痘治愈之后在皮肤留下的红斑问题。换句话说，皮肤刺激将加剧皮肤的炎症，结果造成更多爆痘问题。

青春痘发展到后期，被堵塞的毛囊壁将会破损，于是内容物溢出至旁边的皮肤，导致炎症引发面疱。但是，究竟是什么触发了这个过程，面疱的生成速度有多快，以及为什么有些毛孔受到影响而其他毛孔却安然无恙，到现在仍然未知。

青春痘可能出现在身体的许多部位，包括面部、颈部、胸部、背部、肩部和手臂。当典型的面疱（亦称脓疱）形成时，它可能属于如下所述若干种状况之一。

粉刺

粉刺被认为是青春痘的非炎症性前体，但这些皮肤损伤并非青春痘。换句话说，粉刺证明了皮肤的状况有可能引发青春痘。粉刺分白头粉刺和黑头粉刺两种，前者有时被称为“闭合性粉刺”，后者有时被称为“开放性粉刺”，因为这时你可以看到毛孔是张开的。

当毛孔中皮脂腺分泌太多的皮脂，皮脂有可能与死皮细胞和细胞碎片混合在一起，结果凝固形成“堵头”。“堵头”推向皮肤表面，如果它被皮肤所覆盖，看上去就会呈现出白色的略微隆起的坚硬肿块，即所谓的白头粉刺。白头粉刺还不是面疱。

如果这些“堵头”在皮肤表面没有被覆盖，它们暴露在空气中就会被氧化变黑，即形成所谓黑头。黑头并非显示皮肤表面之下的不洁物！

丘疹

丘疹是一些隆起的小肿块，表明毛囊中存在炎症。丘疹使得皮肤难看，但通常不会引起疼痛的感觉。

脓疱

脓疱比丘疹要大一些，这些红色的肿块软软的，顶端含有白色的脓液，表明炎症进一步加剧。脓疱会引起疼痛。

结节

结节是痛感最强烈的一种青春痘，这些肿块位于皮肤之下，又大又硬。当毛囊被严重堵塞，内容物堆积时，结节就将形成。

囊肿

囊肿是皮下形成的含有脓液的肿块，会引起疼痛。由于囊肿发生的位置较深，并且可能破坏皮肤的胶原蛋白，因此很有可能造成皮肤疤痕。外用护理产品对于囊肿常常无效，尤其是普通的非处方抗痘产品。

皮脂纤丝

如果仔细观察自己的鼻尖，你可能会看到微小的有点像黑头的小点。如果颜色非常黑，那么它们可能是黑头粉刺，但你看到的黑色“圆点”也可能是充满毛孔的柱状结构的末端，这就是所谓的皮脂纤丝。这种自然生成的毛发状物质能够帮助毛孔导油。它们是皮肤毛囊结构中的自然部分，每个人都有，但如果你是油性皮肤，或者毛孔较大并且容易堵塞，你就容易发现它们。用人工方法取出这些纤丝是能够做到的，但很快它们又会生成。老实说，除了你自己和放大镜之外，没有谁会注意这些。然而，如果皮脂纤丝让你烦恼，那么定期使用 BHA 去角质产品可能有效，这样你就不用成天担心别人注意了。

为什么会长青春痘

你可能会好奇，谁会长青春痘呢？据估计，大约 80% 的人在 11 岁至 30 岁之间都会长青春痘，在 40 多岁、50 多岁、60 多岁的女性当中，长青春痘的人也不少见。

虽然人们一直在努力改善青春痘的状况，相关研究也做过好几百个，但造成青春痘的确切原因仍然不得而知。好在研究人员已经将引发青春痘的因素缩小为以下方面。

» **荷尔蒙水平**。青春期少男少女体内的雄性荷尔蒙水平提升会导致皮脂腺增大，并分泌出更多的皮脂。怀孕、口服避孕药（开始服用或停止服用时）也会促进皮脂的分泌。对女性来说，进入更年期之后，皮脂分泌才开始减弱。

» **药物**。含有或者会刺激体内雄性荷尔蒙、皮质类固醇、锂水平的药物对青春痘的发展进程有一定的影响。

» **遗传**。研究人员相信遗传对青春痘的影响。如果父母长过青春痘，那么你也很可能脸上爆痘。

除了引发青春痘的真正原因，如果你的皮肤本来就容易长青春痘，那么以下因素有可能加重青春痘的状况。

» 女性来月经前 2 到 7 天内的体内荷尔蒙水平改变。毫不奇怪，在这段时间内女性脸上的青春痘会更加明显。

» 准更年期（更年期的开始阶段，通常女性超过 40 岁就会进入准更年期）和更年期女性仍然会受青春痘和油性皮肤的困扰。原因在于这个时期女性体内的雌性荷尔蒙水平降低，但是体内的雄性荷尔蒙水平却变化不大。雄性荷尔蒙是引发青春痘的主要诱因，当体内没有足够多的雌性荷尔蒙去平衡它时，皮肤就表现出青春期的特征。相对较多的雄性荷尔蒙会激发皮脂腺分泌更多皮脂，从而有可能出现毛孔被堵塞的状况。此外，年长女性的皮肤还有可能因为日积月累的晒伤而造成毛孔堵塞。

» 对化妆品、刺激性护肤成分、特殊的食品（这种情况很少见）、药物等的过敏反应也会加重青春痘状况。有时过敏反应引发的并非真正的青春痘，而是所谓的“刺激性接触性皮炎”。这种类似青春痘的皮疹发起来很快，但真正的青春痘需要较长的时间才能形成。
» 各种因素引发的毛孔发炎会加重青春痘状况，比如使用含有刺激性成分的化妆品，试图“干燥”脸上的面疱，用力擦洗皮肤等。挤痘痘并不会提高青春痘的发生率，但如果挤的方法不对，它有可能加重炎症，延缓青春痘愈合的时间。
» 对牛奶和奶制品、面筋、坚果、鱼等食物过敏可能会让一部分人长青春痘，但也有研究表明这未必是事实。如果想知道某种食物会不会引发你长青春痘，简单做做试验就可以了——你只要几个星期之内不再吃某种食物，看看青春痘的状况会不会有所改善。

在我们进入下一个话题之前，有必要再强调一下：青春痘及其“同伙”——白头和黑头并非皮肤脏的结果。黑头顶端的黑点并非皮肤脏，而是因为死皮细胞和皮脂氧化引起的。青春痘、白头和黑头无法通过冲洗或用力擦拭而去除，所以要是有哪个产品宣称有这样的功效，烦请直接忽略就是了。事实上，控制青春痘远远没有这么简单。

每个人的控痘方法都相同

虽然不存在根治青春痘的方法，但有效的控痘方案还是有很多。无论你采取什么措施，有一点必须牢记，那就是青春痘是一种发炎性疾病，这意味着只要你减少或者避免皮肤炎症的发生，就有助于青春痘的症状保持最轻。

坚持以下做法，我们相信你很快就会摆脱青春痘的困扰。

保持皮肤清洁，但也不要清洁过度。清洁皮肤有助于去除多余的皮脂和死皮细胞，从而减少毛孔堵塞的机会，让青春痘不容易形成。但是，勤于清洗，尤其是用粗糙的清洁产品或磨砂膏，将导致皮肤刺激和慢性炎症。（记住：导致炎症就会增加长青春痘的风险。）最好的做法是用温和的水溶性洁面产品每天冲洗皮肤两次（早上一次，晚上一次）。“温柔的”皮肤可承受不了重压。

此外，不要用洁面皂和条形的清洁产品——这些产品会在皮肤上留下一层薄膜或者其他残留物，进而堵塞毛孔，减弱洁肤后使用抗痘产品的功效。

不要用会刺激皮肤的护肤品和彩妆品。刺激皮肤相当于皮肤发炎，这可不是什么好事。糟糕的是，许多护肤品和彩妆品，甚至包括宣称能改善青春痘的产品，都添加了会刺激皮肤、令皮肤干燥的成分。不要使用含变性酒精的产品，它们会干燥皮肤，并且促进皮脂分泌。

在不可使用的产品清单中，还包括含有薄荷（包括薄荷醇和薄荷油）、金缕梅、桉树和柑橘类成分的产品，这些产品会破坏皮肤健康。然而，在许多号称抗痘的产品中，这些成分历历在目。

上床睡觉前要卸除全部的彩妆。带妆入睡会妨碍皮肤的去角质，也会堵塞毛孔，增加长青春痘的机会。如果你化的妆很厚，或者想体验一下格外清洁的感觉（当然前提是不会导致皮肤发炎），你可以尝试科莱丽（Clarisonic）洁面刷，或者组合使用温和的洁面产品与洁面巾。在把脸冲洗干净之后，你再用一款含抗炎成分的温和的爽肤水或卸妆液，确保清除最后一丝彩妆残留。

不要用太腻或太厚的保湿品。这类产品不仅让油性皮肤更油腻，而且会堵塞毛孔，甚至被吸入毛孔，进一步加重毛孔堵塞的状况。无论你怎么看待这些产品，它们通常都会给努力抗痘控油的人制造新的麻烦。

只有一小部分人例外，这些人的皮肤容易长痘痘，毛孔也容易被堵塞，但却属于干性皮肤，毛孔几乎看不见或者不明显。这种肤质的皮肤不太容易护理。保湿品更滋润一些有利于干燥的皮肤，但这也可能造成毛孔堵塞。最佳的应对之策是遵循我们给出的护肤建议，并且尝试找出适合你使用的最轻透的保湿乳液，一方面呵护干燥的皮肤，另一方面又不会引发痘痘。在皮肤上抹两三种质地轻薄的保水产品（比如主要是水分的精华液与保湿乳液的组合）也是必需的。

化妆会导致长青春痘吗？对大多数人来说不会。粉底是抹在皮肤最外层的，它们不像又厚又腻的保湿产品那样会被吸收进毛孔从而造成问题。诱发长痘的是到晚上也不卸妆。所以不要把长青春痘怪罪到彩妆头上，反而你该检点晚上要做的护肤流程。

使用质地轻透的护发产品。如果你在前额留有刘海，或者头发会触碰到脸颊，那么在这种发型之下，你所使用的护发产品也会对皮肤造成影响。如果你的皮肤容易长痘，就不该选用质地厚重、含蜡质成分的护发产品，否则它们会堵塞毛孔，诱发爆痘。护发素也可能引发青春痘，所以脸上尽量不要接触到这些东西。如果你的脖子和后背长了青春痘，那么在用了护发素之后，一定要想办法冲洗干净。

防晒。你可能听说过适当晒太阳有助于“清除”青春痘，但这种说法得不到任何研究报告的支持。晒伤是另外一种形式的炎症，而炎症是绝对必须避免的。如果你担心防晒产品比较厚腻会引发青春痘，那就换用质地轻薄的产品。请参考第 9 章“油性皮肤护理”，那里有一些质地轻透、哑光妆效的防晒产品可供你选择。

有关青春痘的误区

对抗青春痘，从来就不乏建议，市场上也流传着形形色色的理论和说法。尽管有许多传言常常被揭穿，但是，以下有关青春痘的误区却一再大行其道。

误区 1：青春痘可以风干。

只有水可以被风干，青春痘和皮肤是否潮湿没有关系。皮肤干燥会破坏皮肤中的保水物质，影响皮肤自愈和抵抗炎症的能力，有利于细菌的繁殖。将皮肤表面或毛孔中的油脂吸走，与变性酒精、硫磺、樟脑和金缕梅之类刺激性成分“风干”皮肤完全是两回事。

误区 2：青春痘是因为清洁皮肤不够引起的。

这个错误观念常常会让很多人使用洁面皂或其他强力清洁产品，但是过度清洁只会增加刺激皮肤的风险，导致皮肤发炎、干燥，对于改善痘痘却于事无补。

误区 3：青春痘只要治疗患处即可。

虽然水杨酸产品或过氧化苯甲酰杀菌产品可以极大地改善青春痘造成的红肿问题，但这些产品却无法防止脸上其他部位冒出新的痘痘。只治疗已经长出来的青春痘，实际上是忽视了正在酝酿形成的青春痘。

你可能也猜得到，只治疗患处等于跟在青春痘屁股后面疲于奔命。只有那些偶尔或只在局部长痘的人（比如青春痘只会长在下巴上）才可以只治疗患处。如果青春痘很严重，且发生于面部任意部位，就不适合局部治疗的方法。

误区 4：刺痛感或冰凉感说明产品有效。

有一些成分会令皮肤产生刺痛感，比如薄荷醇、薄荷、桉树油、柠檬等，它们常常被添加在抗痘产品中，然而，没有研究报告显示它们对改善青春痘或油性皮肤有益。

其实，这些成分造成的皮肤刺激和发炎，只会令情况更糟！刺激皮肤会触发位于毛孔底部的感受压力的神经末梢，从而刺激皮脂分泌。至于冰凉的感觉，无论感受多么好，它都无法减少青春痘。

误区 5：吃巧克力或油腻食物会导致青春痘。

虽然吃健康食品和抗炎食物绝对有益皮肤和身体健康，但同时巧克力和油腻食物其实跟青春痘没有关系。否则吃这两种食物的人都要长青春痘了，这显然不是事实。不过，饮食中的糖、奶制品、面筋、坚果和鱼有可能加重一些人的青春痘症状。

误区 6：可以把青春痘、白头和黑头用磨砂膏擦掉。

在护肤过程中，温和的磨砂膏可以提供额外的清洁力，但它不会改变皮肤上的青春痘。引发青春痘的原因并非皮肤不干净而需要“深度”清洁。

温和的磨砂膏只能去除黑头最上面的部分，做不到斩草除根。于是过不了多久，鼻子和双颊又会出现黑头。使用黑头拔除贴也是同样的道理，而且这些拔除贴还会刺激皮肤。如果磨砂膏使用过度，或者用得太勤，就有可能引发皮肤炎症，令青春痘更严重。

误区 7：标有“非致痘”字样的产品不会引发青春痘。

你肯定看到过标有“非致痘”字样的这种产品，甚至你在化妆品专柜还特意去找这样的产品，相信这些产品的宣传，以为它们不会堵塞毛孔，也不会引发青春痘。遗憾的是，非致痘完全是无用的宣传，所谓的达到非致痘的测试条件与产品实际使用情况相差太远。

非致痘的说法是从何而起的？它源于 1979 年发表在《英国皮肤病学》期刊上的一篇研究。该研究检验了几种不同的成分（例如可可油）对堵塞毛孔和引发形成粉刺（对黑头和白头的一种花哨的称谓）的影响。在研究中，研究人员将一定量的纯成分直接涂抹在兔子的耳朵上，进而评估该成分的效力。

不同寻常的是，在为期两周的时间里，每种成分在使用时要涂抹 5 次，其间兔子的皮肤不做任何清洁。你能想象吗？这种试验方法与护肤品和化妆品的实际调制及其用法完全不同，很少有护肤品只含有一种成分的。

某个化妆品成分会不会引发青春痘，起决定性作用的是这种成分在配方中含量的多少。润肤霜、腮红、粉底或遮瑕膏当中含量微小的成分甚至矿物油或增稠剂并不会引发青春痘，也不会加重青春痘的症状。顺便说一下，促使“致痘成分”这个概念形成的研究人员阿尔伯特 · 克里格曼（Albert Kligman）在他 1972 年的研究《化妆品性青春痘》中如此说道：

“对于纯态下会引发青春痘的成分来说，一味排斥是不必要的。该成分在产品中的浓度至关重要。在化妆品中禁止添加诸如羊毛脂、石油烃类、脂肪醇类和植物油的成分不啻于因噎废食。最重要的是成品有无可能引发青春痘。”

就像对待 20 世纪 70 年代大多数美容建议（例如，晒太阳浴时使用婴儿润肤油有助于增强美黑效果）那样，现在该是放弃“非致痘”这个观念的时候了。这个观念不仅没什么帮助，退一步说，我们买到的虚假“非致痘”产品还少吗？结果不还是照样爆痘？

不要做什么

好了，现在我们已经知道，如果你本身是容易长痘的皮肤，那么就不能绝对地说某个产品会不会加重青春痘的症状。我们能做的就是帮助你轻易识别出造成青春痘的元凶，也就是质地厚重、含有刺激性成分的产品。只要你试着把这些产品剔除出每天的护肤流程，我敢保证你的青春痘状况会有明显好转。

不用含刺激性成分的产品对每个人来说都至关重要，尤其是那些皮肤容易出油和长痘的人，因为皮肤炎症只会令这些情况更糟糕。

关于皮肤刺激，你需要记住的是，并非一定要等到皮肤上出现明显的炎症或感到刺激才开始重视。皮肤不发红并不表示皮肤内部没有受到伤害，隐秘的皮肤损伤其实常常存在。这也解释了为什么一些人用过添加了刺激性成分的抗痘产品，在他们的皮肤上却找不到明显受刺激痕迹的原因。

此外，皮肤炎症的效应是会累积的，经常接触皮肤刺激物会逐步弱化皮肤的保护功能，减缓皮肤的自愈过程，造成肤色不均匀，所以了解这些也是很重要的。

皮肤炎症还会加重青春痘的症状，让油性皮肤更油。不用含酒精和香精的化妆品真的非常重要。

就像前面说过的，不用质地厚重的润肤霜和彩妆品也有帮助。如果你的皮肤容易长痘，那么一定不要用厚重的化妆品，比如条状、饼状或乳霜状的粉底与遮瑕膏——至少容易长痘的部位不要去用。使用这些产品不仅卸妆比较难，而且产品中所含的较多的蜡质成分会渗入毛孔，造成毛孔堵塞。

同样，条状、乳霜状的古铜色化妆品和腮红也不要去用。这些产品的成形剂会给容易长痘的皮肤带来麻烦。

非处方抗痘产品

要想赢得抗痘的胜利，就必须找到含有有效抗痘成分的产品。经过同行评议医疗科学研究并且获得认可的两种最佳非处方抗痘成分是水杨酸（BHA）和过氧化苯甲酰。研究表明，这两种成分的功效差不多等同于治疗轻度至中度青春痘的处方级抗痘药物。

水杨酸

水杨酸具有多方面的功能，可以同时对付造成青春痘的多种成因。它不仅具有较强的抗炎特性，并且可以在皮肤表面和毛孔内部发挥去角质的作用。水杨酸还具有适度的抗菌效力。

由于水杨酸是阿司匹林的一种衍生物，因此它也具有类似阿司匹林的抗炎特性。也就是说，水杨酸能够减少皮肤炎症、红肿，促进皮肤修复，避免疤痕产生，并减少青春痘产生的机会。水杨酸还有助于杀灭导致青春痘的细菌。所有这些特点，让水杨酸成为抗痘明星。

水杨酸的确很棒，但水杨酸产品不好买，浓度必须在 0.5% 以上才有效果，1%—2% 之间更好，此外 pH 值也是一个重要的因素，最好介于 3—4 之间。但奇怪的是，许多水杨酸产品达不到这些要求，因此它们的抗痘效果也不佳。

此外，水杨酸产品不能添加刺激性成分，否则就前功尽弃了。幸运的是，配方良好的水杨酸产品还是可以找到，宝拉珍选品牌的产品和本章最后推荐的一些品牌产品可供你选择。

过氧化苯甲酰

过氧化苯甲酰是治疗青春痘最有效的一种非处方抗菌产品。它能深入毛孔杀灭造成青春痘的细菌，减少皮肤发炎。当然，过氧化苯甲酰也可能造成皮肤刺激，但是跟它的益处相比还是值得的，并且不像其他治疗青春痘的抗生素，它不存在细菌耐受问题。

过氧化苯甲酰产品的浓度通常介于 2.5%—10% 之间，最好从最低浓度 2.5% 开始用起，2.5% 浓度的过氧化苯甲酰的刺激性比 5% 或 10% 少多了，而效果也不会差。如果在一周之内每天使用 2.5% 浓度的过氧化苯甲酰的效果不佳，可以试试 5% 浓度的产品。

一般来说，如果 5% 浓度的过氧化苯甲酰产品无效时，就应该先试试医生处方的产品（比如外用抗生素搭配低浓度的过氧化苯甲酰产品），然后才尝试浓度为 10% 的过氧化苯甲酰产品。研究表明，浓度超过 5% 的过氧化苯甲酰产品达到了皮肤刺激的耐受上限，会导致皮肤干燥、剥落和发炎。显然，这种情况下使用过氧化苯甲酰弊大于利。

注意：研究表明，组合使用过氧化苯甲酰和外用抗生素有助于减少细菌的耐药性，从而延长抗生素发挥疗效的时间。组合使用还有助于减少皮肤炎症，从而改善单独使用过氧化苯甲酰或单独使用水杨酸均无法改善的顽固的青春痘症状。组合使用过氧化苯甲酰和抗生素的外用处方产品有很多，你可以请皮肤科医生挑选最适合你使用的品种。

重要提示：抗痘治疗必须自始至终。对许多人来说，爆痘是一个持续发展的过程，因此抗痘不是一锤子买卖。只有坚持抗痘，才可能巩固抗痘效果，避免新的青春痘的形成。每天坚持治疗是赢得抗痘的前提。

非处方抗痘不管用该怎么办

有时就算配方良好的非处方抗痘产品也无法改善顽固的青春痘。如果你发现连续几周青春痘状况都无法好转，与其花钱更换抗痘护肤品，还不如去看皮肤科医生。

皮肤科医生有很多种处方外用药物和口服药物来治疗青春痘，如外用类维他命 A、抗菌剂和口服的维他命 A（异维他命 A 酸）。每一种治疗方法都有其优缺点，你需要和医生斟酌。下面我们给出一些相关建议，帮助你理解医生提出的治疗方案。

重要提醒：仅使用处方抗痘产品不影响你的日常护肤流程。洁面皂、粗糙的清洁产品、强力磨砂膏和含有刺激性成分或蜡质严重的产品仍旧会损害皮肤，并且降低皮肤对处方抗痘治疗的耐受度。

如果水杨酸和过氧化苯甲酰非处方产品达不到好的效果，这时你才应该考虑选用外用处方抗生素。

可选用的外用抗生素有好几种，最主要的包括红霉素、克林霉素、二甲胺四环素和四环素。它们可以单独使用，但大量研究显示，将低剂量的某种抗生素与过氧化苯甲酰组合使用，不仅能获得明显的治疗效果，而且能极大地降低治疗的副作用。

氨苯砜是一种处方类外用杀菌剂，浓度为5%，采用凝胶剂型。氨苯砜的商品名是Aczone。近期开展的一项研究针对347名青春期女性和434名成年女性每天使用两次浓度为5%的氨苯砜凝胶，结果发现她们的皮肤炎症和粉刺症状有所改善，并且成年女性的症状改善更明显。

维他命A酸是Retin-A、Avita、Atralin及其仿制药和其他维他命A衍生物如他扎罗汀（Tazorac、Avage）与阿达帕林（(Differin）等的活性成分，在抗痘治疗方面发挥着重要作用。维他命A酸可以改善表皮和毛孔内皮肤细胞的生成，帮助皮肤细胞正常脱落而不堵塞毛孔，因此能够显著改善皮肤发炎症状，从而被用来治疗青春痘。维他命A酸还具有抗炎作用，使得它们在抗痘方面更有吸引力。

外用维他命A酸和许多抗菌剂有互补的作用，但合用的副作用较强，包括引起皮肤干燥、发红和脱皮。如果副作用明显，就要分开使用，早上用抗菌剂产品，晚上用维他命A酸产品。与以前不同，如今配方更新的维他命A酸产品不会因为是使用过氧化苯甲酰而降低疗效。

浓度为15%—20%的壬二酸据信能够杀灭导致青春痘的细菌，并且具有抗炎作用。2002年美国批准壬二酸作为治疗青春痘的药物，并且作为处方药用来改善酒渣鼻的症状。可以明确的是，壬二酸是治疗青春痘的首选处方药物。(但是在大多数亚洲国家，壬二酸不属于处方药。)

坚持到底！无论是处方产品还是非处方产品，要想外用抗痘治疗有效，坚持到底是关键。遗憾的是，大多数外用治疗会让皮肤很难受（至少起初是这样），因此听从我们的建议做到温柔护肤就更加重要。但是，用到含刺激性成分、令皮肤干燥产品的护肤建议太常见了，甚至有些出自皮肤科医生之口。这些建议只会让皮肤受到伤害，并且引发皮肤炎症。这么一来，你要想抗痘成功就难上加难了。在这个大方向上你可不要犯错，不要转向过时的、有问题的护理方案。研究清楚地表明皮肤刺激将加重青春痘的状况，但许多化妆品销售人员、美学家和医生却对此忽视不见，或者习以为常——你可不要像他们一样！

口服抗生素在控痘方面非常有效，但也可能引发严重的副作用，对此你必须慎重考虑。口服抗生素在杀灭坏的细菌的同时，也会误伤体内好的细菌，最后可能造成阴道慢性念珠菌感染和肠胃问题。更令人担心的是，使用口服抗生素后可能会产生具有抗药性的痤疮杆菌。也就是说，口服抗生素治疗超过 6 个月，这种抗痘方法基本上就无效了，但副作用却不会消失。

然而，一些研究报告显示，口服低剂量抗生素（亚临床剂量）将减少细菌抗药性方面的担心。长期低剂量地口服抗生素将改善青春痘的症状，同时让细菌产生抗药性的可能性降至最低。低剂量的口服抗生素也具有抗炎作用，虽然抗菌效果不显著，但仍然可以杀灭痤疮丙酸杆菌。但这种治疗方案未必能让你免除长期口服抗生素对身体带来的反应，所以，你究竟是选用常规治疗还是低剂量治疗，必须听听医生的意见。

某些口服避孕药能减少青春痘的发生，抑制皮脂分泌，部分原因在于避孕药能减少体内雄性荷尔蒙水平，而雄性荷尔蒙对青春痘的形成发挥着重要作用。

避孕药主要是人工合成的雌性荷尔蒙和孕酮。有些孕酮有助于提高体内雌性荷尔蒙水平，但有些孕酮则会阻碍雌性荷尔蒙的分泌。由于体内雄性荷尔蒙会刺激皮脂分泌，因此抑制雄性荷尔蒙将对容易长痘和出油的皮肤有益。

因此，美国 FDA 和一些监管机构批准了部分口服避孕药用作治疗青春痘。这些口服避孕药包括 Ortho Tri-Cyclen（活性成分为诺孕酯 / 炔雌醇）、YAZ（活性成分为屈螺酮 / 炔雌醇）、Estrostep Fe（活性成分为炔诺酮 / 炔雌醇）。此外，加拿大医疗监管部门也批准 Diane-35（炔雌醇环丙氯地孕酮）可用作抗痘治疗。

需要提醒的是，口服任何种类的避孕药都存在着风险（尤其对抽烟女性），在服用之前必须听从医生的意见。口服避孕药不应该作为唯一的抗痘治疗方案，而应把它视作日常抗痘护肤程序的一种辅助手段。

抗痘替代疗法

对抗青春痘的替代疗法相当广泛。有一些治疗用品你可以在药店里买到，有一些你在自己家附近的小店里也能找到。下面我们介绍其中的几种。

研究发现，茶树油是一种有效的杀菌剂，虽然它也不乏缺点。有一份研究对茶树油与过氧化苯甲酰进行了对比，发现 5% 浓度的茶树油的抗菌效力类似于 5% 浓度的过氧化苯甲酰。由此来看，这两种物质貌似是等效的，但应用到护肤还不能这么说，因为没有任何一种护肤品含有 5% 浓度的茶树油。化妆品中我们见到浓度最高的茶树油含量不超过 0.5%，因此，这类产品用于抗痘似乎是无效的。尽管“纯”茶树油的产品标签上号称“100% 茶树油”，但由于载体油的稀释，通常只有 3% 的浓度，抗痘强度依然不够。

烟酰胺和烟酸是维他命 B_3 的衍生物，一些研究表明它们能改善青春痘的外观，这主要是因为它们所具有的抗发炎特性和修复皮肤屏障功能的特性。许多化妆品公司在抗痘产品中添加这两种成分。烟酰胺还具有抗衰老功效，因此对既抗痘又抗皱的人来说，是一个好消息。

益生元和益生菌是天然存在于人体当中的微生物，我们平常吃的许多食物中也有，比如酸奶。尽管把它们吃下去有益身体健康，但是研究表明，在皮肤上涂抹益生元和益生菌并不能改善青春痘的症状，一些相关研究报告认为它们有效的可能性只是理论上存在的。在皮肤上涂抹益生元和益生菌或者含有这两种物质的食物或补充剂并无害处。至于护肤产品，我们还没有发现哪一种产品能够保持所添加的益生元和益生菌的性质稳定，也没有找到哪一种产品中它们的含量足够高到发挥效用。

脂肪酸是一类有趣的成分，它们对于改善青春痘症状有一定的作用，但是它们所起的作用无论是有利方面还是不利方面，目前还没有搞清楚，还需要做进一步的研究。只有少数研究报告分析了脂肪酸改善青春痘的机制，但尚未得到明确的结论。

一些脂肪酸如月桂酸、油酸、棕榈酸对痤疮丙酸杆菌有抗菌作用。但是，这些成分的稳定性存在问题：当脂肪酸添加到产品当中时，配方上必须保证它们不至于在发挥作用之前就分解。如果产品选用敞口瓶包装，那么很有可能这些脂肪酸还没有起效就失去活性了，因为接触到空气这些脂肪酸很快就会变质。

硫磺对青春痘的确具有杀菌的效果。但是和其他杀菌成分比起来，硫磺对皮肤的刺激性太强了。正是因为这个原因，添加硫磺的抗痘产品逐渐被淘汰了。但不管怎么说，当其他抗痘治疗无效时，试试硫磺也是无奈的选择。

饮食与青春痘之间既存在正面关系，也存在负面关系。一些食物会加重青春痘的症状，但有一些食物也有助于抑制青春痘的发作。吃奶制品（主要起作用的是奶制品中天然所含的荷尔蒙）或过多的糖也会对青春痘造成影响，但影响程度因人而异。你需要尽可能分辨出哪些食物会帮助你相对快速地改善青春痘。你可以采用尝试的做法。有关贝类、面筋或坚果类食物与青春痘之间关系的传言有很多，但还没有相关研究报告给出定论，如果你相信这些说法，可以试着调整自己的饮食结构，看看它们究竟会对你的皮肤造成什么影响。

理论上来说，有抗炎特性的饮食对皮肤有益，比如含抗氧化剂和 ω-3、ω-6 之类有益脂肪酸的食物。它们能够由内而外地减少毛孔中的炎症，从而发挥抗痘作用。全麦谷物、新鲜水果和蔬菜，以及其他健康食品同样有助于改善青春痘症状。

在皮肤好转之前一定会爆痘吗？

在启用新的抗痘护肤流程或新的抗痘产品时，有一个老问题就是：在好转之前，皮肤问题是不是会更糟？换句话说，你的皮肤是不是非得经历一个“调整期”或“清理期”，先是爆出更多的痘痘，然后才会看到皮肤有好转？并非如此——在采用新的抗痘治疗时，本不应该是这样。但大多数人的经历却是如此。你刚用了一个新产品，却发现脸上的痘痘疯长！之所以出现这种情况，主要是因为以下几个原因。

第一，你原本就是要爆痘了。如果你的皮肤容易长痘，尤其是女性，就算没有开始新的护肤流程，在每个月特定的日子或者随便什么时候，你都有可能爆痘。也就是说，在你开始用新产品之时，你脸上的痘痘很有可能要发得不可收拾了。要搞清楚究竟是怎么回事，你只能耐心等待，继续用新的产品，看看两三个星期之后皮肤状况会不会好转。如果皮肤状况没有好转，那就可能是产品的问题，而不是你的问题。

第二，也许是抗痘产品的配方很糟糕。如果抗痘产品中添加了刺激性成分，比如酒精、薄荷、桉树油、金缕梅、柠檬或者香精（合成的或天然的），那么就会造成皮肤发炎，引发爆痘。尤其当你用了不止一种有问题的产品时，爆痘就有可能立即发生，要不然迟早会发生。问题是出在产品身上，而不是你身上。不管是哪种情况，两三个星期之后你的皮肤会慢慢好转。

第三，你的护肤流程存在问题。如果你现在的护肤流程中包括了粗糙的磨砂膏、含有刺激性成分的爽肤水和精华液，那么再使用强效抗痘产品（就算配方相当良好）肯定会给皮肤带来问题。这种情况下，问题出在糟糕的护肤流程再加上抗痘产品，它们叠加导致的皮肤刺激会让你立刻爆痘。

水杨酸会“清理”皮肤吗？也许会……对某些人来说如此。有时第一次使用水杨酸产品的人会说自己经历过一个“清理期”，发现爆痘更厉害了。原因在于水杨酸是油溶性的，它不仅在皮肤表面去角质，而且能够深入毛孔。如此一来，发炎性物质和皮脂的大量清除有可能使得青春痘的症状更明显。还有一种可能性，就是一定浓度的水杨酸产品迫使还处于酝酿之中的痘痘“浮出水面”。这似乎有点反直觉，但的确会发生在一些人身上。我们建议你坚持使用水杨酸去角质产品几个星期，然后决定是不是要继续用下去。

底线：遗憾的是，要分辨清楚爆痘是不是由于新的抗痘程序所引起的并不容易，但通常过两三周后，你的皮肤将显露出改善的迹象。按照我们的建议选用最佳的非处方抗痘治疗对你会有帮助，如果你的青春痘症状仍然没有改善，那么就要去看皮肤科医生，寻求处方抗痘产品了。

如何应对痘印和痘疤

青春痘的确令人烦恼，在痊愈之后，它仍然会在原处留下粉红、红色或褐色的痘印。好在采取适当的护肤步骤，你可以尽量避免痘印出现，或者让痘印更快地消失。

人们常常会混淆真正的痘疤和青春痘痊愈后留下的红色痘印或色斑。一些人以为的痘疤其实是轻度至中度爆痘后在皮肤表面留下的粉红、红色或褐色的印记，它们是炎症后色素沉着，会慢慢地自行消退；但有些的确是痘疤，是留在皮肤上的凹痕。痘疤是由较大、较深的面疱造成的，或者由于经常抓挠痘痘留下的。中度至重度爆痘会伤害较深处的皮肤，导致胶原蛋白和弹性蛋白的永久性分解。如果不采取医疗或美容整形手段，实实在在的痘疤将不可能得到改善。

注意：一定要改掉抠痘痘的坏习惯。抠痘痘会对皮肤造成进一步伤害，从而把原本可以自行消退的痘印转变成永久性的痘疤。

好了，我们已经讲了痘印与痘疤的区别，现在来讲讲该如何应对。

美白产品对红色的痘印不起作用，因为这些产品所含的有效成分是用来改善黑色素合成的（肤色由黑色素来决定）。这些产品虽然能够改善由于晒伤造成的褐色斑点，却无法淡化青春痘愈合后留下的痘印，因为红色的痘印与黑色素的合成无关。唯一的例外是肤色较深的人，这些人的痘印是褐色的，他们皮肤对青春痘的免疫反应涉及黑色素。因此对这些人来说，氢醌和其他抑制黑色素合成的成分有助于淡化痘印。

有关自行护理方面，在脸上擦柠檬片或其他水果不会有作用。它们不适合用来给皮肤去角质，酸性果汁也会刺激皮肤，从而延长青春痘愈合的时间。千万别着迷！在厨房里你是找不到改善痘印的解决方案的。

下面我们给出的一些建议适合各种肤色和种族，你可以据此淡化痘印，减少造成青春痘的潜在诱因。

使用配方良好的温和的护肤品。常常有人不顾一切地使用强力磨砂膏和各种刺激性治疗，试图摆脱皮肤上的痘印，但刺激皮肤只会造成更多伤害，弱化皮肤自愈功能。

每天使用免冲洗的 AHA 或 BHA 去角质产品。配方良好的免冲洗 AHA 或 BHA（尤其是 BHA）产品能够显著改善红色的痘印。AHA 和 BHA 能够加快最外层皮肤细胞的更新，去除堆积起来的死皮细胞，从而令皮肤焕然一新。BHA 所具有的抗炎特性还有助于减少皮肤发红。

每天坚持使用全波长防护的 SPF30 防晒产品。不加防护地暴露在紫外线之下会伤害皮肤的愈合能力，这会使得红色的痘印更难以消退。每天使用防晒品对于淡化色斑至关重要，此外它还能让皮肤看上去更健康。

使用添加了抗氧化剂和细胞沟通成分的产品。这两类有益成分不仅能促进皮肤的自愈功能，而且通过给皮肤细胞“下达指令”从而提高对皮肤伤害的修复能力。因此，皮肤炎症将得到改善，色斑淡化的速度会更快。含有抗氧化剂和细胞沟通成分的爽肤水、精华液和润肤霜同样能够促进皮肤的修复功能。在淡化痘印方面，细胞沟通成分烟酰胺和视黄醇的作用尤其明显。

寻求专业帮助。研究表明，各种强脉冲光（IPL）治疗对炎症后色素沉着很有疗效。但肤色较深的人应在医生的指导下选用替代强脉冲光的治疗，因为较深肤色接受强脉冲光时会产生逆向效应。还可以采取处方级类维他命 A 酸治疗，再加上每月做一次由美容皮肤科医生操作的 BHA 或 AHA 换肤。当然，这些方案应该在其他护肤方案均无效的时候才考虑。

凹陷的痘疤说明皮肤受到更广泛的损伤，但很遗憾，目前还没有护肤品能显著改善痘疤。你可以使用 AHA 或 BHA 换肤、激光治疗和注射填充剂等方法，虽然费用并不便宜，但专业的治疗手段能达到最显著的效果。

该怎么挤痘痘

良好的护肤流程对于减少甚至预防爆痘至关重要，但是，当你从镜子里发现脸上长痘时，你该怎么做也很重要，这关系到痘痘会在你的脸上留下多久。

你可能听人说起过千万不要挤痘痘，但我们不同意这个观点。几乎每个人都想把脸上的痘痘抠掉，谁愿意这么难看的东西整天留在脸上？

事实证明，正确地挤青春痘有助于减少皮肤发炎，减少痘疤形成的可能性，并且有可能加速青春痘的愈合。当然，它还可以立刻让难看的疙瘩消失于无形——前提是你的做法正确。

不挤错是关键——你绝对不可以过分用力去挤、抠、刺，或者做其他有可能让青春痘受损后结痂的动作，否则脸上会留下难以消退的痘印或者永久性的痘疤。挤痘痘很容易犯错，所以一定要小心。

你要学会在适当的时候、用适当的方式把面疱或其他“成熟”的青春痘的内容物排出。当你看到疙瘩上出现白色“脓头”时，你就可以采取行动了。这时你要处理的就不会是结节囊肿性青春痘了（深入皮肤表面之下的红色肿块），你可以采取以下步骤，将青春痘中的内容物排出，从而让病变处的皮肤“平复”。

- 买一个粉刺摘除器。许多美容用品店（如丝芙兰、ULTA 和宝拉珍选）有售。
- 先用温和的水溶性洁面产品洗脸。水温不可太冷或太热（否则会加重青春痘的炎症，并且损伤皮肤的愈合能力）。
- 用水把洁面产品冲洗干净之前，用柔软湿润的洁面巾轻轻按摩面部，帮助去除死皮细胞，但不要用力擦拭——这有助于青春痘拔除更容易。
- 轻柔地擦干皮肤。皮肤湿润时不要用摘除器，也不要去挤痘痘，否则容易造成破损处结痂，结果留下痘疤。
- 将摘除器的端口放置在痘痘上方。然后非常轻柔地将摘除器压在白色的“脓头”上，然后再将摘除器移除。痘痘里的东西将流出来。
- 你可能要试好几次，但你很容易就可以将皮肤打开，并且排出痘痘的内容物。
- 记住动作一定要轻柔，目标是将“脓头”摘除，同时不会损伤旁边的皮肤（结痂一点不比长痘好看）。

再拔除青春痘之后，再使用浓度在 2.5%—5% 的过氧化苯甲酰产品和（或）浓度为 1%—2% 的水杨酸产品。水杨酸和过氧化苯甲酰都有助于减轻皮肤发炎和消毒，并且有助于防止长出新的痘痘。

抗痘治疗产品推荐

下面推荐的抗痘产品适合各种肤质的人使用。请你根据自己的肤质和皮肤问题，选用合适的产品，连同洁面、防晒、保湿产品一道纳入你的日常护肤流程。

» Ambi Even and Clear Spot Treatment with 5% Benzoyl Peroxide（$5.99）

» Avon Clearskin Professional Acne Mark Treatment（salicylic acid, $11）

» Clinique Acne Solutions Emergency Gel-Lotion（benzoyl peroxide, $17）

» Kate Somerville Anti Bac Clearing Lotion（benzoyl peroxide, $39）

» La Roche-Posay Effaclar K Daily Renovating Anti-Relapse Salicylic Acid Acne Treatment（$31）

» Paula' s Choice Clear anti-acne products（complete routines, $12–29）

» Paula' s Choice Clinical 1% Retinol Treatment（$55）

» Paula' s Choice Resist Weekly Retexturizing Foaming Treatment 4% BHA（$35）

» philosophy clear days ahead oil-free salicylic acid acne treatment and moisturizer（BHA; $39）

» ProActiv Clarifying Night Cream（BHA; $28.75）

» ProActiv+ Pore Targeting Treatment（benzoyl peroxide; $42）

第 8 章

内外兼修抗衰老

皮肤是如何衰老起皱纹的

在你掏腰包选购又一款声称能够去皱纹和紧致皮肤的产品之前，了解导致皮肤衰老的警讯，懂得护肤产品既可能改善肤质，又可能让皮肤问题更糟这个道理是十分重要的。寄希望新买到的某种护肤品能够最终改善你的皮肤，无异于一场赌博，最终只会浪费你的时间和金钱。

造成皮肤产生深色斑点、皱纹、松弛以及其他老化迹象的原因有很多，其中一些因素可以通过护肤品得到改善，有一些则不能。令皮肤老化的主要因素包括：

晒伤。持续强烈地接受阳光或晒阳机的照射，所造成的晒伤会导致皮肤衰老，甚至引发皮肤癌。日积月累的日晒会破坏皮肤中的胶原蛋白和弹性蛋白，造成 DNA 损伤，进一步导致不正常的皮肤细胞的生成，从而令皮肤功能异常。晒伤是皮肤出现皱纹、肤色不均匀和褐斑的主要原因。这是引起皮肤衰老的外在因素。

基因。诸如决定皮肤颜色之类的基因会影响到你的皮肤如何应对阳光伤害。如果你天生就是较深的肤色，那么你防护日晒的程度也略强，当然这不是说你可以免受日晒的影响。

岁月催人老。随着年龄的增长，我们会慢慢变老，这对皮肤也会造成负面影响，就像身体的其他部位一样。这是引起皮肤衰老的内在因素。

荷尔蒙不足。更年期女性的皮肤质地和弹性都会发生变化。最常见的就是皮肤变薄变松，轻轻拧一下后不会很快复原。皮疹和毛孔变大等原因导致肤质呈橘皮状，这也是常见的现象。

脂肪和骨质流失。随着年龄的增长，身体的部分脂肪和骨质流失，于是皮肤缺少支撑,开始变得松弛。这个问题并非增加某种“脚手架”就能够解决，何况重力对皮肤的影响是不可避免的。

肌肉和脂肪垫移位。哪些部位的皮肤最先显示出衰老的迹象，取决于面部肌肉活动和脂肪垫移位。也就是说，活动最频繁的地方其皱纹出现得越早、越深。此外，面部肌肉也会随着年龄增长而变得松弛下垂。伴随着面部脂肪垫的随机移位与逐渐流失，曾经丰满的脸庞会变得松弛下垂。

皮肤屏障组织被破坏。在无防护的日晒和护肤品中刺激性成分的影响下，皮肤中的一些重要物质(如神经酰胺、抗氧化剂、透明质酸和卵磷脂)会被削弱，使皮肤更容易受到晒伤、烟尘、空气（氧气）和污染的伤害。

了解了这些情况，你就能够更好地端正心态，充分利用护肤品，并且获得最大的效果。此外，你也更容易分辨某些化妆品夸大其词的宣传，就算是最好或最贵的那些护肤产品。

抗皱产品有用吗?

答案是肯定的，抗皱产品绝对有用，不过前提是选用得当，并且要遵循相互配合的护肤步骤坚持使用。对许多人来说，使用抗皱产品能够取得奇效，或者达到在不经过激光治疗、肉毒素注射、皮肤填充剂或美容手术情况下所能获得的最好效果。

但并非某一个抗皱产品或抗皱成分（无论炒作得有多火）就能够获得这样的效果，就像健康的饮食要求绝不偏食，绝不仰仗某一种营养素一样。皮肤问题之复杂，绝不是某一种成分、某一个产品就能完全搞定的。抗衰老的首要途径就是要求组合应用以下类型的成分，并且这些成分都应该包括在你日常的护肤步骤之中。

抗氧化剂

毫无疑问，在皮肤上涂抹抗氧化剂是必不可少的，护肤产品中抗氧化剂含量越多越好。抗氧化成分种类繁多，包括不同形态的维他命 A、维他命 C、维他命 E、超氧化物歧化酶、β 胡萝卜素、谷胱甘肽、硒、绿茶提取物、大豆提取物、葡萄提取物、石榴提取物等等。抗氧化剂对皮肤的益处在于：

» 减少或防止每天遇到的自由基伤害和炎症，从而避免影响到皮肤的自我修复能力，使皮肤保持健康，并且紧致皮肤以对抗皮肤衰老。
» 增强防晒剂的功效，有助于皮肤对抗环境不利因素的侵袭。
» 有助于皮肤修复，并且生成健康的胶原蛋白。

重要提示：抗氧化剂虽然威力强大，但它们也是脆弱的。正如我们在这整本书一再强调的，护肤产品中的抗氧化剂必须得到有效保护，避免暴露在空气和光线之下。当产品采用敞口瓶包装，那么产品一开封，抗氧化剂就会暴露在空气中，继而被分解。类似地，添加有许多抗氧化剂的产品如果采用透明材质包装，那么在紫外线的作用下，它们也会失去应有的功效，因此一定要采用不透明的包装。在皮肤上涂抹护肤产品之前，确保产品中的抗氧化剂尽可能保持有效显然是相当重要的。

与皮肤结构相同的物质 / 皮肤修复成分

健康年轻的皮肤中天然就包含丰富的与皮肤结构相同（修复）的成分，这些物质有助于皮肤保持光滑，维持水分，保护皮肤免遭外界环境因素和外力的侵袭，并且能够修复皮肤外在和内在的屏障组织。当皮肤屏障组织得到维护时，皮肤才有可能修复遭受的一些伤害，进而推迟皮肤衰老迹象的到来。经常使用这些成分，能够令皮肤看上去不太显老，或者弱化皮肤的敏感性。

与皮肤结构相同的物质包括神经酰胺、卵磷脂、甘油、脂肪酸、多糖、透明质酸、透明质酸钠、PCA 钠、胶原蛋白、弹性蛋白、蛋白质、氨基酸、胆固醇、葡糖氨基葡聚糖、甘油三酸酯等，这些物质对于皮肤保持健康来说非常重要。如果你的皮肤比较干燥或者皮肤上长了红斑痤疮，那么你就应该选用富含这些成分的润肤霜、爽肤水以及精华液。

细胞沟通因子

诸如日晒、年龄增长、荷尔蒙水平波动等因素会损害到皮肤细胞，进而受损的皮肤细胞会再生出不正常的、突变的、有缺陷的皮肤细胞。有缺陷的皮肤细胞是造成所有皮肤问题的原因，比如皱纹、肤质不均匀、皮肤炎症等。当受损的细胞不断复制时，皮肤的健康和外观就会受到影响。从本质来说，皮肤有可能达到受损的不规则细胞多过健康细胞的程度，这种皮肤状况恶化你在镜子里自己就能看得到！

细胞沟通因子是与有缺陷的细胞进行“沟通”的物质，通过给皮肤发送指令，制造更健康、更年轻的皮肤细胞，从而有助于逆转皮肤受到的伤害。受损皮肤细胞接收到不再制造不良细胞，进而生成健康细胞的信息。这是护肤方面一个令人激动、充满想象空间的领域。重要的细胞沟通因子包括烟酰胺、视黄醇、合成肽、卵磷脂、神经酰胺和三磷酸腺苷。

防晒剂

不加防护地暴露在紫外线也就是日光之下（无论阳光是不是灿烂，紫外线都无处不在），会令皮肤衰老，诱发皮肤癌——实际上，紫外线照射是最有可能诱发癌症的原因之一！在我们认为引发皮肤衰老的原因之中，大约 80% 的因素与不加防护的紫外线照射有关。当皮肤接触到日光，就会引发相应的伤害。

除了聪明地防护日晒之外，每天使用防晒剂是很重要的，即使在阳光并非明媚的日子里，因为多云的天气同样也会有紫外线伤害。有关这个重要的话题，请参考第 6 章“晒伤及防晒问题解惑”。

注意：日用润肤霜和夜用润肤霜之间的真正区别，在于前者应该添加防晒剂。如果产品标签上注明是日用护肤霜或爽肤水，却不含防晒成分，那么它只会给你带来更多的皱纹和其他意想不到的皮肤衰老信号！此外，研究表明，有益的抗氧化成分搭配防晒剂能够增加后者防护紫外线的功效。不要贪便宜只买不含抗氧化剂的防晒产品。

免洗去角质

衰老和晒伤过的皮肤有一个显著的特征，就是皮肤外层变得又厚又粗糙，内层却变薄，胶原蛋白遭到破坏。α-羟基酸（AHA，果酸）比如羟基乙酸和乳酸以及β-羟基酸（BHA，又称水杨酸）对于改善上述皮肤问题各有其不同的作用。

配方良好的去角质产品能够温和地去除皮肤表层的死皮，令皮肤更光滑，减少皱纹。AHA 和 BHA 都能够改善肤色不均的状况，并且促进皮肤生成胶原蛋白，增加对皮肤内层的支撑：

» BNA 和 AHA 均有助于皮肤更光滑、更紧致。
» BNA 和 AHA 均能够减少或消除皮肤干燥和起屑状况。
» BHA 能显著收缩增大的毛孔。
» BHA 能减少黑头、白头、粉刺和毛孔变大。

想了解 AHA 和 BHA 去角质产品的更多益处，请参考第 4 章“该用和不该用的护肤品”。

如果你选用的去角质产品中还添加了一系列前面提到的有益成分（并且

产品采用了不透明、避免接触到空气的包装），那么你就做到了正确地使用护肤品来对抗皮肤衰老，这种方法的正确性已经得到了相关研究报告的证实。结果，你的皮肤看上去更年轻、更健康，并且这种状态越持久。想要最好的皮肤，任何时候都不晚！

紧致和提拉皮肤的护肤霜真的管用吗

真相：这种护肤霜虽然有可能让你得到更健康、更紧致的皮肤，但效果还是比不上美容手术——二者之间的效果泾渭分明，可是不遗余力地推广“效果不亚于肉毒杆菌毒素注射”或各种具有惊人“提拉”或“焕肤”效果的化妆品公司还是常常（基本上是无休无止）无谓地做这方面的努力。我们不断地接到人们的询问：“这个产品会怎样呢？”“我在那本杂志上看到新推出了一款护肤霜，它的功效如何呢？”

现实的提醒：无论广告语多么诱人，使用产品前后的效果对比图差别多么明显，任何提拉或紧致皮肤的产品都无法达到诸如皮肤填充剂、激光治疗或美容手术的效果。如果它真的能够做到这一点，那么肯定就不该在 OTC 上做销售了，必须拿到处方才可以买到，并且在上市前要进行大量的安全性和有效性方面的测试。

了解皮肤如何保持弹性的真相，以及究竟什么东西才会影响到皮肤的结构，是确保你真正买到有用产品的唯一途径。把钱浪费在没多少用处的产品上，永远不够明智！

» 弹性蛋白是人体内起支撑作用的纤维组织，令皮肤“回弹”到位。不妨把弹性蛋白想象成床垫中的弹簧，弹簧之间的填充物就是胶原蛋白，连同体内的其他东西如脂肪、软骨、肌肉等。当弹性蛋白受损被拉升到临界点时，皮肤就会开始变得松弛；就像床垫里的弹簧变旧受损一样，床垫开始松弛，无法回弹至最初的形态。

» 在子宫和幼年发育时期，皮肤会生成大量的弹性蛋白；但衰老的皮肤却几乎不生成弹性蛋白，就算借助医疗手段也没有办法，当然护肤产品也无助于皮肤生成弹性蛋白（虽然某些成分具有修复受损的弹性蛋白的功效）。

» 日晒和年龄增长会伤害或弱化弹性蛋白，导致皮肤的修复机制出现缺陷，结果令皮肤变得像纸一样脆弱，皮肤逐渐失去维护其弹性蛋白的能力。

» 拉伸皮肤同样会分解弹性蛋白。尽量不要拉伸皮肤，尤其是眼部附近的皮肤。就像橡皮圈一样，经常性拉扯皮肤，其中的胶原蛋白最终会受损。当拉伸皮肤到一定程度时，弹性蛋白将变得脆弱，甚至遭到破坏，从而形成所谓的肥胖纹，其原因就在于弹性蛋白遭到了破坏！

» 护肤产品中的胶原蛋白和弹性蛋白并不会跟你皮肤中的胶原蛋白和弹性蛋白聚合在一起，它们无助于重建或加强这些皮肤结构物质。胶原蛋白和弹性蛋白的分子太大了，无法渗透穿过皮肤的表面。

一些护肤产品宣称所添加的胶原蛋白或弹性蛋白“经过生物工程加工过”，微小到足够被皮肤吸收。这听起来似乎挺有帮助的，但完全无用。无论这些成分被加工得多小，它们仍然无法与皮肤中的胶原蛋白和弹性蛋白相结合。此外，这些产品广告所宣称的功效均没有得到独立的经过同行评议的研究所证实。

退一步说，即使护肤品中的胶原蛋白和弹性蛋白有微小的可能性能够强化皮肤中的同类物质，但你涂抹在脸上的胶原蛋白和弹性蛋白该如何分辨皮肤的不同部位，避免让“错误”部位的皮肤不出现肿胀呢？

许多次当我们购买使用宣称能够紧致松弛皮肤的产品时，如果说感到有效果，充其量也是因为含量很高的成膜剂之类的成分在起作用。顾名思义，成膜剂能够在皮肤表面形成一道薄膜，从而令你觉得皮肤比使用之前紧绷一些——就像头发定型剂（它借助成膜剂来保持发型）喷在皮肤上产生的那种感觉。

通过高含量的成膜剂获得的“紧致皮肤”效果无法持久，并不能显著提拉松弛的皮肤。然而，这种紧致皮肤的感觉常常令使用者误以为产品有效，人们太愿意相信它们能够提拉皮肤了。皮肤“感觉”更紧绷与松弛的皮肤真的有所改善并不是一回事。然而，正确的产品（必须要能够防晒）确实有助于你获得更健康、看起来更年轻的皮肤。虽然这些产品的效果比不上肉毒素注射或美容手术，但绝对是有效果的。以下就是这些产品在使用上的技巧：

» 帮助皮肤生成更多的胶原蛋白是关键。虽然胶原蛋白无助于干皱的皮肤恢复弹性，但它有助于支撑皮肤，从而让松弛的皮肤不那么明显；借助添加含量足够的抗氧化剂和皮肤修复成分的护肤品，能够刺激皮肤中胶原蛋白的生成。好消息是：健康的、备受呵护的皮肤喜欢生成胶原蛋白，并且以受控的方式持续下去。
» 选用防晒指数 SPF30 及以上的防晒产品。因为晒伤会破坏胶原蛋白和弹性蛋白，因此日常防晒相当重要。不要忘记颈部和胸部的防晒，否则这些部位的皮肤也会过早衰老。
» 经常使用 AHA 或 BHA 去角质产品真的有用。AHA 或 BHA 产品除了有去角质功能之外，大量研究还表明这些成分有助于刺激胶原蛋白的生成，它们的去角质机制会令皮肤感觉并看上去更紧致。一举多得，不是吗？

» 又称为视黄醇的维他命 A 在外用时，有助于改善皮肤中已有的弹性蛋白的形态，有少数研究甚至还发现它有助于生成弹性蛋白，当然它还可以促进更多胶原蛋白的生成。每天晚上涂抹视黄醇产品好处很多，使用类维他命 A 处方药物如 Renova 或维甲酸也同样有效。如果你的皮肤能够耐受类维他命 A，那就用用吧。

» 医疗手段——激光或其他光波或超声治疗——例如 Fraxel 和 Ultherapy 能够获得非常好的紧致皮肤的效果，并且通过胶原蛋白（可惜不是弹性蛋白）的重塑从而改善皮肤干皱现象。不要再为昂贵的提拉霜或面部护理花冤枉钱了，它们不可能有效，不如把这些钱积攒起来，到一定金额之后，每隔几个月请皮肤科医生做一做这种类型的皮肤护理。

» 在试过以上所有做法之后，如果皮肤的自然衰老仍然令皮肤松弛，那么就该考虑做美容手术了。有多种面部提拉术具有相当好的效果，同时不会令你看上去“被拉得太紧”。精巧的美容手术搭配周全的护肤步骤，绝对会给你留下深刻印象。请参考第 13 章“美容整形术”。

喝胶原蛋白如何

喝一点胶原蛋白如何？它能够从内部巩固受损的胶原蛋白吗？胶原蛋白饮料是一桩大生意，尤其在亚洲一些地区和英国，但我们不建议你去尝试，无论你住在哪里。事实是这样的：当喝下胶原蛋白时（市面上卖的通常是鱼的胶原蛋白），人体的消化系统会将其分解，就像分解其他蛋白质那样，因此喝下去的胶原蛋白不会完整地到达皮肤。

没有科学研究报告证实服用胶原蛋白能够改善面部任何的皱纹、色斑或毛孔，虽然饮料给人体补充水分——当然不可以含有太多酒精或太多咖啡——

对任何人的皮肤都有积极影响。

喝透明质酸吗

当我们还年轻时，透明质酸是存在于皮肤表皮（皮肤的最外层）的一种丰富物质，但随着年龄增长，透明质酸的含量逐渐减少。透明质酸在实验室经过处理之后，可用作真皮填充剂（Juvederm 品牌就是一个例子），有助于消除皱纹，恢复因衰老而失去的面部轮廓。透明质酸对皮肤来说有很好的作用，包括补水、促进伤口愈合以及皮肤修复，因为它天然与皮肤相容。这也是透明质酸成为极常用的护肤品成分的一个原因。虽然有关透明质酸的广告有夸大宣传之嫌，但它引起人们的关注并非没有依据。

透明质酸还有药用价值，把透明质酸注射进患有关节炎或受伤的关节，尤其是膝关节，能够缓解疼痛。透明质酸具有如此多的用途，何况它还天然地存在于人体当中，于是一些人便相信服用透明质酸能够预防皮肤干燥，从内而外地保持水分，以及改善骨骼疼痛问题。有少数研究认为这种做法是有效的，并且对于皮肤的好处多过对于人体。虽然研究为数较少，并且大多数是动物实验或者是培养皿实验，不过当你喝下透明质酸之后，它确实在皮肤中聚合并且改善皮肤的保水功能，这有可能是真的。

需要明确的是，外用透明质酸或饮用含有透明质酸的饮品，其效果比不上注射以透明质酸为基底的填充剂，医生用这种填充剂来平复皱纹或者令逐渐衰老的面容恢复年轻的轮廓；前者类似于“阳光普照”，后者则可以针对性地改善深度皱纹，二者对皮肤的益处不可相提并论。透明质酸对皮肤肯定是有很多好处的，但无论如何替代不了医疗美容矫正手术。

类维他命 A：抗衰老和抗痘英雄

护肤品中称得上“英雄”成分的有很多，不过在一定程度上来说，类维他命 A 算得上是出类拔萃的。类维他命 A 是整个维他命 A 分子的别称，各种形态的维他命 A 都具有细胞沟通成分的作用。

通过“细胞沟通”，类维他命 A 确实能够给皮肤下达行为指令，甚至令皮肤细胞显得更正常、更健康、更年轻。如果你的皮肤很容易被晒伤或者容易长痘痘（许多人的皮肤两样都会，尤其在 30 出头、40 出头、50 出头的时候），这种沟通就显得格外有益了，因为改善皮肤细胞的健康就意味着遭受日晒和痘痘皮肤的状况得到改善，类维他命 A 甚至能够改善毛孔的大小!

“类维他命 A”通常是指许多产品中添加的非处方类维他命 A，强度各有不同——你可以在产品标签上看到。

当皮肤科医生提到“处方类维他命 A”或“维甲酸”时，他们指的是处方药。处方中的类维他命 A 的技术名通常是维他命 A 酸（Renova 或 Retin-A）、阿达帕林（Differin）和他扎罗汀（Tazorac）。

在各类护肤品中，把类维他命 A 单列出来，是因为它的功效相似于处方类维他命 A，甚至有些研究人员认为它们的功效是一致的。通常，纯类维他命 A 被认为比衍生形态的类维他命 A 效力更强，但在护肤品配方中，棕榈酸视黄酯（天然存在于皮肤当中）和视黄醛就够用了。

为什么化妆品中的纯类维他命 A 具有类似处方类维他命 A 的功效？这是因为皮肤在吸收类维他命 A 之后，在酶的作用下，会分解出处方维他命 A 成分中的活性成分，如维甲酸。

那么该如何选择呢？记住以下事实，有助于你确定哪一种产品最适合你：

» 处方级强度的类维他命 A 效力更强，起效更快。非处方产品中类维他命 A 的浓度较低（低于 0.5%），需要较长时间才能起效，不过最终效果是相同的。然而，1% 浓度的类维他命 A 被认为在效用上与大多数处方级类维他命 A 相同。

» 处方级维他命 A 或类维他命 A（维甲酸）会让使用者冒更多皮肤遭受刺激的风险，就像高浓度的类维他命 A 产品（浓度在 1% 及以上）一样。对一些人来说，刺激皮肤的副作用会一直存在，这类人群就无法使用；对其他人来说，使用效果惊人，通常第一周皮肤刺激明显，随后逐渐减轻。

» 化妆品中的类维他命 A（也就是达不到处方级强度）造成皮肤刺激的风险较低，但由于它仍然会在皮肤中分解成处方级的活性成分，因此仍然会对一些人造成皮肤刺激。

» 先试试哪种产品、隔多少时间使用最适合自己。许多人发现每周使用类维他命 A 产品两次到三次最佳，但有些人则每天早上或晚上使用。如果你白天使用防晒剂保护皮肤，那么同时使用类维他命产品也不错。

» 除了选用较低浓度的类维他命 A 产品，或者隔几天使用，你还得采取适当的护肤步骤来减少类维他命 A 可能造成的皮肤刺激。我们发现，在涂抹类维他命 A 产品前后，有没有使用不含芳香剂、不油腻、以植物油为基底的焕肤或调理产品（或者你也可以将它们混在一起使用）时，效果有巨大的差异。你也可以试着先涂抹润肤霜和精华液，然后再使用类维他命 A 产品。虽然这么做有些麻烦，但绝对值得去做，因为这样才能充分获得类维他命 A 产品的好处。

有人常常误认为类维他命 A 能够去角质。这并非事实：无论什么形态的维他命 A 或类维他命 A，都不具有 AHA 或 BHA 那样的去角质作用。无论是处方级还是非处方级维他命 A 或类维他命 A，它们只是对较深层次皮肤有效的细胞沟通成分，帮助皮肤细胞生成更健康、更年轻的细胞，并增强新的皮肤细胞的增生。

误以为类维他命 A 能够去角质，可能是因为处方或非处方类维他命 A 产品会造成皮肤剥落现象。这个副作用让人们以为类维他命 A 能够去角质。皮肤剥落并非去角质。如上所述，AHA 和 BHA 之所以是去角质剂，是因为它们帮助皮肤自然剥落，而皮肤自然、健康的去角质过程不包括可见的皮肤剥落或皮肤干燥。你永远看不到健康的皮肤细胞脱落的现象，你反而看到的是光滑、焕然一新的皮肤表面，这才是去角质要达到的目标。类维他命 A 的作用机制完全不同，它造成皮肤剥落乃是因为潜在的皮肤刺激。

要获得最佳的抗衰老和抗皱效果，最好的办法就是将去角质与维他命 A 或类维他命 A 产品进行组合使用。或许你听说类维他命 A 与维他命 C 产品不可以一起使用（或与 AHA 和 BHA 去角质产品一起使用），理由是这些成分的功能会彼此弱化。请不要相信这种说法，这种观点一点也不准确，也没有得到研究报告的支持。下面我们会解释这些产品为什么一定可以也应该一起使用，这取决于你的护肤目的。

重要提示：无论你选用非处方还是处方类维他命 A 产品，每天使用配方良好的防晒指数在 SPF30+ 的产品相当重要！如果不勤于防晒，就算是最有效、完全得到研究证实的抗衰老成分也无法实现你想要的效果。毕竟，正是日晒造成了你如今使用抗衰老产品意图改善的大多数皮肤问题！

为了获得最佳效果，你应该将任何形态的维他命 A 或类维他命 A 产品与其他添加焕肤成分（如抗氧化剂、皮肤修复成分、细胞沟通成分等）的抗衰老产品搭配起来使用。尽管类维他命 A 就好比护肤成分中的超级巨星，但面对改善皮肤衰老这个相当复杂的问题，绝对不是靠某一种成分就能够完全解决的！

有关类维他命 A 的五个误区

因为类维他命 A 很受欢迎，并且对护肤有很多好处，于是经常有人问我们这个问题——AHA 和 BHA 去角质产品会不会“弱化”或减轻类维他命 A 产品的效果？我们在美容杂志上也读到过类似的说法，说类维他命 A 单独使用比搭配 AHA 或 BHA 去角质产品使用的效果更佳——更有甚者，有人还认为类维他命 A 绝对不可以与维他命 C 产品一起使用，否则后果极其糟糕。

如果更光滑、更年轻的皮肤是你想达到的目标，那么面对这些错误信息，你该怎么办呢？在这里，我们将澄清这些误区，并且一如既往，我们会寻求研究报告给出的支持。

误区 1：类维他命 A 和 AHA 或 BHA 去角质产品不可以一起使用。

大错特错！没有任何研究报告（再次强调：绝对没有）证实或得出结论认为在同样的护肤流程中，AHA 或 BHA 去角质产品会弱化或减轻类维他命 A 的功效——即使把这些成分同时涂抹在皮肤上。

其实，任何宣称类维他命 A 与 AHA 或 BHA 去角质产品不兼容的说法都没有得到研究报告的支持。这完全是谎言重复千遍就成为真理的一个例子，甚至皮肤科医生都倾向于相信而毫不怀疑。毕竟，医生总是在为我们着想，对吧？

事实证明，认为类维他命 A 与 AHA 或 BHA 去角质产品不兼容的观点误解了护肤成分的作用机制及其对皮肤结构的影响机制。我们将在下面进一步分析。

误区 2：AHA 和 BHA 去角质产品的 pH 值降低了类维他命 A 的功效。

这个错误观点误认为去角质产品的酸性环境降低了皮肤的 pH 值，进而会破坏类维他命 A 抗衰老、令皮肤光滑的能力。

这种说法背后的逻辑是这样的：如果皮肤的 pH 值低于 5.5 至 6（通常是这样的），那么皮肤中的酶将无法把类维他命 A 转化成视黄酸（维他命 A 的一种形态），而视黄酸正是类维他命 A 起效的形态。基于酸性去角质成分会降低皮肤的 pH 值这种假设，于是类维他命 A 产品的功效将不稳定，皮肤中的酶将类维他命 A 转换成处方药强度的功能也将弱化。不过，这种情况并不会发生。

就像大多数有关护肤的谣言一样，这个说法来自对研究报告的误读。目前只有一份研究提到过上述 pH 值的范围以及皮肤中的酶的问题。然而，那份 1990 年做的研究针对的是动物蛋白质和人类蛋白质的混合物，有关 pH 值的结论也只是将某种脂肪酸副产品添加到蛋白质混合物中才观察到的；换句话说，这份研究并非针对正常的人类蛋白质，也不是针对健康完好的皮肤。

该研究报告清楚地说道："当不添加脂肪酸副产品而操作实验时，没有明确观察到最优的 pH 值范围。"这进一步说明类维他命 A 与 AHA 或 BHA 不兼容的猜测是多么误入歧途。

总之，这份研究的目的在于比较动物皮肤与人类皮肤在涂抹维他命 A 之后的新陈代谢方面的异同，而并非比较外用维他命 A 的起效机制。它的结论无助于护肤方面的决策。

简言之，外用时，低 pH 值的护肤产品并不妨碍类维他命 A 转换成其有效形态。类维他命 A 在低 pH 值配方中甚至也能够保持性质稳定。

值得说明的是，没有别的研究再现过 1990 年那份研究所提出的 pH 值界限的情况。尽管缺乏后续研究的支持，并且有关类维他命 A 的研究连篇累牍，但这份研究报告仍然被（单独）引用，用来支持类维他命 A 不可以与 AHA、BHA、维他命 C（你将在误区 5 中看到）搭配使用的错误观点。

误区 3：不和 AHA 或 BHA 去角质产品一道使用时，类维他命 A 效果更好。

你可能会感到诧异，因为研究报告得出的结论恰恰相反：当与 AHA 之类的去角质产品组合使用时，类维他命 A 有助于淡化色斑，提升这两种成分对皮肤的功效。

许许多多的研究表明，无论其他因素如何，外用类维他命 A 都有效。

误区 4：白天不可以使用类维他命 A。

研究表明，在皮肤上涂抹类维他命 A 产品之后再使用防晒产品，类维他命 A 成分的功效不受影响。此外，在使用防晒产品之前单独或组合使用维他命 A、C、E 产品，它们都能够保持性质稳定且发挥作用。

研究还表明，在使用维他命 A 和维他命 C 之后再使用防晒剂，在紫外线的照射下，维他命 A 和维他命 C 仍然保持性质稳定；当单独使用时，纯维他命 A 的表现也同样如此。这证明了当与防晒剂搭配使用时，类维他命 A 所具有的稳定性。

抗氧化剂搭配防晒剂能够有效对抗皱纹、肤色不匀、皮肤松弛和色斑问题。维他命 A 也是一种抗氧化成分和细胞沟通成分，这也是它具有独特优点的原因之一。为得到最佳效果，确保早上和晚上使用富含抗氧化成分的护肤品。

误区 5：类维他命 A 和维他命 C 不可以组合使用。

维他命 C（抗坏血酸及其衍生物）是另外一种常常被列举不可以和类维他命 A 组合使用的成分。和上面的 AHA 与 BHA 误区一样，这个误区也同样基于大多数维他命C产品的pH值或酸性问题，尤其是纯维他命C，这是一种酸。

事实上，维他命 C（依据其形态）要求较低的 pH 值来保持性质稳定。我们知道类维他命 A 在酸性环境中是有效的，正如以上所述，皮肤的 pH 值天然是酸性的。从研究结果来看，维他命 C 和类维他命 A 组合使用是有意义的。

那么，何不将这两种产品组合起来使用呢？研究表明，化妆品中使用多种维他命能够取得最佳效果，包括组合使用维他命 A、C、E。类维他命 A 与维他命 C 组合使用不仅被证实有效，而且再使用防晒产品，它们还能有效地对抗自由基伤害来保护皮肤。类维他命 A 和维他命 C 彼此弱化的说法并不是事实。

当类维他命 A 渗入皮肤时，自由基会令其不稳定，而维他命 C 却能够对抗自由基伤害，因此帮助类维他命 A 发挥更佳功效，也就是说它能够提升类维他命 A 的抗衰老效果。

维他命 C 对皮肤来说有其自己的好处。研究表明维他命 C 能够淡化色斑，减轻炎症，帮助皮肤愈合，促进胶原蛋白生成。维他命 C 也是护肤英雄。

此外，维他命 C 天然存在于皮肤当中，不管你用不用维他命 C 护肤品，它都存在（由于日晒会导致皮肤中的维他命 C 含量减少，因此外用维他命 C 不可忽视）。既然皮肤里本身就有维他命 C，那么显然维他命 C 不会妨碍你获得任何优良护肤品带来的好处，包括类维他命 A 产品。

维他命 C 也是抗衰老英雄

我们一再强调没有单独哪一种成分对皮肤是最好的——就像一日三餐中没有哪一种食物是最佳的——但是仍然有一些成分显得出类拔萃，维他命 C 就是其中之一。

20 多年前，美国杜克大学学者发表了一篇开创性的论文，发现一种被称为左旋抗坏血酸的维他命 C 涂抹在去毛发的猪的背部时，能够减轻猪遭受的 UVB 伤害。这一证据表明，阳光伤害或“晒斑”能够借助外用维他命 C 得到修复。正如你将预见到的，对任何担心皮肤衰老的人来说，这可是一条重大消息。

随后的研究证实了维他命 C 对皮肤的益处、稳定性问题，以及用量要求。后续众多研究表明维他命 C 对皮肤有积极作用，从此，一个功效明确的护肤成分诞生了。

如今维他命 C 在化妆品界大行其道，但由于其形态多样，每一种维他命 C 的名称、配方及起效用量却很容易引起人们的混淆。以下内容你必须有所了解：

» 被证实最稳定和最有效的维他命 C 包括：抗坏血酸、左旋抗坏血酸、抗坏血酸棕榈酸酯、抗坏血酸磷酸酯钠、抗坏血酸视黄醇、四己基癸醇抗坏血酸酯、抗坏血酸磷酸酯镁。
» 不管市场怎么炒作，其实并不存在单独哪一种“最佳”的外用维他命 C。
» 当维他命 C 与其他抗氧化剂混合使用，或者以 15% 或 20% 或更高浓度单独使用时，它用来对付极顽固的皮肤问题相当有效。
» 当暴露在空气和光线之下时，所有的抗氧化剂包括维他命 C 都很容易分解。如果添加抗氧化剂的产品没有采用隔绝空气和光线的不透明或遮光包装，千万不要去买！

添加了维他命 C，配方良好，并且采用有助于有效成分保持性质稳定的包装的护肤产品具有以下所有功效：

» 保护皮肤细胞和皮肤的支撑结构，以免皮肤受到与紫外线有关的伤害。
» 改善晒伤皮肤的外观。
» 强化皮肤的屏障保护功能。
» 减轻炎症。
» 刺激成纤维细胞（制造胶原蛋白的细胞）进而促进胶原蛋白的生成。

» 增强焕肤和微晶磨皮治疗的效果。

» 减轻色素沉着过度（使用浓度在 3% 以上的产品）。

» 激发防晒剂的活性。

从最初涂抹在去毛发猪的背部做实验开始，到后来无数的研究都证实，维他命 C 具有强抗氧化的功效。如果你打算对抗皱纹，改善肤色不匀、皮肤松弛、色斑以及痘痘引起的皮肤红肿（维他命 C 具有抗炎作用），那么维他命 C 绝对应该是你首选的为数不多的护肤成分之一。

用于皮肤的肽

简单来说，肽是由或长或短的氨基酸链组成的蛋白质。肽有天然的，也有合成的；添加在护肤品和化妆品中的大多数肽是合成的，因为化学家通过实验室能够确保它们在护肤品当中保持稳定性和有效性——这再次证明天然的未必是最好的。

虽然在产品中添加肽有诱人的理由，但在化妆品行业，大多数炒作都把某种肽或某几种肽当作神奇的成分，美其名曰抗衰老的终极方案。这当然不是事实。如果有倒好了——只不过是炒作到了肽的头上。

以下内容你必须有所了解（我们一再强调不要浪费钱，也要当心骗人的营销伎俩）：正如不存在某种食物或补充剂可以满足身体健康的全部所需，同样也不存在某种或某组所谓的终极成分满足护肤的全部需求。皮肤是人体最复杂的器官，你可以想象，皮肤的需求不可能最终只由某一种或某几种肽来提供。

虽然肽不是那么神奇，但它们的确是不错的护肤成分，当然我们还需要更多地了解并且充分发挥其护肤功效。

大多数肽用作保湿保水剂，并且几乎所有的肽在理论上都具有细胞沟通能力，帮助皮肤自我修复，制造更健康的皮肤细胞，甚至可能促进生成更健康的胶原蛋白。这些益处都不错，但前提是你不要仅仅只依赖肽。肽天然地存在于人体各处，尽管如此，肽要起作用，还得依赖其他因素，这正是它们无法独自发挥作用的原因。

没有哪一种肽能够像肉毒杆菌毒素注射或皮肤填充剂那样减少皱纹。对于怕打针的人来说，在皮肤上涂抹含肽产品绝对达不到目的。意图证实外用肽有奇效的研究报告，通常出自把肽成分销售给化妆品公司的供应商。通常来说，由企业赞助资金从事的研究中，肽的浓度要高于相应护肤品中的浓度，于是很简单，所谓肽对皮肤的好处就无法享受到——然而广告宣传却照说不误（像变戏法，对不？）。

有些人认为某一组特别的肽——铜肽（又称葡糖酸铜）——可能就是人人梦寐以求的抗衰老终极方案。皮肤主要起支撑作用的物质是胶原蛋白和弹性蛋白，它们的合成与人体内的铜有部分关系。也有研究表明，铜具有促进伤口愈合的作用。但是到目前为止，还没有很多研究证实含铜的肽具有抗皱或令皮肤光滑的作用，当然这些研究都不是独立开展的。

此外，对于所谓铜肽的神奇效果与其他更多已被证实有效的成分，几乎没有人做过比较研究。你难道不想知道某些成分(比如维他命 C 或类维他命 A)的效果比铜肽更出色吗？当然想知道。

也有些人担心，由于铜（一种金属）与抗坏血酸之间的相互作用，那么铜肽是不是可以和维他命 C、AHA 或 BHA 产品搭配使用。其实铜肽是一种氨基酸，在皮肤中并不具有自然界中金属铜那样的特性，因此你完全用不着担心。有关护肤的这条疑虑，你直接划掉好了。

抗衰老饮食

与怎么吃来防病保健类似，考虑周全的饮食有助于皮肤看起来更年轻。搭配良好的护肤计划和注意防晒，有利于美容的饮食一定能够发挥重要作用！

自内而外的炎症

与刺激性护肤品和日晒引发炎症的道理相同，吃不健康的加工食品会令人体发生慢性炎症，并且最终会在皮肤上显现出来。

慢性炎症会使得人体的应激荷尔蒙水平提高，破坏健康的胶原蛋白，限制细胞更新，减弱人体自愈能力，甚至可能诱发癌症。人们经常吃的许多食物会加重慢性炎症，如果生活方式不良，比如不加防护的日晒、吸烟、久坐不动、睡眠不足等，慢性炎症会更加严重。就算长期使用很棒的护肤品，也只是有可能让皮肤显得更年轻。

大多数人都爱吃糖，然而糖会促使皮肤衰老，还有可能诱发皮肤长痘痘。要尽量少吃糖。糖并不像你想的那么甜美！

糖基化终产物：温柔一刀

身体里的糖会触发糖化过程，也就是不加节制摄取的糖与身体里的脂质和蛋白质之间的一种化学反应。化学反应会形成糖基化终产物（AGEs），这种物质对细胞具有破坏作用，导致炎症，最终会造成疾病，增加自由基伤害、皱纹、皮肤松弛，理论上还会造成皮肤长痘痘（痘痘是一种发炎性皮肤病）。

经常性地过量吃糖会导致糖化作用加快，进而加速糖基化终产物生成的过程。要少吃含糖的碳酸饮料，甚至果汁（未加工的水果要好些，因为大多数果汁是由糖和水组成，即使是价格昂贵的果汁）。

中断糖基化终产物和慢性炎症

保持饮食正常，尽量少吃可能诱发炎症和糖基化终产物的东西，是抗衰老的必要途径。此外，营养丰富的饮食有助于少生病和其他慢性健康问题的风险。研究表明，以下食物最容易造成炎症和糖基化终产物：

» 糖，尤其是经过提炼的糖如高果糖谷物糖浆，但任何种类的糖（包括蜂蜜，甚至龙舌兰花蜜）也会造成糖基化终产物的形成。
» 反式脂肪（食品标签上标有“部分氢化”字样的油都属此列），包括人造黄油、起酥油。
» 加工过或腌制的肉类，包括咸肉（含有亚硝酸盐和硝酸盐），会造成炎症发生。
» 红肉，要选择最好的瘦肉，不要用木炭烧烤，烹调时不要让肉色变得棕色或黑色，否则会增加糖基化终产物或其他有害的化学物质。
» 深加工食品，包括快餐店里的大部分食物，以及杂货店里的许多预包装食物和休闲食品。本质上来说，杂货店出售的食品基本上不利于你瘦身，当然对皮肤也没好处！
» 精白面粉，它是大多数烘培食物中简单碳水化合物的来源，无论有多么新鲜。小麦粉同样糟糕；精白面粉不过是脱色了的小麦粉。
» 蛋糕、蛋挞甚至早餐麸饼等甜点通常都含有糖，并且许多都是用精白面粉制成的。

» 饮食中盐分太多也会让皮肤看上去糟糕，比如肿胀，眼睛看上去无精打采，这都是因为水潴留造成的（这与改善皮肤含水量的保水完全不同）。

抗衰老购物清单

抗衰老食品其实味道也不错，不像大家想象的那么乏味！它们有助于减轻炎症和体内的糖化过程。下次你在购物时，一定要把这些有助于抗炎、养颜的食物列入你的购物清单，尽最大努力抵制货架上加工食品和含糖饮料的诱惑（当然，偶尔吃一次巧克力蛋糕我们也不反对）。

» 绿茶和红茶。

» 深色莓果，如蓝莓、黑刺莓、覆盆子。

» 深色蔬菜，特别是绿叶菜和红卷心菜等十字花科蔬菜。

» 红椒、绿椒、黄椒、橙色灯笼椒及所有辣味椒。

» 鲑鱼和其他富含脂肪的深海鱼（含有丰富的 ω-3 脂肪酸；野生的胜过养殖的）。

» 核桃，大多数坚果都营养丰富，优选没有加工过的，因为加工过程会降低坚果的营养价值。

» 葡萄籽油、胡桃油、米麸油和菜籽油。

» 粗粮不仅能补充维他命和抗氧化剂，而且能增加对纤维素的摄入，可以减轻炎症反应。

» 罗勒、豆蔻、茴香、咖喱、大蒜、生姜、牛至、罗望子、姜黄等调味料，不过要尽快用完，因为这些调味料容易变质，从而失去营养价值。

» 亚麻籽、葵花籽和南瓜籽。
» 咖啡，不过大多数人应该适量，尤其是对高血压或其他有健康问题的人。去问问医生，多少量的咖啡最适合自己。

抗炎饮食是对你保健和美容的一大贡献。经常吃这些食物有助于生成更健康的皮肤细胞，减少皮肤干燥，减轻痘痘的症状，改善皱纹，让你的皮肤光彩照人，让你看起来更年轻。饮食得当，再加上健康合理的护肤程序，你一定能获得最完美的皮肤！

抗衰老护理产品推荐

以下创新产品你应该加入到日常护肤程序（其中一定要有防晒）当中，这有利于你改善特定的或较顽固的皮肤问题，比如深度皱纹或很明显的色斑。这些产品适合各种肤质使用。

» Algenist Targeted Deep Wrinkle Minimizer（$45）
» BeautiControl Regeneration Tight, Firm & Fill Eye Firming Serum（$45）
» Clinique Superdefense Age Defense Eye Cream Broad Spectrum SPF 20（$41）
» Dr. Dennis Gross Skincare Hydration Super Serum Clinical Concentrate Booster（$68）
» Jan Marini Age Intervention Retinol Plus（$75）
» Mary Kay Timewise Repair Volu-Fill Deep Wrinkle Filler（$45）
» Murad Time Release Retinol Concentrate for Deep Wrinkles（$65）

» Olay ProX Even Skin Tone Spot Fading Treatment（$39.99-$44.99）

» Paula' s Choice Clinical 1% Retinol Treatment（$55）

» Paula' s Choice Resist C15 Super Booster（$48）

» Paula' s Choice Resist Hyaluronic Acid Booster（$45）

第9章

油性皮肤护理

面容光彩要控油

皮肤出油很难控制，因为油脂的分泌是由体内荷尔蒙水平来决定，而荷尔蒙水平则受到遗传的影响，所以外用护肤品确实难以解决控油问题。引起油性皮肤的是雄性荷尔蒙——不管男性还是女性，人体内都有这种荷尔蒙存在。雄性荷尔蒙控制皮脂腺分泌，正常且均衡的皮脂分泌对皮肤有益，能够防止皮肤干燥、维护皮肤表面健康的微生物群落以及保持皮肤的水分。如果皮脂分泌过少，那么就会造成皮肤问题；类似地，如果皮脂过度分泌，你也会遇到一系列皮肤问题。因此，只有皮脂适当分泌，才有可能给皮肤带来好处。

如果皮脂分泌过于旺盛，你就难免每天都要与一张油田般的脸作战，黑头和青春痘很容易形成，毛孔也会被过多分泌的皮脂撑大。雄性荷尔蒙水平过高，毛孔内壁也会增厚，阻碍皮脂正常排出，黑头和白头因此形成，也会让皮肤长痘。

不确定你是否属于油性皮肤？判断其实并不难，油性皮肤有以下几个鲜明特点：

» 洗脸后一两个小时皮肤又是油光闪闪，通常到中午时脸上更是一片

"油田"。

» 妆容会"滑走"，或者很快就从脸上消失。

» 脸上最油的地方有黑头、白头或青春痘。

» 毛孔明显，尤其是在鼻子、下巴和前额部位。

护理油性皮肤的第一步是审视一下你现在的护肤程序。

让皮肤感到清凉刺痛的产品（比如含有薄荷醇、薄荷、桉叶油和柠檬的产品）或添加了变性酒精的产品可能会让你觉得出油状况有所改善，但其实它们只会让情况更糟糕。清凉刺痛说明皮肤受到刺激，而刺激皮肤或令皮肤干燥的成分只会让皮肤出油更加严重。许多添加了刺激性成分（尤其是酒精）的护肤产品都号称专门针对油性皮肤和青春痘，对此你一定要当心。不过，并非所有的"醇类"都有问题，护肤品中的脂肪醇（比如鲸蜡醇、硬脂醇、鲸蜡硬脂醇）并不坏，它们并不会令皮肤干燥或者刺激皮肤。

对油性皮肤来说，含有滋润成分太多的产品也需要避免，因为产品中的油性蜡质成分会让油性皮肤更加糟糕。

一般来说，固体剂型的产品比如洁面皂类、条状粉底、太厚的遮瑕膏或太滋润的润肤霜有可能堵塞毛孔。这类产品中的滋润成分连同皮肤分泌的皮脂，会使得皮肤显得更加油腻。这些成分还会被吸收进毛孔，给毛孔内壁带来问题。

上面说的这些产品不要去使用，而是要改用兼有护肤和美容作用的液体、精华或凝胶质地产品。

以下基础护肤程序有助于你控油，让皮肤不再油光闪闪，让毛孔变小，青春痘也会减少。有关每一步的细节，请参考第 5 章"建立完美的护肤习惯"。

洁面

每天用温和的水溶性洁面产品洗两次脸。洁面产品最好能够彻底冲洗干净，不留残余，并且产品中不含使皮肤干燥、刺激的成分。洁面产品当然要选不含香精的（无论芳香成分是合成的还是天然的，它们都会刺激皮肤）。避免使用含有薄荷醇的洁面产品，它们让皮肤感受到的清凉刺痛对油性皮肤没有一点儿好处。记住，皮肤刺激更加会诱发皮脂分泌。

爽肤水

对油性皮肤来说，选用一款富含抗氧化剂、皮肤屏障修复成分（有助于皮肤恢复自愈功能）和细胞沟通成分（有助于改善毛孔大小），并且不含酒精、金缕梅和芳香剂的爽肤水是护肤的重要步骤。添加了这些成分的爽肤水帮助皮肤自愈，缩小毛孔，减轻炎症反应，并且去除最后的死皮细胞和彩妆残余，防止堵塞毛孔。皮肤刺激诱发毛孔内皮脂更多分泌，关于这一点我们说得太多太多了。

去角质

去角质对油性皮肤来说是最重要的护肤步骤之一。油性皮肤表面堆积的死皮细胞相对常人更厚，毛孔内壁也会增厚。去角质能去除这层死皮细胞，疏通毛孔，清除白头，同时令皮肤更光滑。

最适合油性皮肤的去角质成分是水杨酸。水杨酸是油溶性的，不但能去除皮肤表面的死皮堆积，还能深入毛孔内部清理角质，因此可以改善毛孔的功能，帮助皮脂顺畅排出，从而帮助解决毛孔堵塞的问题。坚持使用水杨酸去角质产品还有助于尽快令发红的痘印消失。

水杨酸还有一个功效是抗炎，因此它能减轻皮肤刺激，舒缓毛孔，减缓皮脂分泌。

白天防晒

即使你是油性皮肤，也需要使用防晒来预防皱纹，减少痘印。如果你因为防晒产品太油腻或者担心诱发长痘而不愿意使用，可以选用最后我们推荐的一些产品，它们一定会让你对防晒的印象大为改观。

夜间保湿

晚上保湿要选用质地轻透的液体、凝胶或精华，这些产品不含堵塞毛孔、厚重的成分。保湿产品除了具备足够的保水功能外，还应添加维护皮肤健康功能、改善皮肤自愈、减轻炎症反应所必需的成分，如抗氧化剂、细胞沟通成分和皮肤修复成分。

吸油

虽然我们推荐的产品有不少，但如果你是油性皮肤，那么可选用的护肤产品还是会因此受限。你可能时不时还是得用到吸油产品。这类产品都添加了粘土（有的产品宣称添加了火山灰或者稀土，其实大可不必）、二氧化硅（一种特别的吸收剂）、形形色色的粉末和淀粉（比如铝淀粉）。

吸油只是一个可选的护肤步骤，不过许多油性皮肤的人都觉得有用。有没有什么吸油妙招？不妨先用吸油纸，再用防晒粉饼轻轻抹一层，还可以保护你免遭晒伤呢！

油性皮肤产品推荐

洁面

» Kiehl’s Ultra Facial Cleanser, for All Skin Types（$19.50）

» Neutrogena Naturals Purifying Facial Cleanser（$7.49）

» Paula’s Choice Skin Balancing Oil-Reducing Cleanser（$17）

爽肤水

» Clinique Even Better Essence Lotion Combination to Oily（$42.50）

» derma e Soothing Toner with Anti-Aging Pycnogenol（$15.50）

» Paula’s Choice Skin Balancing Pore-Reducing Toner（$20）

BHA 去角质

» Paula’s Choice Resist Daily Pore-Refining Treatment 2% BHA（$30）

» Paula’s Choice Resist Weekly Retexturizing Foaming 4% BHA（$35）

» Smashbox Photo Finish More Than Primer Blemish Control（$42）

日用防晒保湿

» Coola Face SPF 30 Cucumber Matte Finish（$36）

» Paula’s Choice Resist Super-Light Daily Wrinkle Defense SPF 30（$32）

» philosophy miracle worker spf 50 miraculous anti-aging fluid（$60）

夜用保湿

» md formulations Moisture Defense Antioxidant Hydrating Gel（$45）

» Olay Regenerist Micro-Sculpting Serum Fragrance Free（$23.99）

» Paula’s Choice Resist Anti-Aging Clear Skin Hydrator（$32）

吸油

» e.l.f. Essential Shine Eraser（$1）

» Hourglass Cosmetics Veil Mineral Primer Oil Free SPF 15 ($52)

» Paula' s Choice Shine Stopper Instant Matte Finish ($23)

第10章

治愈干性皮肤

如何呵护干性皮肤

你是不是一直想找到一款好的润肤霜来让干性皮肤好受些？虽然市面上有一些很好的保湿产品，但许多还是有缺陷。实际上，我们常常吃惊为什么那么多的保湿产品竟然添加了让干性皮肤情况更糟糕的成分。要缓解皮肤干燥带来的不适，知道什么样的保湿产品有用，以及懂得造成皮肤干燥的原因相当重要。

听起来你可能不信，干性皮肤其实并不是指皮肤中缺乏水分。研究人员比较了干性皮肤与中性皮肤和油性皮肤中的含水量，发现三者之间并没有显著差异。其实，正常的皮肤只含有 10%—30% 的水分。

给干性皮肤增加额外的水分并不一定是件好事！比如说泡在浴缸里对皮肤就不好。过多的水分会破坏皮肤表层，令皮肤干燥、脱皮、脱水和起皱。引起皮肤干燥最主要的原因是皮肤表层受损，也就是皮肤失去了保持正常水分的能力。究其原因，这种情况大部分是因为皮肤受到日晒，以及一定程度上不当使用添加了刺激性或使皮肤干燥成分的护肤产品造成的。

你有没有注意到身体上没有受到日晒的部分（也就是白天不太露出来的

部分)很少会有皮肤干燥？看看手臂内侧或者臀部。这些部位几乎晒不到太阳，因此也就不会有日积月累紫外线照射所引起的对皮肤的伤害。

伤害皮肤的行为不仅会造成皮肤干燥，而且会让干性皮肤的状况更加严重。要避免造成皮肤干燥及其带来的不适，可以遵循以下一些基本步骤。首先是避免对皮肤表层的任何伤害：

» 洗面皂。
» 会使皮肤感觉干燥紧绷的水溶性洁肤产品。
» 含有刺激性成分（比如变性酒精、薄荷油、薄荷醇、柑橘、桉油和芳香成分，包括所谓的精油）的产品。
» 太热的热水和蒸汽。
» 太粗糙的磨砂膏。比如家用的微晶磨皮产品或者含有果壳、坚果碎片的产品。
» 丝瓜络。
» 室内或室外的美黑，它会破坏维持皮肤健康的必要成分。

以上这些产品或行为会伤害或刺激皮肤，进而导致皮肤中水分流失，破坏使皮肤保持适当程度湿润的重要物质。

接下来的步骤就是给予皮肤必要的保养。干性皮肤有可能是遗传造成的，也可能因为疾病或医疗副作用所引发的。无论根本原因是什么，干性皮肤需要补充皮肤屏障修复成分，帮助皮肤维持健康的水分平衡，并且帮助皮肤“抓住”各类必需物质，使皮肤保持水分、光滑和柔润。

以下是几种改善干燥皮肤状况的好办法：

» 每天使用 SPF30 以上的防晒，即使冬天也不例外。阳光造成的皮肤伤害会逐渐令皮肤失去保水能力，失去光滑的表面。

» 使用顶级的保湿产品（精华、凝胶、乳液、乳霜，以及具有抗皱、抗衰老、紧致皮肤功能的产品都属于“保湿产品”）。无论什么质地，保湿产品应该富含抗氧化剂、保水剂、皮肤修复和抗炎成分。为确保对空气和光线敏感的有益成分不失效，不要选择采用透明或敞口瓶包装的保湿产品。

» 去角质。正常的细胞代谢（去角质过程）是健康皮肤的功能之一，但是受到日晒的皮肤往往需要外界的帮助来完成这一过程。死皮细胞堆积会妨碍保湿产品被皮肤吸收，令皮肤感觉粗糙，看上去无光泽。一款配方良好的果酸（AHA）或水杨酸（BHA）产品能够去除死皮细胞，换之以新生细胞，从而令皮肤光滑，帮助皮肤以更自然、更富活力的方式新陈代谢。

» 非常干燥的部位在擦过润肤霜后，可再涂抹一些纯植物油，或者把纯植物油混在保湿产品中一起使用。植物油包括杏仁油、椰子油或霍霍巴油。

» 不要忘记护唇。嘴唇暴露在空气中最容易变得粗糙。白天要多次使用滋润性的唇膏或唇彩，如果有防晒功能就更好。晚上也一样，不要不抹护唇膏就睡觉。要确保护唇膏里不含刺激性成分，含有芳香成分或薄荷醇的护唇膏只会让干燥的嘴唇更糟糕。

» 绝对不要使用含有刺激性或干燥成分的产品。关于这一点你早就知道了，对吗?

» 长期暴露在干燥寒冷的气候和环境中，甚至暖气和空调吹出的干燥空气也是有害的，同样会损伤皮肤结构，降低皮肤的保水能力。在家里，至少在卧室里添加一台加湿器就会使情况大大改善!

喝更多的水有用吗?

是不是大量喝水就能够消除干性皮肤?经常有人说这对美容很有好处。其实这是一个误区，虽然每天喝八杯水有益身体健康，但对于干性皮肤却没预防和改善作用。如果喝水就能摆脱干性皮肤，就没有人会有干性皮肤了，也没有必要购买合适的保湿霜了。一下子喝太多的水只会让你增加上厕所的次数，过量摄入的水分只会排出，却不会帮助消除皮肤干燥。

面油有用吗?

你有没有发现，越来越多的化妆品公司推出了纯面油产品，成分是从摩洛哥坚果、霍霍巴、椰子等提取的油脂，宣称纯面油能够改善任何皮肤问题，比如青春痘、粉刺、酒渣鼻、皱纹等。这些产品值得一试吗?如果有用，那么哪一种最适合你?

不含芳香成分的植物油或合成油可以用来改善或消除皮肤的干燥状况。这对任何护肤产品来说都是对的，但重要的是芳香成分无论是天然的还是合成的，由于其刺激性，可能就会造成皮肤问题。更重要的是，许多面油或护肤油恰恰含有芳香的“精油”。我们不是说面油就该是难闻的，不过你还是应该避免选购擦后几个小时内仍旧散发香味的面油。

市面上许多面油和护肤油都号称添加了独有的油脂，具有神奇的功效。例如阿甘油（又称摩洛哥坚果油）、辣木油、椰子油、诺丽果油。其实它们算不上神奇。它们都是不错的、不含芳香成分的植物油，但并不比其他普通却效果显著的油类更好，比如葡萄籽油、葵花籽油、油菜籽油、白池花籽油、玫瑰果油、鳄梨油。

你可以选用某一种纯的油，不过许多产品是各种油混合而成的，这样你也可以享受到每一种油带来的好处。此外，你会发现，从审美的角度来说，适合每个人的油是不同的，所以在选购之前，最好多做尝试。

那么，面油或护肤油该怎么用才好？如果你是干性至极干性皮肤，或者皮肤干燥是因为季节或环境引起的，并且用了润肤霜也不太管用（尤其是在最冷的那几个月，或者生活在干燥地区），那么不妨将面油与润肤霜搭配起来使用。这可能正是你的皮肤所需要的，此外你还可以在眼部附近抹一些不含香精的面油。

油性皮肤的人可能会发现面油没有帮助，这是因为他们皮肤分泌的皮脂已经足够多了。

如果你是混合性皮肤，那么不妨在皮肤干燥的部位使用护肤油。不要抹在容易出油的部位，不过这不太容易掌握，因为抹上去的油可能会滑动。要点是沿着离开容易出油部位的方向涂抹。也就是，先把油抹在双颊上，然后朝耳朵位置抹匀，而不是朝向鼻子涂抹。

虽然植物油或矿物油有助于皮肤保湿，不过它们也只有这一个好处，不像抗氧化剂、皮肤修复成分和细胞沟通成分那样能够令皮肤看起来更年轻、更健康。这也是我们不建议用面油来取代配方良好的保湿产品的原因。而且保湿品是独立的产品，面油其实属于添加剂产品。

许多植物油确实富含抗氧化剂，一些植物油如红花油还含有能够改善皮肤屏障功能的相当不错的脂肪酸。然而，正如我们前面说过的，单独某一种或某几种油并不能满足皮肤保养的全部需求。在护肤当中，面油只能充当配角。

晒伤、皱纹、粉刺、青春痘，对它们的种种担忧，需要一组护肤产品才能够解决。单独某一种成分（即使抗衰老明星成分如视黄醇或维他命 C）或单独某一种产品永远无法满足护肤的全部需求。有关这一点我们已经说过很多次了，仍然有必要强调。可是迷信某种神奇成分，妄图一劳永逸地解决所有皮肤问题的人实在太多了，这让我们无法理解。

如果你考虑在护肤步骤中添加一款面油，不要选用有香味的，比如薰衣草、桉树或任何柑橘或薄荷香味的。这些芳香的所谓“精油”含有会强烈刺激皮肤的复合物。例如，许多柑橘类油对暴露在紫外线下的皮肤具有光毒性，甚至可能令皮肤脱色。市面上的面油既有无香的，也有有香的，可选择的太多，因此选购时一定要当心，优选不带香味的，至少要选香味最淡的。

如果你吃不准面油当中哪些成分会刺激皮肤，请参考第16章“化妆品成分词典”，其中包含了护肤品中添加的最常见的芳香油。

干性皮肤与缺水性皮肤

经常有人问我们有关“缺水性皮肤”的问题，因为“缺水性皮肤”与“干性皮肤”这两个术语常常互用，因此许多人对此容易混淆。其实，它们之间并不像你想象的那么容易混淆。以下我们试着帮你解开疑惑。

与真正的干性皮肤不同，缺水性皮肤分泌的皮脂量正常或者更多，但是皮肤仍然感到紧绷或者干燥，甚至会掉皮屑。如果你的皮肤下面干上面油，那么就有可能是缺水性皮肤。缺水性皮肤也可能是天气、季节、经常游泳或洗桑拿等活动引起的。

干性皮肤却几乎不油，很少会有别的情况发生。不管天气、季节或参加的活动如何，干性皮肤可能会更糟，皮肤一直是干干的，很少或几乎不会有出油现象。

虽然引起缺水性皮肤的因素有很多，但常常是因为使用粗糙或刺激性护肤产品的结果。如果经常同时使用太多的强力产品，也可能引发缺水性皮肤。例如，当皮肤不能承受每天组合使用 AHA 或 BHA 去角质产品，处方级类维他命 A、维他命 C 产品时，你的皮肤就可能会缺水，表面却可能有较多出油。

以上情况干性皮肤也同样会出现，只不过因为缺乏保护性皮脂的分泌，所以干性皮肤的状况会更糟糕。对油性皮肤的人来说，不太可能有正常健康的皮脂分泌，而对干性皮肤的人来说，缺乏皮脂分泌恰恰是造成皮肤干燥的主要原因。

刺激性成分如变性酒精会令皮肤表面变干，让皮肤感觉“缺水”，还会促使毛孔分泌更多油脂，结果令皮肤更油。抗痘的人常常会碰到这种问题，因为他们经常使用这种“脱皮”类产品，结果皮肤紧绷、发红、掉皮屑。这不是你的错——市面上有太多糟糕的抗痘产品了，反而令皮肤状况更加糟糕。

改善缺水性皮肤和干性皮肤状况的第一步，就是立即停用粗糙的、刺激性的产品。也就是说，要选用温和、有效并且不会令皮肤感到紧绷的洁肤产品，避免粗糙的磨砂膏、坚硬的清洁刷，选用有补偿作用的爽肤水而不是会令皮肤脱皮的收敛水，并且理性选用视黄醇等治疗性产品。一旦你清除了造成皮肤刺激的源头，你就能更好地判断自己的肤质类型，并且从本书推荐的护肤产品和护肤方案中获益。

对于缺水性皮肤，做出以上改变是必须的。如果你是干性皮肤，试着改变一下也对皮肤有好处，但你还是需要调整保湿品的类型，并且增加一些能够给皮肤营养的产品，比如好的面油或者富含透明质酸及其他修复皮肤成分的保养品。

那么对于干燥、缺水性皮肤和青春痘该怎么办呢？这就是下一步要考虑的问题了，它们之间存在着交集。

干性、油性和易长痘皮肤的护理

虽然同时具有干性、油性和容易长痘痘的肤质并不常见，但与这个难题做斗争的人绝对存在。对抗容易长痘痘和油性皮肤已经够吃力的了，何况还要面对更糟糕的情况。

我们并没有解决这些困境的简便办法，不过，了解一些事实，适当地调整你的护肤步骤，你就能得到满意的结果。

当青春痘、干性皮肤和油性皮肤状况三者并存时，最有可能的原因就是你的护肤程序出了问题，或者至少跟引起你皮肤干燥的原因有关。使用令皮肤干燥的洁面皂或粗糙的磨砂膏，过分使用洁面刷如科莱丽（Clarisonic）的产品，使用含有酒精或其他刺激性成分（比如金缕梅或薄荷醇）的爽肤水，不用含有修复皮肤成分的质地轻透的保湿品（比如凝胶），以及每天不用防晒品，这些因素累加起来就会引发皮肤问题。

对于这样的袭扰，你的皮肤肯定会承受不起的。正如我们前面解释的，研究表明其结果将促使油脂分泌、皮肤干燥和长痘。总之，错误的护肤手段和过分的护肤将使得皮肤既出油又干燥，还经常会长痘。选用的护肤品相当重要，甚至只要某一个产品的配方不好，就可能彻底抹杀其他顶级产品的效果。

引发干性、油性和容易长痘痘肤质的另一个原因，可能是同时或者太勤于使用抗痘护理（无论是处方性的还是柜台选购的），你原本以为调理的力度稍强一点效果就会好一点，力度再大点效果会更好，可是适得其反，皮肤反而变得干燥。许多科学研究表明，水杨酸和过氧化苯甲酰是抗痘产品的基本成分，但你必须合理判断这些产品该用多勤，以及这两类产品是不是都要用（根据具体的护肤需求，有些人只需选用其中的一种，效果就相当好）。

还有一个要当心的是，市面上卖的水杨酸和过氧化苯甲酰产品有许多都添加了伤害皮肤的有害成分，比如酒精、薄荷醇、金缕梅、薄荷、桉树或硫磺。不用说,这些成分造成的刺激对皮肤没有好处。如果你长期使用这些产品，皮肤就会受到伤害，就算水杨酸和过氧化苯甲酰对皮肤有益。如果不添加这些有问题的成分，它们本应该效果更佳。

过氧化苯甲酰是对抗青春痘的最佳外用杀菌剂，但有时会令皮肤干燥，浓度在5%—10%的产品比浓度低于2.5%的更容易令皮肤干燥，具体要看皮肤的耐受性。对于有这三种皮肤问题的人来说，以上情况是需要重点考虑的，不过，还有其他一些方面需要当心。

有没有过度使用?

如果抗痘产品用得太勤、用量太多，就算最好的抗痘程序也会走偏。并非每个人的皮肤都能够同时承受一种以上的抗痘产品，一些人就算每天只用一种也受不了。所以好好想一想：你是否同时用了太多的抗痘产品？是不是既使用了处方级类维他命A如Retin-A或Differin，又使用了含有过氧化苯甲酰的某种抗菌产品，还使用了含有水杨酸的去角质产品，结果你的皮肤有点受不了，皮肤问题反而变得更糟糕？如果你再加一款抗衰老产品来“焕肤”，比如维他命C或视黄醇精华液，你的皮肤一定会受不了。这样的混搭是无济于事的，至少长期来看如此，甚至会迫使你放弃所有的努力。

你必须尝试自己的皮肤对不同护肤品组合的耐受度。例如,对一些人来说，类维他命A产品每隔一天使用效果最佳。有些人则是隔天在早上或晚上在洁面和擦爽肤水之后分别使用过氧化苯甲酰和类维他命A产品效果最好。这样，BHA去角质可以在白天使用,也就是隔天在早上或晚上,在洁面和爽肤水之后、涂抹处方类产品之前使用。

你需要怎样的保湿产品

事实上，并非每个人都需要保湿品，至少不一定都要使用传统的保湿霜或厚重的保湿乳液，尤其是容易长痘的皮肤。乳霜或厚重质地乳液的成形剂会加重堵塞毛孔，令皮肤更容易出油。显然，保湿品不适合容易长痘和油性的皮肤，就算皮肤存在着干燥的问题。

那么皮肤干燥该怎么办呢？使用轻透的液体或容易流动的产品！轻透的保湿凝胶、爽肤水、精华液或轻薄的保湿乳液，添加抗氧化剂、皮肤修复成分和消除红斑成分的最佳！这些产品正是医生应该指导患有容易长痘并且容易皮肤干燥的人使用的。你也可以考虑将这些产品组合起来使用，这样会得到最好的结果，又避免了厚重油润润肤霜可能造成的问题。

容易长痘的干性皮肤该怎么办

虽然油脂分泌过于旺盛是造成皮肤容易长痘的主要因素，但仍然有少部分人发现他们确实是干性皮肤却仍然会长青春痘。其实，他们的皮肤上不会出油，也没有黑头，毛孔看上去也不大。他们努力想要买到一种既能满足干性皮肤需求，又不会促使皮肤长痘的润肤霜，总是担心控制长痘会加剧皮肤的干燥。这在选购护肤产品时，令人左右为难。

你必须知道的是，我们以上所有的建议仍然有效，只是你可能需要一款更加适合干性皮肤，而不是油性或混合性肤质的保湿产品。这意味着你需要尝试找到一款不会加剧皮肤长痘的滋润度恰当的润肤霜。还有一个选择，就是抹一层不会加剧青春痘的轻透乳霜（不过它无法提供足够的保湿），再搭配一款保湿乳液以便锁定水分，当然乳液当中不可以添加厚重的、可能会堵塞毛孔的成分。

干性皮肤产品推荐

以下产品非常适合干性至极干性皮肤使用，但对于容易长痘的干性皮肤未必很理想。如果你既是干性皮肤，又容易长痘痘，你可以考虑我们在讨论油性和混合性皮肤时推荐的轻透保湿产品（包括日用的和夜用的）。此外，你还需要一款质地轻薄的产品来给皮肤保水，并且不能在干燥部位涂抹厚重油腻的保湿品。

洁面

» First Aid Beauty Milk Oil Conditioning Cleanser（$26）

» Paula's Choice Skin Recovery Softening Cream Cleanser（$17）

» Yes to Cucumbers Gentle Milk Cleanser（$8.99）

爽肤水

» M.A.C. Lightful C Marine-Bright Formula Softening Lotion（$35）

» Merle Norman Brilliant-C Toner（$22）

» Paula's Choice Skin Recovery Enriched Calming Toner（$20）

AHA 去角质

» Olay ProX Anti-Aging Nightly Purifying Micro-Peel（$39.99）

» Paula's Choice Resist Daily Smoothing Treatment 5% AHA（$32）

» Peter Thomas Roth Glycolic Acid 10% Moisturizer（$45）

日用防晒保湿

» Olay Regenerist Superstructure Broad Spectrum Cream SPF 30（$29.99）

» Paula’s Choice Skin Recovery Daily Moisturizing Lotion with SPF 30（$28）

» Rodan + Fields SOOTHE Mineral Sunscreen SPF 30（$41）

夜用保湿霜

» Clinique Even Better Brightening Moisture Mask（$36）

» Paula’s Choice Resist Intensive Repair Cream（$32）

» Replenix Power of Three Cream（$70）

第 11 章

平衡混合性皮肤

什么是混合性皮肤

在整个化妆品界，传统上混合性肤质被简单地认为是面部皮肤上既有出油部位，又有干燥部位。虽然大多数人尤其是化妆品行业从业人员都是这么认为的，不过我们还是把混合型皮肤的定义扩大为不止一种肤质的皮肤类型。例如，既有出油部位，又有晒伤造成的色斑；既有干燥部位，又有痤疮和皱纹的皮肤。

如果感受不到自己皮肤的状况，或者不去照镜子，人们是难以识别既出油又干燥的混合性肤质的，更别说护理起来需要更多技巧了。如果按照通常的理解（T 字部位出油，双颊部位干燥），你并不是混合性肤质，更偏向中性皮肤，那么该怎么办？这正是本章要解答的问题。

目标是拥有“中性”皮肤吗

当你听到用“中性”来描述一种肤质时，你可能会想象某个人拥有完美的皮肤。从这个角度来说，中性皮肤可能意味着皮肤既不太油也不太干，几乎没有干燥或油光闪闪的情况，皮肤表面光滑，没有痘痘、黑头，毛孔也看不见，肤色均匀，没有皱纹，也没有日晒的痕迹。

问题是，如此完美的中性皮肤是不存在的。这是传说中的肤质吧！不是说人们没有福气拥有完美无瑕的皮肤，而是说长期来看这种皮肤是要努力争取得到的，即使日晒的程度最低或者生活中遇到各种皮肤问题的可能性最少。随着年龄的增长，日晒的累积，拥有完美的皮肤更是难上加难。

每个人都会慢慢变老，即使勤于防晒，皮肤也会衰老到一定程度。即使最精于防晒，也无法消除日晒对皮肤的影响。回想一下年轻的时候，差不多每个人都有过晒黑或偶尔晒伤的经历。记住：日晒对皮肤伤害会逐渐累积；只要不加防护或者躲在阴影里，你的皮肤就会受到阳光的伤害，这种伤害会在随后的岁月里慢慢显现，但确定无疑的是，它终究会显现。

结果，拥有中性皮肤变成一定程度上的奢望，而不是现实中的皮肤类型了。中性皮肤也容易与混合性皮肤相混淆。正如你看到鼻子上有些油光不代表你就是油性或混合性皮肤，你看到双颊有些干燥也不代表你就是干性皮肤，尤其是在面部其他部位是中性皮肤的情况之下。此外，你现在还得细心呵护自己的皮肤，努力预防或者延迟将来可能出现的皮肤问题。

你可以通过以下途径来判断当前你是不是中性皮肤：

» 你不会说皮肤太油或皮肤太干，所有部位的皮肤看上去和感觉上是同样的（中性的）。
» 极少觉得皮肤油或皮肤干，而且皮肤问题很容易解决。
» 使用针对油性皮肤的产品会让皮肤太干，使用针对干性皮肤的产品又会让皮肤太油腻。
» 毛孔并非看不见，而是毛孔不会变大或者太明显。

» 极少觉得皮肤必须用吸油纸来吸油或者要补妆。
» 一天结束后皮肤不会感觉到紧绷或干燥，也不会显得油光闪闪。
» 几乎没有细纹或皱纹。
» 肤色相当均匀，没有色斑或红色痘印。

如果你符合以上大多数情况，那么你很有可能就属于中性皮肤。不过，就算你跟以上都搭得上边，你仍然需要护肤，因为随着年龄的增长，正如我们前面提到的（重要的事情我们必须重复），累积起来的晒伤必定会造成一定程度的皱纹、色斑、干燥等皮肤问题。即使皮肤接近完美的人偶尔也会长痘痘。

真正的中性皮肤（意味着完美的皮肤）是极其少见的。现实中，大多数人的肤质是我们所称的“中性+”皮肤类型；也就是带有瑕疵的中性皮肤，那些时不时出现的皮肤问题与肤质无关。本质上说，你可能感觉自己的皮肤是中性的，但它并不完美，而是随着岁月的行进发生着改变。这些差别也正是如此多的人搞不清自己的肤质类型，以及为什么如此多的人其实是混合性肤质的原因。

造成典型的混合性皮肤的原因是什么

造成形形色色混合性皮肤的因素有很多，有时只能归结到运气不好——遗传。一般来说，鼻子、下巴和前额等部位的皮脂腺比面部其他部位更活跃。因此，从生理学的角度来说，大多数人的皮肤都是混合性的。

混合性皮肤也可能是因为护肤产品造成的。例如，使用含有刺激性成分的产品会促使 T 字部位油脂分泌，同时令脸部其他部位更干燥，出现红斑。也就是说，你原本相对中性的皮肤变成了混合性皮肤。

如果保湿品太油腻，就可能令皮肤更油并且堵塞毛孔。你选用的所有产品都必须符合自己的肤质，如果你属于我们说的“极度混合性皮肤”，那么在不同的部位你甚至要选用不同的产品。

极度混合性皮肤

“极度混合性皮肤”与通常的混合性皮肤有什么不同？极度混合性皮肤的人在 T 字部位相当油，面部两侧却非常干燥，还有可能出现掉皮屑或感觉紧绷的现象。

对付这种恼人的肤质需要策略性地调整护肤步骤。除了选用适合整个面部的产品（温和的洁面产品，配方良好的爽肤水）之外，你还必须选用不同的产品“定点”解决干性和油性部位的皮肤问题，或者在干燥部位再抹一层轻薄的产品来保湿，同时又不会令油性部位感觉太滑。

对任何肤质来说，最好是不要选用有香味和添加了可能会刺激皮肤成分的产品，而对于极度混合性肤质来说，这一点必须牢记。因为即使最轻微的皮肤刺激都会加速油性部位的油脂分泌，并且令干燥部位更糟糕。

该怎么解决极度混合性皮肤的青春痘问题呢？这种情况下，青春痘问题极难处理，因为它们也可能发生在皮肤干燥的部位。虽然任务艰巨，但你还是能够做到在不加重皮肤干燥，并且在满足干燥部位皮肤保湿需求的情况下抗痘。详情请参考第 10 章“治愈干性皮肤”中有关“容易长痘的干性皮肤该怎么办”章节。

如何应对典型的混合性皮肤

有关混合性皮肤的护理，需要谨记的就是不存在所谓的万全之策，并且也不依赖于年龄。对混合性皮肤来说，吸油或具有哑光效果的成分对干燥部位来说是一场灾难，厚重滋润的保湿品却会给出油部位带来问题。根据混合性皮肤的严重程度，你可能不得不针对面部不同部位使用不同的产品。遵循以下建议有助于你在大方向下得到平衡的皮肤。目标是尽可能达到均衡，这样你的皮肤就更像中性皮肤那样既舒服又好看（当然对于脸上的色斑或皱纹，还需要选用其他对路的产品）。

洁面

凝胶型或轻微起泡的洁面产品适合混合性皮肤使用。洁面产品必须温和，不含刺激性成分，也没有香味。

爽肤水

选用富含皮肤修复成分、抗氧化剂、细胞沟通成分并且不含酒精的爽肤水有助于皮肤功能正常。配方良好的爽肤水确实能够在改善皮肤干燥的同时减少出油，并且不会令干燥部位更干、油性部位更油。这一步骤切不可以忽略。

去角质

水杨酸是混合性皮肤去角质的优选，对皮肤干燥部位和出油部位都有好处。干性皮肤和油性皮肤都需要去角质，但油性皮肤去角质需要深入毛孔，而干性皮肤更需要在皮肤表面去角质。配方合适的 BHA 去角质产品能够完成这两大任务，并且不会令皮肤干燥或刺激皮肤。一些人在皮肤干燥部位使用 AHA 产品，在油性部位使用 BHA 产品，这种做法效果显著，因此你也有必要多尝试一下，看看什么方式最适合你。如果皮肤出油比皮肤干燥更严重，那么去角质产品应首选凝胶型或液体型。如果混合性皮肤的干燥情况甚于出油，那么去角质乳液则是更好的选择。

白天防晒

具有温和、哑光妆效的轻薄防晒产品适合混合性肤质的人在面部使用。如果皮肤出油状况甚于皮肤干燥，那么要在防晒之前先抹一层薄薄的精华液。在皮肤干燥部位，也可以先用保湿品或精华液，然后再擦防晒。保湿品只能用在干燥部位，轻薄的精华液则可以使用在面部所有部位。眼部可以选用带防晒功能的保湿眼霜。不过，无论混合性皮肤状况有多严重，就算你能够在脸上涂抹两层护肤品，也没有必要使用两种不同的防晒产品。

夜间保湿

选用的保湿品和精华液不能感觉厚重或油腻，有时皮肤干燥部位需要使用两种轻薄的保湿品，这样就可以确保容易出油的部位不会变得太滑腻。如果某个部位的皮肤非常干，使用两种轻薄的保湿品都不够，那么可以在该部位再用一层较滋润的保湿品，注意不要抹到容易出油的部位，在容易出油的部位应使用轻薄的保湿凝胶或保湿乳液以及精华液。

混合性皮肤产品推荐

以下产品适合典型的或严重的混合性皮肤使用。如果皮肤干燥部位容易长青春痘，其中的日用和夜用保湿品尤其值得选用，不过这时需要更厚的洁面产品和爽肤水以及轻薄的保湿品（或者加一个保水精华露）来确保皮肤的舒适均衡。

洁面

» Biore Combination Skin Balancing Cleanser（$7.49）

» Laura Mercier Flawless Skin One-Step Cleanser（$35）

» Paula’s Choice Resist Perfectly Balanced Cleanser（$18）

爽肤水

» Clinique Even Better Essence Lotion Combination to Oily（$42.50）

» MD Formulations Moisture Defense Antioxidant Spray（$28）

» Paula’s Choice Resist Weightless Advanced Repairing Toner（$23）

BHA 去角质

» DHC Salicylic Face Milk（liquid lotion texture; $21）

» Paula’s Choice Skin Perfecting 2% BHA Gel（gel texture; $28）

» Paula’s Choice Resist Daily Pore-Refining Treatment 2% BHA（liquid texture;$28）

AHA 去角质

» Alpha Hydrox Oil-Free Treatment 10% Glycolic AHA Anti-Wrinkle（$9.49）

» Paula’s Choice Skin Perfecting 8% AHA Gel（$28）

日用防晒保湿

» Nia24 Sun Damage Prevention UVA/UVB Sunscreen SPF 30 PA+++（$49）

» Paula’s Choice Resist Youth-Extending Daily Fluid SPF 50（$32）

» SkinCeuticals Physical Fusion UV Defense SPF 50（$34）

夜用保湿品和保湿精华液

注意：以下产品可以单独使用，也可以叠加使用。例如，某一款精华液可以用来给油性部位补水，但在干燥部位还需要抹一层精华液和保湿品。

» Bobbi Brown Intensive Skin Supplement（$72）

» CeraVe Facial Moisturizing Lotion PM（$12.99）

» Clinique Super Rescue Antioxidant Night Moisturizer, for Dry Combination Skin（$47）

» Estee Lauder Perfectionist [CP+R] Wrinkle Lifting/Firming Serum（$68）First Aid

» Beauty Ultra Repair Liquid Recovery（$38）

» MD Formulations Moisture Defense Antioxidant Hydrating Gel（$45）

» Olay Regenerist Instant Fix Wrinkle Revolution Complex（$22.99-$28.99）

» Paula's Choice Resist Anti-Aging Clear Skin Hydrator（$32）

» Paula's Choice Resist Hyaluronic Acid Booster（$45）

» Paula's Choice Resist Ultra-Light Super Antioxidant Concentrate Serum（$36）

» Paula's Choice Skin Balancing Invisible Finish Moisture Gel（$28）

第 12 章

如何护理特殊皮肤问题

当皮肤问题不止一个时，护肤就变得复杂了。我们在前面就提到过，混合性皮肤就不只是既有干性皮肤又有油性皮肤。混合性皮肤的范畴更宽泛。当面对的皮肤问题不止一个时，我们就认为陷入了混合性皮肤的状况，这也是人们为什么总是搞不清自己的肤质究竟属于哪一类的原因。其实，大多数人都会面临许多皮肤问题，因此在一定程度上都属于混合性肤质。

本章涉及的皮肤问题可能会与其他护肤问题同时存在。重要的是，以下提供的医疗或护肤建议必须与本书中给出的其他护肤建议统一考虑，只有搭配适合相应肤质需求的核心产品与针对性的护理产品，才可以较好地解决这一类问题。

相应的产品在质地上应该与你的肤质相容。比方说，如果你是油性皮肤又有色斑，就应该用乳液或凝胶型的亮肤产品，乳霜型产品则更适合干性皮肤的人使用。标签上号称“适合各种肤质”的护理产品通常质地较轻透，这样它们的通用性才会更强，也更容易与其他日常护肤品组合使用。

酒渣鼻

酒渣鼻是一种慢性皮肤炎，症状是鼻子和双颊出现标志性的蝶状红斑。这种“潮红”通常会蔓延到下巴和前额中央部位。起初，潮红只是间歇性的，但会逐渐加重，最终很难消失。一些酒渣鼻还伴有皮肤起疙瘩、脸上长痘或出现黑头，还会有皮肤出油或干燥现象。真是令人左右为难。

典型的酒渣鼻刚开始时都伴有皮肤过敏现象，但有时也没有。几乎所有的酒渣鼻发展到后来都会出现一定程度的皮肤过敏，如果不进行治疗，皮肤过敏会越来越严重。患有酒渣鼻的人往往对体温或外界温度很敏感，也对辛辣食物过敏。酒渣鼻是一种非常起伏不定、令人烦恼的皮肤疾病，而且患者很多。

患有酒渣鼻的主要是成人，年龄通常在30—60岁之间。患者当中以肤色白皙的人群较为普遍，尤其是那些容易面部潮红的人群。实际上，有统计数据表明，30%—50%的白种人都遭受过这种皮肤疾病的折磨。诊断出患有酒渣鼻的女性人数常常超过男性，但男性患者的症状却往往比女性患者严重，例如鼻子部位肿胀，毛细血管较容易破损。在临床上男女患者之间出现这些差别，部分原因在于女性更在意护肤，也更愿意寻求皮肤科医生的帮助。怀疑得了酒渣鼻的男同胞们，其实没必要死扛的。越来越明显的红斑、越来越红的面色可以通过护肤得到更好的改善，这跟有没有男子汉气概丝毫搭不上边。

如果不治疗任由酒渣鼻发展下去，皮肤敏感会变得不可收拾，小到涂抹最温和的护肤产品，或者只是喝一口冰红茶，这种随便一点点的刺激都可能造成皮肤的不良反应。

酒渣鼻有可能伴有皮肤出油或皮肤干燥现象，也可能二者兼而有之，还可能发生顽固的脱皮。各种抗痘产品对于患者脸上出现的类似青春痘的丘疹也往往无效，反而常常会加重酒渣鼻的症状。有些人的情况更糟糕，除了这些恼人的症状之外，还会长出青春痘，可是使用常规的抗痘产品之后，这些产品却令酒渣鼻所造成的红斑和皮肤敏感更严重，从而令患者陷入抗痘和治疗酒渣鼻的两难境地。

治疗酒渣鼻不容易，并且没有什么良方，但是，遵循以下我们的建议，你将获得想要的更美观、更平静的皮肤。首先我们讨论一下引发酒渣鼻的原因，接着更重要的是，告诉你该如何应对。

酒渣鼻的起因

酒渣鼻难以治愈的一个主要原因在于，人们对于它的真正起因一无所知，或者说至少没有获得共识。许多研究人员认为酒渣鼻的发展与基因有关，还有人认为它与人体内一种抗菌肽 Cathelicidin 的水平升高或一种存在于皮肤最外层所谓 KLK5 的酶水平较高有关。

还有一种理论认为，人体皮肤中存在的极少数毛囊蠕形螨所引发的感染导致酒渣鼻。研究人员发现酒渣鼻患者面部皮肤中毛细血管出现增生，对各种内外因素过分敏感。

一些研究还认为，酒渣鼻患者的表皮相比正常人皮肤更薄，皮肤屏障功能也更脆弱。不妨把皮肤的各层结构想象成洋葱：酒渣鼻患者的皮肤屏障就像洋葱最外面那层像纸一样薄的表皮；而正常皮肤则有好多层提供增强屏障保护功能，因此皮肤的适应力也更强。

虽然探求导致酒渣鼻的主因还是有趣的，但并没有多少帮助，因为不管你相信哪一种理论，你还是必须不断尝试，才知道什么样的护肤步骤、什么样的治疗手段才能够缓解甚至消除这种皮肤炎的症状。因为酒渣鼻无法根治，因此恰当的护理就很重要。接下来我们将讨论改善酒渣鼻症状的做法。

我们先来看看会加重酒渣鼻的生活方式方面。基本来说，凡是引起血液上冲面部的东西都会造成问题。以下事物或行为均为酒渣鼻的诱因：

» 晒太阳。
» 刮风。
» 天热。
» 剧烈运动。
» 情绪方面的压力（或者仅仅是普通的情感波动）。
» 特定的化妆品成分，比如芳香的植物提取物或油脂，各种形态的薄荷和柑橘，变性酒精及金缕梅等。
» 外用类固醇乳霜，以及令皮肤变薄的外部皮肤治疗。
» 辛辣的食物，饮酒，喝咖啡、含咖啡因的茶和热饮料。
» 对某些织物（比如羊毛以及会令皮肤刺痒的纤维）的反应可能体现在脸上。

此外，还有其他很多诱因。虽然有一些诱因比较明显，可是很难说清楚究竟是什么因素导致酒渣鼻发作，这需要具体情况具体分析。上面列出的因素有可能符合你的情况，但也未必全部适合你，也可能引发你的酒渣鼻的诱因没有被列入其中。每个患者遇到的问题形形色色，这也是这种皮肤疾病之所以奇怪的一个特征。

酒渣鼻的分类

酒渣鼻难以有效应对的一个原因在于它的表现形式不止一种；就像痤疮

有多种类型一样，酒渣鼻也有许多种类。在发展的最早期，酒渣鼻的症状可能非常轻微，甚至许多人不知道自己患了这种皮肤炎。患者往往认为自己只是有点肤色不匀问题，或者只是皮肤比较敏感，这样就不利于及早发现及早治疗。其实越早发现患病，就越容易控制症状，越有利于中断恶化的进程。

从最轻微的开始阶段到更严重的后续阶段，可以把酒渣鼻分为四种不同的类型。

红斑毛细血管扩张型：这是最基本的一种酒渣鼻。特征是面部潮红，有持续性红斑，在鼻子、双颊、前额和下巴呈现蝶状。皮肤下毛细血管可见，并且通常被指为毛细血管破裂或蜘蛛状血管病。受到影响的皮肤温度摸上去会比附近正常皮肤的要高，并且对于热风或喝几口红酒这样的刺激就会有强烈反应。

丘疹脓疱型：患者除了面色发红之外，通常可见隆起和丘疹，有的隆起会受到痤疮细菌的感染，也就是一些人所说的红斑痤疮。正如我们前面说过的，常规的抗痘治疗只会令红斑和极度敏感更糟糕。

增生肉芽型：这种类型的酒渣鼻常见于男性患者，常见皮肤增厚，面部毛细血管增生，结果组织增生形成胖大的红鼻子。传奇喜剧演员菲尔兹（W. C. Fields）就有这样一个著名的大鼻子，成为这种类型酒渣鼻的典型。

眼部症状型：这种类型的酒渣鼻会影响眼部。症状包括眼干、流泪、烧灼感、异物感、眼睑肿胀、反复发作麦粒肿（一种眼睫毛囊炎症），严重的可致失明。眼部症状型酒渣鼻常常与其他类型的酒渣鼻并存，因此在对抗皮肤问题的同时还得应对眼部发炎和瘙痒。如果你怀疑自己得了这种类型的酒渣鼻，可以请皮肤科医生或眼科医生诊断治疗。眼部症状型酒渣鼻难以通过护肤手段来控制，虽然避免使用芳香的添加了刺激性成分的护肤品会有一些帮助。

酒渣鼻的皮肤护理

酒渣鼻是一种变幻莫测的皮肤疾病，任何东西都可能引起发作或者带来皮肤极度敏感，因此必须考虑使用最温和的护肤步骤，以免症状恶化。所使用的护肤品都应该不含芳香成分和颜料，无香也意味着不用含有芳香植物油的产品。不过很奇怪，添加了这类成分的产品常常在标签上说对敏感性皮肤安全，这种做法让人不安。比方说，薰衣草油和柑橘油因为含有挥发性芳香成分而绝对不适合酒渣鼻患者使用。

酒渣鼻患者应遵循以下护肤步骤：

» 不接触刺激皮肤和引起皮肤过敏反应的成分。
» 选用能够减少红斑、舒缓皮肤的产品。
» 促进细胞再生，去除皮肤死皮细胞的堆积。
» 使用不会刺激皮肤的防晒产品。
» 使用添加有抗氧化剂和皮肤修复成分的抗皱产品。
» 可以在出油部位吸油，但不要触碰到皮肤干燥部位。
» 选用能够稳定修复皮肤屏障功能的产品，帮助皮肤提高适应力，提高皮肤表面的光滑度。

对每个人来说，使用防晒是最重要的护肤步骤之一。未加防护的紫外线照射会加剧酒渣鼻，因此患者要记得每天用防晒，并且防晒系数要在 SPF30 及以上，以免脆弱的皮肤受到进一步的伤害。

一般来说，酒渣鼻患者或敏感性皮肤的人在选用防晒产品时要仔细查看一下产品标签。理想状态下，你只能使用活性成分为二氧化钛和氧化锌的产品。这些矿物防晒剂的性质更温和，最不容易让皮肤产生刺痛或烧灼感，否则只会加重你试图减轻的红斑和皮肤刺激。

参加户外活动时，别忘了仅仅依靠防晒产品还不能提供充足的防护。戴太阳镜和宽边凉帽能进一步保护你的脸免遭紫外线的照射。

以下流程有助于你控制酒渣鼻：

» 选用性质非常温和，不会使皮肤干燥的水溶性洁肤产品。如果你是干性皮肤，可以选用柔润的洁面乳液或洁面乳霜；如果属于油性或混合性皮肤，应该选用质地较薄的凝胶型或轻微发泡型洁面产品。千万不要用洁面皂或条状的清洁产品。

» 选用温和的、添加了抗刺激成分和屏障功能修复成分、不含香精和酒精的爽肤水，这样可以帮助舒缓皮肤并弱化红斑。这一步看似多余，但对于发红、敏感的皮肤来说，有没有这么做其实差别惊人。

» 白天使用 SPF30 及以上的防晒品，活性成分为二氧化钛和氧化锌，还必须含有抗氧化剂和皮肤修复成分。如果你是干性皮肤，要选择较柔润的防晒霜；如果是油性或混合性皮肤，优选易流动的防晒乳液。如果混合性皮肤有非常干燥的部位，那么可以在这些部位先抹一层常规的保湿霜或较厚的精华液，再用防晒品。

» 有关额外的防晒，如果你通常擦粉底和粉饼，要选择有防晒功能的产品。化妆时也一定要用到防晒，并且活性防晒剂必须是二氧化钛和氧化锌，这两种防晒剂几乎不会造成皮肤刺激。选用 SPF15 及以上的粉底或粉饼，确保白天使用的保湿品具有 SPF30 及以上的防晒功能。

» 如果油性肤质或混合性肤质患有酒渣鼻并伴有长痘现象，有防晒功能的彩妆可能是唯一需要的防晒产品（SPF30）。如果是干性肤质患有酒渣鼻，可以在上妆前使用有防晒功能的保湿产品，或者先使用没有防晒功能的保湿产品，再用有防晒功能的粉饼打底，然后再上妆。市面上有许多活性成分为矿物防晒剂的粉底和蜜粉可供选择。

» 如果你是油性或混合性皮肤，晚上要抹一层凝胶型保湿品或者轻透的精华液，并且产品中要含有抗氧化剂和皮肤修复成分。含有视黄醇的精华液是好的选择，研究表明视黄醇有助于减轻炎症，有助于改善酒渣鼻。眼部可能单独需要一款较柔润的保湿产品，因为凝胶或轻透的精华液不足以满足眼部皮肤的需求。如果你是中性至干性皮肤，晚上要使用保湿乳液或保湿乳霜，并且产品中要含有舒缓皮肤的抗氧化剂和皮肤修复成分。添加视黄醇的产品也可以。在使用保湿产品之前先用一款精华液，有助于提供额外的保水，减轻面色发红现象，并提供更多的保护。

» 无论是什么皮肤类型，每天要使用一次或两次 BHA 去角质。使用前先做试验，看看什么浓度的产品以及多勤使用最适合自己。BHA 不仅有助于皮肤去角质，还具有抗炎作用，因此能够缓解皮肤发红，减轻皮肤干燥和脱皮。对于伴有青春痘的酒渣鼻，BHA 的效果相当明显。

» 请教医生哪种处方药最适合治疗你的酒渣鼻。外用药包括 MetroGel、MetroLotion、Tazorac、Renova、壬二酸（商标名 Azelex 或 Finacea)、溴莫尼定、强力霉素、异维甲酸和低剂量的二甲胺四环素。口服药包括四环素和甲硝哒唑。这些药物的疗效都得到了可靠的研究证实。

所有外用药物治疗都必须遵照医嘱进行。我们强烈建议外用药物作为护肤流程的最后一步，也就是前面要依次使用洁面、爽肤水、去角质、保湿、精华液。在白天,使用防晒之前要先擦药物。防晒产品总是最后一道护肤步骤，目的是不至于减弱其防晒效力。

酒渣鼻不可使用的产品

如果患有酒渣鼻，除了知道该用什么类型的护肤产品之外，还必须知道哪些产品不可以使用，以免加重症状。

» 粗糙的洁面产品，如洁面皂、条状的清洁产品、洁面磨砂膏。
» 会令皮肤干燥的洁面水或洁面乳液（如果使用后觉得面部极其干净，说明这个产品会导致皮肤干燥）。
» 含有酒精、金缕梅、玫瑰香水和其他芳香剂的爽肤水。
» 粗糙的磨砂膏。
» 有颗粒感的洁面巾或洁面刷如科莱丽；“敏感”刷头的科莱丽产品可以考虑，不过要当心也可能造成皮肤的反应。
» 家用磨皮焕肤产品，尤其是高强度的磨皮产品。
» 同时使用太多的产品，尤其是含有高浓度活性成分如维他命 C 的抗衰老产品。
» 使用视黄醇产品可能存在问题，尤其是高浓度时，不过皮肤对低浓度产品的耐受度还可以。正如上面提到的，一些研究表明视黄醇有助于改善酒渣鼻；但视黄醇浓度超过 0.5% 时要当心。

针对酒渣鼻的处方治疗

因为酒渣鼻是一种顽固的慢性皮肤疾病，最好是寻求医生的帮助来控制症状。大多数情况下，仅仅借助护肤是不够的。优秀的皮肤科医生应该了解治疗这种皮肤疾病最新的处方药和诊疗技术与手段，并且能够对酒渣鼻的类型做出恰当的分类。下面介绍一些常用的治疗酒渣鼻的方法。

» 口服抗生素如四环素或低剂量强力霉素（商标名为 Oracea）能够缓解酒渣鼻长脓疱，减轻皮肤炎症，并且不会加重酒渣鼻的症状。

» 外用抗生素包括甲硝哒唑能够有效杀灭毛囊蠕形螨和其他可能引发酒渣鼻的微生物。MetroGel、MetroLotion、MetroCream 等产品中就含有这种活性成分。根据皮肤类型，皮肤科医生可以选用适合患者使用的不同剂型的外用抗生素。

» 处方级强度的壬二酸（商标名为 Finacea 或 Azele）有助于减轻皮肤病变和肿块，也有助于控制诱发酒渣鼻的炎症过程。

» Mirvaso Gel 得到了美国 FDA 的批准，这种药物用来治疗酒渣鼻引起的顽固性红斑。虽然该药物的作用机制尚不明确，研究人员认为它能够抑制毛细血管功能从而减轻面部发红，药效持续长达 12 小时。这种药物的化学名为溴莫尼定，与其他外用药类似，它也有副作用，因此使用之前必须得到医生的指点，对于循环系统患者来说尤其如此。

» 一些研究表明，β - 受体阻滞剂（片剂;通常用来治疗心脏病和高血压）能够改善酒渣鼻引起的面部发红。

» 维他命 A 药物异维甲酸无论口服还是外用都有效。口服的异维甲酸起初是用作抗痘药物——阿克唐丸（Accutane），但它也有助于改善丘疹脓疱型酒渣鼻的脓疱状况，但是由于这种口服药具有许多较严重的副作用，因此通常只能作为最后的选择。外用异维甲酸也能够有效对抗酒渣鼻，相比口服异维甲酸，其副作用要轻得多。

» 水杨酸，也称为 BHA, 并非一种药物治疗手段，但因为它具有的效果，因此我们也把它纳入这一清单。外用 1% 和 2% 浓度的水杨酸能够抗炎，因此可以用来缓解面部发红症状。水杨酸所具有的温和去角质功效，使得它能够缓解某些类型酒渣鼻所造成的脱皮和长痘现象。水杨酸还有抗菌作用，有助于杀灭与酒渣鼻有关的细菌。

激光和光照治疗

在治疗酒渣鼻时，有时最有效的办法是光照，对造成面部“红印”和皮肤炎印记下的毛细血管进行治疗。特殊的激光机或强脉冲光（IPL）机能够消除皮肤外层的红印。光照治疗会令血管壁温度升高，遭到破坏的毛细血管会被人体吸收。

关键在哪里呢？要完全消除皮肤上的红斑，需要重复多次治疗（一般治疗 4—6 次，间隔几个星期一次），大多数人每年还需要做一次维持治疗。光照治疗费用昂贵，每次治疗费用在 300—700 美元之间，并且常常不属于医保范围（检查一下自己的健康保险）。

显然，每个患者都需要权衡光照治疗的益处与费用，考虑到改善皮肤，恢复自尊心的巨大好处，这种治疗还是值得认真考虑的。

小结

虽然不存在适合所有酒渣鼻患者的简便治疗方案，但你有办法控制其最明显的症状。只要不断尝试，酒渣鼻就会得到控制——你再也不用东躲西藏了，也不会为此伤自尊心了。无论男女患者，都必须寻求皮肤科医生的帮助，并且遵循温和再温和的护肤流程。

适合酒渣鼻的产品推荐

以下产品非常适合酒渣鼻患者使用，包括各种洁面产品、爽肤水、保湿品和含矿物活性成分的防晒产品。因为受酒渣鼻影响的皮肤非常脆弱，就算最温和的护肤配方也可能引起皮肤的反应，因此挑选出下面的产品清单并不容易。考虑到酒渣鼻的复杂症状，在选用以下推荐产品时，也请适当留心。

洁面

» Eucerin Redness Relief Soothing Cleanser（$8.79）

» First Aid Beauty Milk Oil Conditioning Cleanser（$26）

» Neutrogena Ultra Gentle Hydrating Cleanser, Creamy Formula（$8.99）

» Olay Foaming Face Wash, Sensitive Skin（$4.99）

爽肤水

» Bioelements Calmitude Hydrating Solution（$30）

» Paula’s Choice Resist Advanced Replenishing Toner（$23）

BHA 去角质

» Paula’s Choice Skin Perfecting 1% BHA Lotion（$26）

» Paula’s Choice Skin Perfecting 2% BHA Liquid（$28）

» philosophy clear days ahead oil-free salicylic acid acne treatment & moisturizer($39)

日用防晒保湿

» Exuviance Sheer Daily Protector Sunscreen Broad Spectrum SPF 50（$42）

» MDSolarSciences Mineral Creme Broad Spectrum SPF 30 UVA/UVB Sunscreen（$30）

» Paula’s Choice Resist Super-Light Daily Wrinkle Defense SPF 30（$32）

» Paula’s Choice Skin Recovery Daily Moisturizing Lotion SPF 30（$28）

» Rodan + Fields Soothe Mineral Sunscreen SPF 30（$41）

保湿品和精华液

» Arbonne Calm Gentle Daily Moisturizer（$36）

» Dr. Dennis Gross Skincare Hydration Super Serum Clinical Concentrate Booster（$68）

» Elizabeth Arden Ceramide Capsules Daily Youth Restoring Serum（$74）

» Olay Regenerist Micro-Sculpting Serum, Fragrance-Free（$23.99）

» Paula’s Choice Calm Redness Relief Serum（$32）

» Paula’s Choice Resist Intensive Repair Cream（$32）

» Paula’s Choice Resist Intensive Wrinkle-Repair Retinol Serum（$40）

» Replenix Power of Three Cream（$70）

褐斑

无论是什么种族或肤色，大多数人都会遇到皮肤褐斑或灰斑的困扰。造成色斑的最主要原因就是不加防护的日晒。有些是局部皮肤的颜色太浅或太深，有些则是隆起不平的色斑。

这些色斑无论何时何处显现，要紧的是尽快把它们去除。褐斑总是出现在阳光能够照射到的皮肤上面，即使我们谨小慎微，长期不加防护的日晒也会催生出色斑。在讨论该如何修复褐斑之前，首先我们来看看它们的起因。

引起褐斑的原因

人体内黑色素过多或过少，皮肤色素沉着问题就会出现。黑色素是由黑色素细胞合成的，它令皮肤呈现颜色。在酪氨酸酶的催化作用下，黑色素细胞合成的黑色素令皮肤、眼睛和毛发呈现颜色。长期未加防护的日晒或体内荷尔蒙水平波动（尤其是怀孕期间或服用避孕药）会造成黑色素过度合成。

对皮肤来说，黑色素能够吸收阳光中的紫外线，表现出内在抗氧化剂的功能，因此在一定程度上能够提供阳光防护。这也解释了为什么肤色较深的人不太容易被晒伤，并且较少表现出日晒所引发的皮肤发炎和皮肤衰老。不过，“不太容易”不等于“具有免疫力”。有些人以为美黑就能够获得黑色素所提供的保护——大错特错！美黑是皮肤对日晒的反应，丝毫不会让你得到更好的保护！

从防晒开始

毫无疑问，应对褐斑问题的第一步就是巧妙防晒，也就是说躲避阳光，并且勤用防晒产品。关键是选用配方良好的防晒产品，每天使用（365 天）且用量大方（必要时每天多抹几次）。勤用防晒产品不仅具有修复作用，还可以保护皮肤免遭更严重的晒伤，避免出现新的问题。防晒对每个人来说都是必需的。

防晒是控制或减轻色斑最重要的一环——应该经常使用 SPF30 或以上的产品，确保产品含有能够有效防护紫外线 UVA 的成分如二氧化钛、氧化锌、阿伏苯宗、天来施或麦素宁滤光环。如果不采取有效的防晒措施，再怎么涂抹美白产品、去角质产品、磨皮焕肤产品或进行激光治疗，也完全是白费功夫。

日晒是造成晒斑的主要原因之一，各种治疗的效果完全无法抵消每日太阳光对皮肤的侵害。在采取各种办法应对皮肤上的褐色或灰色斑点之前，首先必须使用防晒产品并减少日晒。“减少日晒”不是指直接暴露在阳光下的时间少一点，也不是说每天早上几个小时可以晒日光浴；而是说绝对不应该做任何形式的美黑（户内或户外），还要采取其他的防护措施，比如戴遮阳帽、穿防晒服以及戴太阳镜——从现在开始，要时时刻刻注意！

一个既重要又残酷的现实是，一次不加防护的日晒就有可能让几个月来辛辛苦苦使用美白产品的效果前功尽弃。这没什么好商量的，因为防晒和美白是一揽子的事情。要改善褐斑，这两个方面都必须做到—— 一是美白现有的色斑，二是预防今后出现色斑。如果继续晒太阳，那么任何美白产品都无法给你想要的结果；即使“小小的太阳”也可能逆转你好几个月美白的努力。坦白地说，做不到防晒就别怪美白无效；你必须努力避免更多的日晒。

美白方案

治疗褐斑最成功的方案是组合使用含有抑制黑色素合成成分的乳液或凝胶，配方良好的防晒产品，以及处方药类维他命 A（例如 Renova 或含有维甲酸的产品）。依据治疗效果，还可以增加局部使用护肤产品或由医生操作的化学换肤术。激光或强脉冲光治疗也能增强局部治疗的效果，并且在很多情况下起到拾遗补缺的作用。

外用氢醌对改善色斑效果显著。虽然有关这种成分仍然存在争议（参考第 16 章“化妆品成分词典”），但许多皮肤科医生仍然认为氢醌是研究最充分、安全可靠的美白成分，尤其适合肤色较浅的人使用。化妆品公司生产的浓度为 2% 的氢醌产品不需要处方就可以买到，但浓度为 4% 的产品只能凭处方购买。

一些植物提取物如熊果提取物、鸡桑提取物、白桑葚提取物、构树提取物和熊果苷被一些人吹捧为天然的美白剂，使用过程中不会出现类似氢醌那样的问题。讽刺的是，这些植物提取物被皮肤吸收后其实会分解成氢醌，这才是这些成分能够改善皮肤色斑的原因。

一些研究认为外用 15%—20% 浓度的壬二酸具有与氢醌同样的效果，并且对皮肤产生的刺激还要低。维甲酸在改善晒伤引起的色素沉着过度方面尤其有效。曲酸能够抑制酪氨酸酶的活性，因此单独使用曲酸，或者与羟基乙酸、氢醌组合使用也有较好的美白效果。不过曲酸的性质不太稳定，并且可能对皮肤产生一些副作用，因此现在已经很少使用了。

还有一些植物提取物和很多种形态的维他命 C（尤其是抗坏血酸）也被证实有抑制黑色素合成的作用。如果不想使用氢醌产品，以上介绍的美白成分都值得尝试；如果这些成分与氢醌组合使用，美白效果还会更好。

对美白产品的期望

使用美白产品当然是想减轻皮肤色斑和暗沉，不是吗？如果色斑全部消失，那当然是再好不过了。选好了配方良好的美白产品，每天抹上一次或两次，你自然是盼着皮肤色斑越来越淡。不过，你还是耐心点，说起来容易做起来难啊。

记住，美白不是一个晚上就能够实现的。渴望难看的色斑立刻消遁于无形的心情完全可以理解，但多年来由于持续遭受晒伤而由内而外形成的色斑也不是那么容易淡化的，这是一个缓慢的过程，你需要耐心与坚持。

大多数人必须每天早晚使用美白产品，还要每天使用 SFP30 及以上的防晒产品，至少坚持 3 个月以后才能看到显著的效果。一些人确实能够较早实现美白，但要想获得和保持最大程度的肤色改善，还必须坚持下去。况且使用这些产品无法做到一劳永逸。

我们仍然要强调：如果你还是不防晒，或者晒日光浴，或者更糟糕——还想躺在美黑床上，那就别指望美白产品会有什么效果。不愿意保护皮肤免遭紫外线的进一步伤害，美白产品就不可能会有作用。假如你还是想着美黑，美白就根本不起效——这不是美白产品的错。防晒（一些皮肤科医生还强调躲避阳光）是淡化褐斑、预防新的色斑形成发展的关键。

再重复一次：如果不注意每天防晒，随意去晒日光浴，那么使用美白产品就毫无意义，等于是一边修复一边破坏。我们真诚地希望你拥有最佳的皮肤，但进二退一的方式永远达不到这个目的。

除了美白产品，你还需要更多

即使你选用了最好的美白产品，并且每天勤于防晒，可是皮肤暗沉和色斑有时也难得有改善。为什么？简单来说，一些色斑位于比较深的皮肤，于是显得更加顽固，外部治疗因此也比较难奏效。

该怎么办呢？可以请皮肤科医生做一系列光照或激光治疗，选用高浓度的氢醌或类维他命 A 的处方产品，也可以考虑化学换肤，或者以上的组合，只是要注意各种治疗之间的时间间隔。不过，在你找医生之前，建议你在护肤程序中再增加一种或两种别的美白产品，过几个星期再看看褐斑会不会淡一些（知道前面我们说的需要耐心的意思了吧？）。

研究表明，一些人要想获得最佳的美白效果，必须考虑组合使用多种美白成分。单独使用氢醌或维他命 C 可能还不够，这两种成分搭配另外一种美白成分（别忘了还有防晒）组合使用，有可能会产生最佳的淡化褐斑的效果。

在护肤程序中增加美白环节

现在，你应该在护肤程序中增加一个美白环节了。我们的建议如下：

晨间

» 洁面。
» 使用爽肤水（如果不用，直接跳到第 3 步）。
» 使用 AHA 或 BHA 去角质。
» 在色斑部位或整个脸部使用美白产品。轻透的乳液或凝胶适合各种肤质，也能够为第 5、第 6 步做好准备。
» 使用精华液。（如果是油性或混合性皮肤，这一步只可以放到晚上。）
» 使用有防晒功能的日用保湿品。如果你用眼霜，就要先擦眼霜再擦防晒，除非你用的眼霜具有防晒功能。

晚间

» 洁面。
» 使用爽肤水（如果不用，直接跳到第 3 步）。
» 使用 AHA 或 BHA 去角质。如果你只喜欢在早上去角质，直接跳到第 4 步。
» 在色斑部位或整个脸部使用美白产品。
» 使用精华液和 / 或夜用处方产品，如类维他命 A 产品。
» 使用夜用保湿品和 / 或眼霜。

在使用美白产品之前，不必等到去角质产品干透，当然你喜欢等也可以。先用美白再用精华液、先用精华液再用保湿品（有或没有防晒功能）的时候也是这样，即不必等到前面步骤的产品完全干透。

如果你还需要外用抗痘产品该怎么办？要在早上和/或晚上（选择最适合你的使用频率），在美白产品之前使用，可以整个脸涂抹，也可以只擦容易长痘的区域。

如果你用了不止一种美白产品该怎么办？——简单：你只要按顺序依次使用就行了。先擦哪一种不重要，不过最好先用质地轻薄的，再用质地厚重的。例如，先用液体型的产品，再用乳液型的产品。在早上和晚上分别使用不同的产品也不错。多做尝试，找到最适合自己的方式。选用添加了效果可靠的美白成分的产品，褐斑没有理由不会逐渐消退！

激光治疗褐斑

在皮肤科医生监控之下的剥脱性和非剥脱性激光以及光照治疗能够有效抑制晒斑和褐斑。不过，治疗效果并非一直稳定，有时会出现问题（例如色素减退或色素沉着过度）。

肤色较深的人采用激光治疗更容易产生问题。但不管怎么说，如果有用，激光治疗的疗效会相当显著，在搭配前面介绍的外用美白产品时效果尤其明显。虽然治疗费用较高，但对于皮肤色斑较顽固的人来说还是值得考虑的。激光治疗有多种方式可供选择。具体选择哪一种，还得皮肤科医生根据操作经验以及设备来决定。不要试图找到某种完美的激光治疗方案；在大多数情况下，不同方案的效果常常相同。

虽然激光治疗很有效，但它们也无法达到治愈的效果。如果你放弃美白的绝对标准——每天防晒，使用抑制黑色素的护肤品或外用药物，以及不晒日光浴——那么毫无疑问，褐斑很快就会卷土重来。

依照上面介绍的护肤程序行事，将有助于你改善皮肤色斑，并且帮助皮肤免遭进一步的紫外线伤害。要抑制褐斑，可以选用下面我们推荐的产品，这些产品都添加了经研究证实美白效果显著的成分。

改善褐斑的产品推荐

» Alpha Hydrox Spot Light Targeted Skin Lightener（$9.99; hydroquinone）

» Black Opal Even True Tonecorrect Fade Creme（$10.95; hydroquinone）

» Black Opal Tri-Complex Tonecorrect Fade Gel（$12.95; hydroquinone）

» Dr. Dennis Gross Skincare Ferulic Acid & Retinol Brightening Solution（$88; arbutin）

» Olay ProX Even Skin Tone Spot Fading Treatment（$39.99-$44.99;niacinamide）

» Osmotics Lighten FX 3x Dark Spot Remover（$64; arbutin + niacinamide）

» Paula's Choice Resist Pure Radiance Skin Brightening Treatment（$32; niacinamide + vitamin C）

» Paula's Choice Resist 25% Vitamin C Spot Treatment（$55; vitamin C）

» Peter Thomas Roth De-Spot Plus（$78; hydroquinone）

粟粒疹／白头

粟粒疹是指皮肤上出现的一些又小又硬的白色皮疹，几乎不会肿大或发炎，并且出现之后（大部分情况下长在脸上）其形状不太会改变。几乎每个人都可能长粟粒疹，包括婴儿、青少年和成年人。这些令人烦恼却良性的疙瘩极其顽固，可能持续数周、数月，甚至更长时间。

粟粒疹没有什么害处，但去除却比较难。错误的去除方法可能会伤害皮肤。下面我们介绍正确的去除方法，帮助你安全地消除这些肿块，并且不再让它们死灰复燃。

粟粒疹不是丘疹！

许多人往往会把细小、珍珠状的粟粒疹误以为丘疹，其实它们不是一回事。判断脸上长的是不是粟粒疹，最简单的办法就是看它们的形态如何，皮肤会有什么感觉。

与痤疮不同，粟粒疹要硬一些，对挤压没什么反应。同样与痤疮不同的是，这些皮肤表面的隆起物会出现在眼部四周，以及脸上皮脂腺不太活跃的部位。粟粒疹不像痤疮那样会让人觉得疼痛，也不发红，并且不会导致皮肤发炎。当丘疹形成时，它很快就会发炎、红肿和疼痛；粟粒疹不会这样。实际上，粟粒疹只是老老实实地待在那儿。

眼部下方的黄色肿块呢？

如果眼部四周或眼睑部位长有较明显的黄色肿块，却没有一个中心点，其实那不是粟粒疹，通常是半透明到白色的肉体组织。这有可能是黄色瘤。体内胆固醇或甘油三酯水平较高的人比较容易长黄色瘤。如果怀疑自己长了黄色瘤，可以去验个血，看看自己的胆固醇和甘油三酯水平是不是比较高。消除可能引起黄色瘤的源头，能够改善肿块的大小和数量。

粟粒疹的起因

粟粒疹是因为死皮细胞堆积并陷入皮肤表面后所形成的又小又硬的囊肿。据估计，美国接近一半的婴儿会长粟粒疹，部分原因在于婴儿娇嫩的皮肤仍在“学习”如何去角质。等到婴儿的皮肤成熟，粟粒疹会自行消失，用不着治疗。对于婴儿皮肤上的粟粒疹，医生一般不会在意，并且极少采取治疗措施。父母可能会觉得皮肤上的那些小疙瘩不好看，但孩子们不会在意，他们的身体健康也不会因此受到影响。

成人的粟粒疹有两种形态——原发性的和继发性的，常常长在脸颊和前额。原发性粟粒疹与婴儿身上见到的是同一种类型，是由于皮肤细胞无法正常脱落而堆积在毛孔内壁形成的。继发性粟粒疹则是由于某种皮肤问题或受到感染（如疱疹）导致毛孔内部遭到实质性破坏而形成的。严重的皮疹会加剧皮肤细胞陷入皮肤表面，结果在皮肤上长出粟粒疹，有时就算诱因消除，粟粒疹还是会长出来。

晒伤也是造成粟粒疹的一个原因。晒伤的皮肤会显得粗糙和皮革化，于是皮肤细胞更难以突破皮肤表面而正常脱落。脱落受阻使得粟粒疹逐渐显现。

许多人以为厚重的保湿品、粉底或彩妆会引起粟粒疹，但这种可能性不大。近一半的婴儿会长粟粒疹，男性也会长粟粒疹，显然把粟粒疹与护肤品或彩妆品联系起来是没道理的。当然，如果你还是很担心，不妨试着调整自己使用的产品以及使用方法，看看哪一种产品最适合自己。

粟粒疹的治疗和预防

通常来说，粟粒疹用不着处理就会自行消退，因此耐心等待也是一个应对之策——但是，一味等待未必适合每个人。

当皮肤自然的去角质功能失调时，粟粒疹就可能形成，因此，经常专门用水杨酸去角质产品就能够很快改善这一皮肤问题。这也有助于皮肤上的疙瘩可以相对较快地得到恢复，并且预防长出新的粟粒疹。

如果免洗型的 BHA 去角质产品没有用，那你就应该去看医生了，医生会帮助你判断得了哪一种粟粒疹，有时门诊时就可以直接把它们清除。医生会用针或小手术刀轻松去除粟粒疹，对皮肤的创口相当微小，愈合起来也很快。

对粟粒疹的护肤

虽然在预防粟粒疹方面可采取的措施不多，但坚持适当的护肤程序还是有助于减少长粟粒疹的机会。晒伤有可能造成较大的或较深部位的粟粒疹，因此每天要使用 SPF30 及以上的产品加强防晒，这有助于大大降低脸上冒出恼人的粟粒疹的机会。

粟粒疹确实令人难以容忍，但你还是有办法对付这些白色小疙瘩的。记住：要耐心，每天去角质，防晒，再加上管住自己的手（除非你听从我们的护肤建议），一定会让你获得更洁净、不长疙瘩的皮肤！

自己动手去除粟粒疹

自己动手去除粟粒疹不适合胆子很小的人，也不适合胆子很大的人。我们不鼓励自己动手去除粟粒疹，不过总有一些人忍不住会这么做，所以我们还是说一说该如何正确处理。自己动手去除粟粒疹不同于“弹出”丘疹。在

第 7 章“抗痘和抗粉刺”中，我们介绍了弹出丘疹的正确方式（一定要采取正确的做法），它不仅能够消除难看的红肿和白色液囊，还因为释放了丘疹内部的压力从而能够减轻炎症，并且加速皮肤愈合。

粟粒疹不是丘疹，实际上它们在很多方面完全不相干。大多数丘疹相对容易被挤掉，但与之不同，粟粒疹必须切除，其风险要比挤痘痘要高一些，这也是必须重视正确处理粟粒疹的原因。

除了美观之外，去除粟粒疹的好处甚微。如果美观对你很重要，那么急于去除粟粒疹也就情有可原了，但与挤痘痘一样，不是时时刻刻要医生帮忙就能够找到医生的。因此，对于不想花钱看医生，下决心自己动手的你来说，以下正确的处理步骤你必须掌握，确保对皮肤造成的伤害最小。

需要警告的是：如果脸上一下子长出很多粟粒疹，而不是偶尔冒出一两个，我们强烈建议你万万不可自己动手，最好马上去看医生。一次性自行去除较多的粟粒疹将冒极大的风险，有可能让你不可收拾。

切除粟粒疹时，你必须在它的顶部或附近的位置撕去很小的一块皮肤，然后用镊子或粉刺摘除器轻轻地把它从皮肤里扯出来。以下是处理步骤：

» 准备一根针，尖头镊子（平头镊子不管用）或粉刺摘除器。摘除器可以买宝拉珍选的或丝芙兰的。摘除器的形状如下：

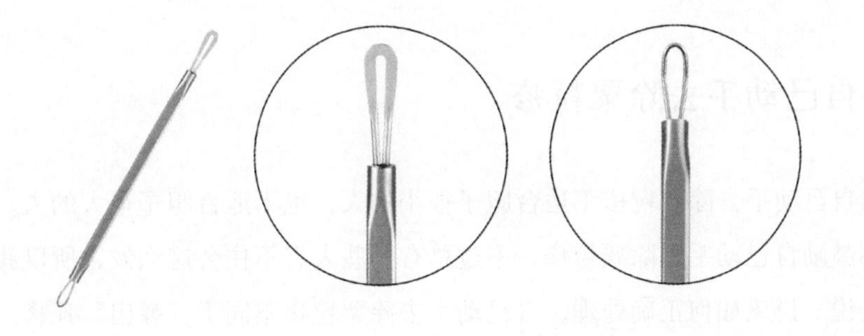

» 用温和的水溶性洁面产品把脸洗干净。水要微温或温热的（热水和冷水都对皮肤不利）。
» 在用水冲洗干净之前，用一块柔软湿润的洁面巾或科莱丽洁面刷轻轻按摩面部，将皮肤表面的死皮细胞去除，方便接下来去除粟粒疹。不可用力刮擦，否则一开始就把皮肤弄坏了。
» 轻轻擦干皮肤。要等到皮肤完全干透，因为湿的时候拉扯皮肤很容易弄伤皮肤造成疤痕。
» 用酒精给针头、镊子或粉刺摘除器消毒，以免造成感染。
» 用针尖或镊子在粟粒疹的顶端或旁边位置极轻微地拉扯皮肤。
» 在粟粒疹旁边的位置极轻微地撕扯皮肤，然后用粉刺摘除器通过这个小开口将粟粒疹拔除。如果开口位置在粟粒疹的顶部，你可以用镊子把它从皮肤中清除。
» 对于同一个粟粒疹不可做多次操作，否则会伤害皮肤，因此你的动作必须非常小心，而且要慢慢来。
» 切记动作要柔和，使得对皮肤的撕扯最小；目标是在去除这些白头的同时不会留下疤痕或者伤害旁边的皮肤（实话实说，疤痕一点不比粟粒疹要好看）。
» 操作完成之后，用浸有过氧化氢或酒精的棉签对皮肤消毒。只有这个时候我们才会建议在脸上涂抹会伤害皮肤的产品（过氧化氢会造成自由基伤害，酒精会造成皮肤发炎）。
» 接下来按照通常的护肤流程来做。

改善粟粒疹皮肤的产品推荐

我们在前面的章节中讲过，护肤最好是针对自己的肤质和皮肤问题，但与之不同，护理粟粒疹需要在日常护肤程序中增加效力更强的水杨酸去角质，并且把它当作局部处理的手段。可惜的是，有助于缓解或消除粟粒疹的产品非常少，主要原因在于粟粒疹对于大多数护肤品没有反应。

根据我们和其他人的经验，我们相信以下推荐产品是最佳选择。一旦脸上的粟粒疹得到控制，你就可以选用本书中推荐的其他去角质产品。当然，每天注意防晒和温和地呵护皮肤仍然至关重要，这对每个人来说都是如此!

» Paula’s Choice Resist BHA 9（$42）

» Paula’s Choice Resist Weekly Retexturizing Treatment 4% BHA（$35）

皮脂腺增生

如果你大多数时间都在对抗油性或混合性皮肤问题，并且年纪也超过 40 岁，你可能会发现脸上冒出许许多多难以处理的带有白色外缘、弹坑状的小疙瘩。这些隆起的肿块看上去有点像黑头、粟粒疹或者发皮疹，但其实不是。它们的差别在于，就算你费了九牛二虎之力，这些小疙瘩就是不肯消退。这种情况下，你可能得了皮脂腺增生。

什么是皮脂腺增生

皮脂腺增生是一种原因不明的由于毛孔受到伤害而经过长时间所形成的良性皮肤肿块。受损的皮脂腺（通常数量不会是一个）可能会增大并以某种特定的方式被堵塞，表现为或软或硬的白色或黄色外缘，通常带有或小或大的凹底。通过这些肿块的凹底，你差不多可以分辨出它们是不是皮脂腺增生，而不会误以为是白头（比如上面说过的粟粒疹）或丘疹等其他情况。

脸上冒出这样一些小疙瘩其实很常见，有时它们分得很开，但有时也可能成片。皮脂腺增生最常见于前额和面部中央，也可能出现在身体的其他部位，尤其是在皮脂腺较丰富的位置。

日积月累的晒伤被认为是造成这种皮肤问题的一个原因，因为日晒会进一步损伤皮肤和皮脂腺。所以说你更加要每天用配方良好的产品来防晒！油性皮肤和毛孔较大的人也常常会得皮脂腺增生，因此早些时候控制这个问题还是比较重要的。

如何摆脱皮脂腺增生

有皮脂腺增生毛病时一般要去看医生，不过现在也有一些产品可以选用，有助于你在家里就能控制住皮脂腺增生，至少能够帮助显著改善肤色和肤质。

皮肤科医生可以采取多种方法治疗皮脂腺增生。不过在你考虑采取某种方式之前，你必须明白，就像其他许多皮肤病一样，皮脂腺是无法治愈的，只能加以控制。治疗后肿块可能减轻或者消失，但如果不巩固，受损的皮脂腺很可能会生成新的肿块，甚至复发。因此，就算你决定找皮肤科医生治疗，你也要选用合适的护肤产品对皮脂腺增生加以控制。

皮肤科医生在治疗皮脂腺增生时，往往会采取以下一种或几种治疗方式：

- **面部换肤**——会用到水杨酸或三氯乙酸（TCA）。
- **电针**——令肿块分解并渗出，所形成的疤痕在一周左右后消失。
- **光动力治疗（PDT）**——是一种光照治疗，首先在面部用特定的凝胶作预处理，然后与光线起反应。光动力治疗通常需要做若干次。
- **冷冻**——液氮效力较强，但也有风险，因为如果治疗太深，可能造成疤痕或皮肤脱色。
- **处方类维他命 A 或壬二酸**——治疗目的在于改善损伤部位的外观，但无法解决问题。
- **外科手术**——可能留下疤痕，但剥离后肿块不会复发。可作为最后的选项。
- **抗雄性荷尔蒙药物**——睾酮可能刺激皮脂腺增生，抗雄性荷尔蒙药物会降低体内睾酮的水平。螺旋内酯甾酮和氟他米特都属于抗雄性荷尔蒙药物。和外科手术一样，这种治疗手段也是最后的选项。

注意：某些皮脂腺增生肿块可表现为基底细胞癌，这是一种皮肤癌。皮肤科医生必须仔细检查以便确诊。如果你不放心，那就不要排除这种皮肤癌的可能性。

皮脂腺增生的护肤

如果不想去医院该怎么办？虽然自己解决皮脂腺增生问题可能比较棘手，常常需要皮肤科医生的帮助，但还是有几种重要的产品你可以考虑。其中之一就是宝拉引以为豪并且自己用过的宝拉珍选 Resist BHA 9 ($42)。这款清爽的液体状产品含有 9% 浓度的水杨酸。别被这个浓度吓倒，其实它的配方还是非常温和的。水杨酸能够渗入堆积在毛孔内壁的皮脂，通过对皮肤表面和毛孔内部的去角质功能来加速细胞更新，从而疏通肿块，减少皮肤炎症，进而令肿块消失无形。虽然没有研究报告直接证实护肤品中的水杨酸能够治疗皮脂腺增生，但正如我们所看到的，理论上和实际使用上都证明水杨酸具有显著的功效。

低浓度的水杨酸产品你也可以考虑，但大多数情况下低浓度产品对皮脂腺增生的作用较弱；但是，这些产品用于每天面部的保养还是非常不错的。大多数患有皮脂腺增生的人伴有其他种类的肿块和皮疹，这些皮肤问题都能够借助低浓度的水杨酸产品得到改善。

此外，你还可以考虑视黄醇产品。研究表明，无论是护肤产品中的视黄醇（维他命 A 的别名）还是处方药形式的视黄醇（比如 Tazorac 或 Retin-A），它们都能够改善毛孔壁的形态，帮助毛孔恢复功能和大小。视黄醇的作用机制在于控制有可能堵塞毛孔壁的皮肤细胞的生长，从而促进正常的皮脂分泌。再加上视黄醇具有抗炎功能，因此理论上说，视黄醇和水杨酸的组合能够显著改善皮脂腺增生问题。

另外一种有助于改善皮脂腺增生的护肤品成分是维他命 B 烟酰胺。这种细胞沟通成分对皮肤有多种益处，比如减轻皮脂腺增生伴有的皮肤炎症和皮脂过度分泌。每天洁面之后使用含有水杨酸、视黄醇和烟酰胺的产品一次或两次，能够显著缓解皮脂腺增生的症状。

那么磨砂膏有用吗？不管吹嘘得多么神乎其神，或者价格有多昂贵，没有哪一款磨砂膏能够消除皮脂腺增生。皮脂腺增生形成于皮肤深处皮脂腺底部位置；磨砂膏根本无法接触到造成问题的源头。值得注意的是，醉心于磨砂膏去除肿块，有可能造成其他皮肤问题，比如皮肤干燥、发红或皮肤刺激。

改善皮脂腺增生的产品推荐

平心而论，有效改善皮脂腺增生的产品比较少，大部分人需要请皮肤科医生来治疗。无论用什么护肤产品，皮脂腺增生很少能自行缓解。然而，护肤品可以起到保养皮肤和改善皮脂腺增生皮肤外观的作用。下面推荐的产品能够深入毛孔去角质，缓解毛孔堵塞程度，并且改善毛孔壁功能，虽然不足以消除皮脂腺增生，但在一定程度上能够预防新的肿块的形成。

- Olay Regenerist Regenerating Serum Fragrance-Free（$22.99; contains a high amount of niacinamide）
- Nia24 Skin Strengthening Complex（$93; contains a high amount of niacinamide）
- Paula’s Choice Clinical 1% Retinol Treatment（$55）
- Paula’s Choice Resist BHA 9（$42; contains 9% salicylic acid）
- Serious Skincare A Force XR Retinol Serum Concentrate（$39.50）
- SkinCeuticals Retinol 1.0 Maximum Strength Refining Night Cream（$70）
- SkinMedica Retinol Complex 0.25（$60）
- SkinMedica Retinol Complex 0.5（$75）

毛发角化症（又名鸡皮肤）

现在，我们来看看面部之外身体其他部位的一种非常常见的皮肤问题。如果在上臂、大腿外侧或后背看到大片或红或白发炎的小肿块，那么你有可能得了一种叫做毛发角化症的皮肤病。毛发角化症俗称“鸡皮肤”，大约50%—80% 的青少年和差不多一半的成人都得过这种皮肤病，只是没有人知道这种病的真正起因以及为什么得病的人会这么多。

毛发角化症不算是一种严重的或有害的毛病，但不会有人想得这种令人烦恼的皮肤病。对许多人来说，这些疙瘩令人尴尬，把它们掩盖起来似乎是唯一的办法。幸好，遮盖只是其中一种应对之策。与应对其他皮肤问题一样，在考虑如何加以改善之前，最好先搞清楚发生问题的原因。

毛发角化症的起因

研究表明，毛发角化症有遗传因素，其中一半患者有毛发角化症家族史。毛发角化症可分为几种类型。有的是双颊长有粉红至红色肿块（常常被误以为痤疮），有的是又红又硬但不痛的肿块，有的是摸起来粗糙并且发炎的丘疹状红色肿块，不一而足。通常毛发角化症好发于上臂和腿部。

各种类型的毛发角化症都是角蛋白堆积的结果，这种蛋白质保护皮肤（皮肤外层是由角化细胞组成的）免遭感染和外部有害物质的侵害。角蛋白形成的堵塞物封堵了毛囊的开口，结果造成一小块一小块肿胀并且通常发炎的皮肤。

遗憾的是，毛发角化症没有普遍公认的治疗手段，但通常认为疏通毛囊和改善炎症会有很大帮助。

摆脱毛发角化症

一个治本的方法是使用免冲洗的 BHA 去角质产品（活性成分是水杨酸），其 pH 值足够低，有利于去角质。BHA 有多重功效，它能够渗入皮肤对毛孔壁进行去角质。它还有抗菌作用，杀灭可能加重皮肤问题的细菌。此外，由于水杨酸与阿司匹林（即乙酰水杨酸）有关，因此可以充当抗炎剂，改善毛发角化症常常会有的皮肤红肿现象。

那么 AHA 产品有用吗？AHA 只能够在皮肤表面去角质。不过，对于使用 BHA 产品后效果不明显的人来说，AHA 产品也是一个选择。如果毛发角化症的堵塞物不是在很深的皮肤处，无需 BHA 那样的高渗透力，那么 AHA 产品还是有效的。最好选用浓度在 5% 及以上，含有羟基乙酸或乳酸（有的产品中同时含有羟基乙酸和乳酸）的 AHA 产品。

毛发角化症是一种发炎性皮肤病，因此减轻发炎至关重要。其实，减少皮肤发炎每时每刻都重要。比如不要用洁面皂或条状清洁产品，因为它们的成形成分会堵塞毛孔，加重症状。此外，也不要用很香的护肤霜或护肤乳，因为其中的芳香成分会刺激皮肤，加重毛发角化症的皮肤瘙痒症状。

不用磨砂膏也很重要。皮肤上的肿块不会被磨掉，因为引起皮肤问题的原因在皮肤深处，磨砂膏根本就够不着。此外，用力擦洗皮肤只会加重皮肤刺激和发炎，使情况更糟糕。赶快把磨砂膏和丝瓜络抛到一边吧，换用温和的清洁产品和保湿品以便保持皮肤光滑。如果实在想擦洗，那就用湿的棉质洁面巾作为较中性的“磨砂膏”，但是要明白毛发角化症本身是不可能被擦掉的，它并非皮肤不干净所引起。

在治疗毛发角化症时，需要坚持使用这些产品。如果停用，症状最终会复发。一些人可能在每周治疗几次后就能控制住症状，但有些人必须每天进行治疗（早晚一到两次）。由于皮肤上要用太多的东西，所以你必须尝试哪些产品、什么频次最适合你。

毛发角化症的激光治疗

如果外用产品治疗毛发角化症不见效，可以请皮肤科医生采取激光治疗。可以试试光—空气动力治疗（PPx）、强脉冲光（IPL）、脉冲式染料激光、长脉冲翠绿宝石激光、Nd:YAG 激光等。

对于肤色较深、皮肤上散布有褐斑的患者来说，激光或光照治疗能够有效改善毛发角化症，尤其能显著缓解红肿现象，并且皮肤表面的质地也可以得到整体改善。如果外用产品治疗无效，并且症状非常顽固，那么花钱花时间进行激光或光照治疗还是值得的。大多数情况下，在激光或光照治疗改善症状后，还必须通过外用产品来加以控制。因为持续的激光治疗费用也在不断增长。

至于护肤，我们发现只有少数产品含有改善毛发角化症起因和症状的成分。

改善毛发角化症的产品推荐

注意：以下推荐的产品，不论是乳液、乳霜，还是其他剂型，都含有 AHA（羟基乙酸或乳酸）或 BHA（水杨酸）成分。所有这些产品都能够控制毛发角化症的症状，但并不存在某种最佳选择。建议你多试试，选择最适合自己的产品。以下产品至少每天使用一次。

» Alpha Hydrox 12% AHA Silk Wrap Body Lotion（$11.99）

» CeraVe Renewing SA Cream（$21.99; BHA）

» DERMAdoctor KP Duty（$38; AHA）

» Paula’s Choice Clinical KP Treatment Cloths（$32; AHA + BHA）

» Paula’s Choice Resist Skin Revealing Body Lotion 10% AHA（$27）

» Paula’s Choice Resist Weightless Body Treatment with 2% BHA（$25）

湿疹

湿疹又称特异性皮炎，会造成皮肤皲裂、干燥、刺痛、发红、渗液、结痂，并伴有持续剧烈的皮肤瘙痒。湿疹给人的感觉实在太糟糕了！

湿疹的表现形式多种多样，每个人的情况都可能完全不同。湿疹好发于手臂和双腿的折合处、颈后、手背、脚背和手腕等部位。据估计，多达20%的儿童会发湿疹，然而湿疹的作用机制却仍然没有定论。随着患有湿疹的儿童长大成人，症状会逐渐减轻。

湿疹的起因

主流观点认为，湿疹是人体免疫反应发生“短路”造成的，即皮肤对接触到的外界物质反应异常。对有些人来说，温和的水会造成湿疹；对另外一些人来说，衣物、洗涤剂、肥皂、青草、加工食品、过敏原（包括尘螨）、湿度不足等也可能造成湿疹。更令人懊恼的是，皮肤对外界物质的异常反应是间歇性的，什么时候发作、为什么会发作毫无道理可言。

湿疹也很有可能会遗传。如果父母患有湿疹，他们的孩子患湿疹的可能性高达80%。此外，不管是儿童还是成人患者，应激情境往往会诱发、延长或加重湿疹的症状。

无论湿疹是由什么原因引发的，皮肤对外界环境的反应都会失控，导致中度至严重的皮肤发炎，进而造成皮肤瘙痒、抓挠，从而伤害到重要的皮肤屏障功能。

湿疹的类型

湿疹的类型及其严重程度各异，这使得湿疹的诊断和治疗非常麻烦。以下是几种常见的湿疹类型。

特应性湿疹（又指特应性皮炎）

也许这是最令人感到痛苦的一种湿疹，其症状严重，瘙痒、刺痛难忍，令皮肤红肿、皲裂，并且很容易受到感染。许多2—6个月大的婴儿会得这种湿疹。婴儿患者中，特应性湿疹好发于面部、头皮、双脚和双手；大一点的孩子和成年患者中，湿疹好发于手臂和双腿的折合处，不过身体其他部位也可能感染湿疹。

变应性接触性皮炎

这种湿疹通常是由刺激性接触性皮炎迁延而来，是由于皮肤接触到某种特定物质并引起免疫系统过度反应而形成，结果造成皮肤发炎和皮肤敏感。大部分变应性接触性皮炎与接触过芳香物质、镍、洗涤剂、羊毛、青草、柑橘、家用清洁产品和醋等物质是分不开的。一旦找到引发湿疹的源头之后，只要不去接触它们通常就不会有问题。

变应性接触性皮炎当中有一种是眼睑皮炎。眼睑皮炎通常会令皮肤出现轻度至中度发红，还会令皮肤起屑、脱皮和肿胀。一些人在使用过美发产品、彩妆和指甲油（就算已经干了）之后，指甲碰到眼部皮肤时，很容易诱发眼睑皮炎。最佳的应对之策就是停用会引发眼睑皮炎的产品，改用其他不会引起皮肤反应的产品。

婴儿脂溢性湿疹

俗称摇篮帽，患者通常是婴儿和儿童。有时摇篮帽会使得皮肤发红，看上去蛮严重的，但这种疾病很少引起皮肤瘙痒，甚至让人察觉不到。治疗这种湿疹可以使用 1% 氢化可的松或 2% 外用酮康唑乳霜，这两种产品可以到儿科医生那里去开处方。

成人脂溢性湿疹

这种湿疹患者常常介于 20—40 岁之间，据估计有 5% 的成年人会得这种湿疹。患者常常可见轻度头皮屑，但这种湿疹也会扩散到面部、双耳和胸部。皮肤会变得发红、发炎，并且有脱皮现象。有人认为这种湿疹是由酵母菌引起的，但致病机制仍不确定；压力也可能诱发成人脂溢性湿疹。抗真菌乳霜、外用类固醇乳霜和免疫调节剂可以用来治疗成人脂溢性湿疹感染的皮肤。

钱币状湿疹

钱币状湿疹好发于腿部，呈现出硬币大小的圆形粉红色或红色斑片，结痂或起屑后皮肤会形成橙色斑块。如果不予治疗，干燥鳞屑的色斑通常会颜色变深、变厚。钱币状湿疹患者通常是青春期或 30—60 岁的女性，冬季较易发作。

湿疹的治疗

目前还没有根治湿疹的办法，但好在许多治疗手段能够改善湿疹的症状，缓解这种疾病造成的不适。许多人年轻时患有湿疹，但随着年龄增长，大多数症状会最终消失。湿疹的主要治疗方法如下：

温和有效地护肤：治疗湿疹应该从护肤开始，使用温和、不含芳香成分的护肤品能够减少皮肤发炎，保持皮肤湿润，巩固皮肤的屏障功能。护肤品中的抗氧化剂、改善皮肤屏障功能的成分、抗刺激成分和柔润剂等有助于改善皮肤的外部结构，对大多数湿疹患者的皮肤都有明显好处。湿疹使得皮肤更容易遭受氧化性损伤，因此使用富含抗氧化成分的护肤品相当重要。

避免皮肤刺激：除了采用温和的护肤流程和配方良好的保湿产品，避免可能引起皮肤反应的刺激物也非常重要。首先要搞清楚哪些东西会刺激皮肤，并且皮肤不要长时间沾水。冲洗身体某个部位尤其是双手之后，要记得补擦保湿产品,因为洁肤皂会加剧湿疹患者的皮肤反应。用有保湿功能的沐浴露(玉兰油和多芬的产品就不错）替换家里的洗手液，效果会好很多。

外用类固醇：最常用和有效的湿疹治疗药物是处方强度的外用类固醇（如可的松乳霜 Eumovate，其有效成分是丁氯倍他松，或者各种强度的氢化可的松)。非处方可的松乳霜对非常轻微或暂时的湿疹有效，如果非处方产品无效，那就只能选用处方药了。虽然各种强度的可的松乳霜几乎不会产生短期的副作用，但还是要注意在不得不使用时仅仅涂抹在皮肤感染的区域，因为长期经常性地使用可的松乳霜会造成皮肤变薄，以及皮肤提前衰老。

口服类固醇：对于某些严重的湿疹，当外用类固醇无效时，可以选择口服类固醇，但口服类固醇会造成较严重的副作用，必须严格遵照医嘱。

外用免疫调节剂：2000 年和 2001 年，美国 FDA 批准普特皮（Protopic，有效成分是他克莫司）和爱宁达（Elidel，吡美莫司）作为新的治疗湿疹的外用药物。不同于可的松或类固醇，这些免疫调节剂能够调整皮肤的免疫反应，后者是引发湿疹的关键因素。遗憾的是，2005 年 3 月，FDA 发布了一则公共卫生咨询报告，“要告知医疗机构和患者使用普特皮和爱宁达可能会带来潜在的致癌风险”。这种风险尚不能确定，也未能得到更新的研究的支持，但 FDA 仍然建议患者在采取其他治疗手段无效时，才可以选用爱宁达和普特皮，并且必须严格遵照药物标签的指示。外用免疫调节剂（他克莫司和吡美莫司）不会产生类似外用皮质激素可能造成皮肤变薄的风险。

光照治疗：研究发现，波长受控的紫外线 UVA 或 UVB 照射能够减轻慢性湿疹的症状。在医疗监控下，使用特殊设计的灯泡可以让受感染的皮肤接收特定光源的照射。紫外线 UVA 照射搭配处方药物补骨脂素可以用来治疗较严重的或慢性湿疹。补骨脂素可以口服也可以外用，用来提高皮肤对光线的敏感度。这种治疗称为 PUVA 治疗（补骨脂素 +UVA 照射），更常用于成人患者的治疗。

光照治疗较复杂，并且价格昂贵。一般需要每周治疗几次，然后间隔几周或几个月再进行治疗。由于光照治疗会加速皮肤衰老，并且提高患皮肤癌的风险，这一点与晒日光浴没有不同，因此光照治疗并非治疗湿疹的首选，其实只是把一种问题（湿疹）替换成另一种问题（紫外线伤害）。

非芳香油和饮食习惯改变：月见草油和玻璃苣油含有 γ-亚麻酸，这种脂肪酸有助于皮肤健康，并且外用时能够有效减少皮肤患湿疹的可能性。虽然有几份研究报告认为这种说法并不属实，但如果你对湿疹的替代疗法有兴趣，不妨试着涂一涂月见草油或玻璃苣油，这样做的副作用极小。其他非芳香植物油如红花油或霍霍巴油也值得尝试，你可以在自己经常使用的保湿产品、护手霜或面霜中滴上几滴。

一些研究指出饮食也是造成皮肤反应的一个来源。湿疹患者有必要调整自己的饮食习惯，看看不吃某些食品如乳制品、面筋、加工食品或坚果之后会不会减轻湿疹的症状或发作频率。

患湿疹后的护肤：对于脖子以下的皮肤，治疗湿疹意味着护肤要尽可能温和，意味着不用条形洁肤皂和磨砂膏。后面有我们强烈推荐的不含香精的温和洁肤产品和身体乳液。如果脸上长有湿疹，那么请根据自己的肤质，遵循我们提出的相关建议，并且选用能够治疗其他皮肤问题如酒渣鼻、褐斑和皱纹的产品。

不要害怕可的松乳霜

不管你得的湿疹、皮疹或任何一种皮肤炎是短期发作还是慢性毛病，可的松乳霜都是很好的帮手。外用可的松乳霜——非处方或处方药——有很多名字，比如皮质甾类、糖皮质激素、类固醇等。毫无疑问，可的松乳霜是治疗湿疹真正的“黄金标准”。按照说明书正确使用，可的松乳霜完全是安全的，甚至对儿童也如此。

“完全安全”这个说法可能跟你听到的格格不入——你也许听到传言，说外用可的松绝对不适合皮肤，但这种说法是不对的。如果你听信这个传言，在该用可的松乳霜时却不用，只会让皮肤问题更加严重。

我们不是说使用可的松乳霜就完全没有风险，而是与其风险相比，正确使用可的松将中断湿疹造成的慢性皮肤发炎和瘙痒，从而防止皮肤受到进一步的伤害。其作用机制如下：

严重程度不同的湿疹会令面部或身体皮肤发红、发炎、瘙痒、掉皮屑，有时还会长出小小的液囊。患有湿疹会对皮肤造成很大的伤害，表面和深层皮肤都会受损。通常来说，长湿疹的皮肤会令人刺痒难熬，于是诱发习惯性的不加节制的抓挠。抓挠更进一步伤害皮肤，导致疼痛、破损，甚至造成皮肤感染。

所有这些症状以及你的反应（抓挠）都会弱化皮肤的自愈能力，导致胶原蛋白和弹性蛋白分解，使得皮肤更容易遭受外界环境的伤害，加速皮肤衰老。显然这些情况对皮肤健康是不利的，无论短期还是长期。遗憾的是，大多数针对中度至重度湿疹、不使用可的松的替代疗法几乎没有效果。如果偶尔患有湿疹，并且非常轻微，那么替代疗法当然值得一试，但如果替代疗法不起作用，那么只有涂抹可的松乳霜，才能真正让你摆脱湿疹带来的烦恼。

你是不是还担心可的松乳霜的风险？最主要的风险，也是大多数人担心的风险，就是可的松有可能令皮肤变薄。不过只有长期使用可的松才可能有这种风险。许多人担心只要涂抹可的松就立即会令皮肤变薄，但这不是事实。

对大多数人来说，可的松乳霜有奇效；我就可以现身说法，因为我自己曾经备受湿疹的折磨。我身上除了好几年每天涂抹可的松的地方，其他部位的皮肤丝毫没有受到不良影响，看上去完全正常和健康。

如果只是为了缓解湿疹的症状，改善湿疹带来的不适和皮肤损伤，那么间歇性地涂抹几天可的松完全用不着担心。毫无节制地使用可的松会带来问题，间歇性地使用可的松可以缓解症状，促使皮肤愈合。

你可以先到药店买一些非处方类可的松，如果不起效，再去看医生，选用处方强度的可的松。通常医生会建议同时使用多种强度不同的药物，但使用的部位也不同，例如，脸上使用轻度的可的松，手臂或腿上使用中等强度的可的松。对于成年患者手掌或脚掌上的湿疹，由于那里的皮肤较厚，往往需要效力最强的外用乳霜，这些部位的湿疹对低强度的可的松没有反应。

要等到湿疹症状完全消失才可以停用可的松，等到湿疹再次发作时再涂抹可的松。对于缓解皮肤炎症和瘙痒现象，最好是用最少的剂量，多涂一些并不会好得更快。有时可的松只要擦一天症状就消失了；有时需要连续涂抹14天才能见到效果。如果用药时间比较长，你就应该请教医生。总而言之，只要有必要就使用可的松乳霜，并且在湿疹发作时，越早用越好，这样能够缩短治疗的时间，减少皮肤因使用可的松而变薄的风险。

你可能还在掂量可的松乳霜的利弊，其实研究已经证实，相比间隙性地使用可的松乳霜（无论是非处方类还是处方类）可能造成的不良影响，任由发炎受损的皮肤发展下去，给皮肤造成的伤害会更加严重。不要偏听偏信，否则你的皮肤将得不到最好的呵护。

改善湿疹的产品推荐

» Aveeno Daily Moisturizing Body Wash（$8.99）

» Cetaphil Restoraderm Eczema Calming Body Wash（$17.99）

» Cortizone-10 Hydratensive Anti-Itch Lotion for Hands and Body, Healing Natural Aloe Formula（$10.49; this is medicated with 1% hydrocortisone and best for mild eczema）

» Eucerin Eczema Relief Body Creme（$10.49）

» Eucerin Skin Calming Dry Skin Body Wash（$8.79）

» Gold Bond Ultimate Eczema Relief Skin Protectant Cream（$11.99）

» Kate Somerville Eczema Therapy Cream（$48）

» Paula’s Choice Clinical Ultra-Rich Soothing Body Butter（$19）

疤痕

皮肤受伤、做手术或青春痘之类的皮肤问题都有可能造成疤痕，可以说每个人或多或少都会有疤痕问题。虽然疤痕不好看，但它是皮肤受伤后神奇地自我愈合的一个明证。疤痕有的扁平，有的隆起；有的不明显，有的很明显。但是，你怎么帮助皮肤愈合以及在疤痕形成之后怎么帮助修复，会使得疤痕的外观大不相同。在学习如何应对疤痕之前，你需要懂得疤痕是如何形成的，如何护理皮肤以便减少疤痕，以及自己的疤痕是属于哪一类别的。

疤痕是怎么形成的

皮肤表面上的疤痕是皮肤修复伤口这个复杂过程的结果。影响伤口愈合的因素有很多，伤口愈合的方式也影响到疤痕最终的外观。每个人的皮肤愈合与疤痕都不相同，但是在疤痕形成之前，还是需要你仔细地护理伤口。

在形成疤痕之前，皮肤的修复分为三个阶段。第一阶段为结痂，可以看到皮肤红肿疼痛现象。结痂意味着皮肤修复正在进行，必须细心保护。第二阶段是在结痂底下产生新的皮肤组织。第三阶段为皮肤重建其外部和内部结构。

在皮肤受伤的最初几天，结痂形成之后，以及结痂最终脱落，你采取的措施对疤痕最终的外观会有极大的影响。

护理伤口减少疤痕

要减少疤痕并不困难。虽然很多人传说特定的一些成分（比如芦荟和维他命E）能够减少疤痕，但这些说法大多数没有得到研究报告的支持，并且在大多数情况下只会浪费你的时间——原本你可以采取更有效的修复措施的。以下是如何护理伤口令疤痕最少的做法：

» 尽可能让伤口“呼吸”。不要用药膏、油脂或维他命E包覆伤口，因为这些东西会阻碍皮肤的自我愈合。在皮肤受伤的最初几天，伤口旁边会自然地出现渗出液。

» 在随后几天里不要把伤口浸在水里，或者弄湿伤口；湿气太多会妨碍结痂，不利于新生皮肤形成，并且可能延长疤痕愈合的时间。

» 用温和的清洁产品保持受损皮肤的清洁，但不用过度清洁或刮擦皮肤。

» 清洁伤口后，用轻薄的绷带包扎，以便透气。

» 相比标准的绷带，特殊的胶布辅料如 Nexcare Tegaderm Transparent Dressing 或 Convatec DuoDERM Extra Thin Dressing 的价格要贵一些，但它们能够保持伤口微湿，有利于伤口愈合。

» 如果担心感染，可以使用非处方的抗菌液，如 Bactine Original First Aid Liquid 或 Band-Aid Antiseptic Wash, Hurt-Free。如果红肿加剧或伤口变色、抽动或肿胀，那么要去看医生。

» 受伤后一天或两天，可以在伤口上抹一层薄薄的轻透保湿凝胶或精华液，保湿产品中要含有抗氧化剂（能有效帮助皮肤愈合）和其他帮助皮肤修复的成分。

» 可能的话，伤口部位不要擦防晒产品，但不要直接晒到太阳，也就是躲在阴影里或者用东西遮住伤口。被阳光照射会加重疤痕，因此防晒很重要（即使皮肤没有受伤也要这么做）。

» 晚上更换绷带；如果伤口有些干或有些痒，那就抹薄薄一层轻透保湿产品或精华液。伤口保持微湿有助于愈合。轻透的保湿产品也有助于结痂，同时能够让皮肤呼吸。

» 让伤口自然结痂，**千万不要去抠伤口**。对于正在愈合的伤口，外力的刺激会妨碍伤口愈合，甚至原本不会有疤痕的伤口也可能因此长出疤痕。**不要让皮肤受到刺激！**伤口形成后，皮肤的自然反应就是发炎，因此刺激皮肤只会让情况更糟糕。

» 不要用洁肤皂（它们会造成皮肤太干燥），很香的产品（无论香精是天然的还是合成的，香精都是一种皮肤刺激物），含有酒精、薄荷醇、柑橘、桉树、丁香、樟脑等成分的产品，它们造成的皮肤刺激会使得伤口恶化。

疤痕的种类

轻微的疤痕比如发红的色斑，严重的疤痕比如肥厚隆起的暗红色疤痕，这要视每个人的基因组成、受伤的深度和方式而定。疤痕主要分为三种类型，分别是扁平疤痕、萎缩性疤痕和肥厚性疤痕。

扁平疤痕最常见，日常皮损或小的灼伤常常形成这种疤痕。根据每个人的肤色，扁平疤痕可能是粉红色至红色（最终会褪到极淡的粉红或白色）或棕色至深褐色或黑色（最终颜色会浅一些）。

注意：由于皮疹而留下的扁平状粉红色至红色或黄褐色至褐色的印记并非疤痕。这些印记被称为炎症后色素沉着。

萎缩性疤痕通常是囊肿性痤疮或水痘病毒感染后形成的。如果患有较严重疼痛的皮疹或水痘，那么皮肤上就很有可能留下萎缩性疤痕。痘疤、冰锥疤痕、凹陷疤痕都属于萎缩性疤痕。这些疤痕都是因为皮肤下层支持结构受损造成的，这也是它们无法像扁平疤痕或肥厚性疤痕那样得到修复的原因。

肥厚性疤痕是由于受伤皮肤在重建过程中胶原蛋白过度合成而形成的。轻微的皮肤撕裂或较深的伤口可能会形成肥厚性疤痕。肥厚性疤痕有时也称作瘢痕疙瘩，在肤色较深的人当中更常见。突起的疤痕会随着时间逐渐扁平，但有时需要几年的时间。在下一节我们会讨论疤痕修复问题。顽固的或较大/较长时间隆起的疤痕可能需要药物或手术治疗。

修复疤痕

即使采取了必要措施减少疤痕的形成，可是一旦伤口愈合、疤痕形成，还是需要加以修复，以便改善疤痕的外观。有很多产品和药物能够让伤口不那么明显。

即使什么也不做，疤痕也会继续愈合和改变，这通常需要两年的时间。只要持续地温和护肤、防晒，再加上耐心（这是最难做到的），大多数疤痕都能够得到改善，时间越长越不明显。如果你想缩短时间，那么你就应该了解以下情况。

» 使用以聚硅酮为基底、添加了皮肤修复成分和抗氧化剂如槲皮素的凝胶或除疤膏。每天使用一次或两次，连续使用八周能够有效改善疤痕的外观，尤其是对新生的疤痕。这类产品对扁平疤痕效果最好，对肥厚性和萎缩性疤痕也有效。此外，别忘记温和护肤，使用 SPF30 及以上的防晒品保护疤痕部位皮肤。

» 虽然纯聚硅酮有助于皮肤愈合和减少疤痕，但这还不够。以聚硅酮为基底的除疤凝胶还应该添加抗炎、促进皮肤愈合和修复成分，它们能够帮助皮肤的自我修复，从而取得更好的效果。

» 每天使用以聚硅酮为基底的除疤膏或除疤贴，如 Scar-Away Silicone Scar Sheets 或 Rejuveness Pure Silicone Sheeting（可重复使用），能够帮助隆起的疤痕变得扁平。除疤贴贴好之后要保持 12—24 小时，至少贴 3 个月。

» 医院的激光治疗（包括 Fraxel）、皮肤填充剂注射、脂肪移植或这几种方法的组合能够有效改善萎缩性疤痕。极端情况下也可以考虑手术治疗，皮肤科医生会提出多种手术治疗方案。萎缩性疤痕的改善程度要看疤痕的炎症程度以及治疗效果而定。虽然要获得完全的改善不太现实，但改善一大半还是有可能的。

美德除疤膏（Mederma）的效果如何？

相关研究的结论有不一致的地方：有的研究认为美德效果很好，有的则认为美德一无是处。虽然说法各异，但毕竟都是科学研究。总之，对于美德除疤膏，你需要权衡利弊之后再考虑是否使用。

推荐的除疤凝胶

» Kate Somerville D-Scar Scar Diminishing Serum（$48）

» Kinerase Scar Healing Therapy（$48）

» Paula’s Choice Clinical Scar-Reducing Serum（$24）

什么是牛皮癣

牛皮癣是一种复杂的皮肤病，据说全世界有超过 1.25 亿人遭受过牛皮癣的折磨。牛皮癣是一种慢性自身免疫性疾病，由于皮肤细胞功能失调，导致比正常情况快速增生脱落，外观上呈现出严重皮屑的隆起或大块红色或褐色斑块，在面部和身体皮肤上都可发生。

牛皮癣有多种，严重的还会致残。糟糕的是牛皮癣没有根治的办法，但好在如今正在开展众多研究，试图找到更好的甚至可能根治牛皮癣的方法。治疗牛皮癣的手段有很多，有使用非处方产品的，也有只使用处方药物的；有外用产品治疗的，也有口服药物治疗的。依据皮肤对治疗的反应，牛皮癣症状的改善还是很有可能的，甚至牛皮癣的复发也能够得到有效抑制。

此外，牛皮癣还有更高级的治疗，比如免疫调节药物治疗，但长期使用可能存在风险，需要医生仔细评估。尝试多种治疗方案能够获得最佳效果，但无论怎么选择，你都需要坚持定期和一贯的原则。

牛皮癣的治疗方案

牛皮癣有多种治疗办法，我们强烈建议先选用副作用最少的方案，比如间歇性地使用非处方外用可的松乳霜、外用或口服维他命 D 制剂、类维他命 A、水杨酸，以及涂抹煤焦油乳霜、乳液、洁肤产品和洗发水。

需要重点指出的是，治疗牛皮癣的维他命 D——无论口服的还是外用的——与你在店里买到的维他命 D 补充剂不同。用于治疗牛皮癣的维他命 D 是钙泊三醇，在对皮肤和身体的作用机制方面，它与维他命 D 补充剂（胆钙化醇）存在着显著不同。

根据各种治疗方法的疗效，你再考虑是否需要做较高风险的治疗，比如紫外线 UVB 治疗。这种治疗要求把皮肤暴露在阳光紫外线 UVB 之下，或者接受紫外线 UVB 灯的照射，或者紫外线 UVB 灯结合外用药物（免疫调节剂）同时治疗。

各种治疗方法组合起来能够取得更好的效果。不要觉得去看医生是一件麻烦事。奇怪的是，许多人因此错过了最佳的治疗。

对抗牛皮癣的护肤流程

我们在本书中讨论的基本护肤原则同样适用于患有牛皮癣的皮肤。不过医生要求进行紫外线 UVB 治疗的情况除外，这种情况下，紫外线 UVB 照射必须得到医生的密切监控，以免对皮肤造成伤害。

总的来说，要点是不要去刺激皮肤，否则只会让情况更糟糕。不要使用我们一再警示的产品，比如强力洁肤产品、粗糙的磨砂膏、热水以及添加有刺激性成分的产品，尤其是芳香成分（人工合成的和天然的），如果你做到这些方面，就不仅能改善皮肤外观和感觉，还有助于其他辅助治疗的疗效。

除了选择温和、有效、帮助皮肤修复的护肤流程，你还应该多使用含有水杨酸或视黄醇（维他命 A）的产品，这也有助于牛皮癣的治疗。

对牛皮癣患者来说，最佳的护肤步骤是从温和的水溶性洁肤产品开始，然后使用舒缓皮肤的爽肤水。接着使用免冲洗的水杨酸去角质产品。然后，白天使用防晒产品（皮肤科医生允许的情况下），晚上再使用保湿产品（是不是含有视黄醇并不重要）。

如果采用其他外用药物，例如维他命 D、可的松、煤焦油，或处方级类维他命 A 乳霜或乳液，那么白天应先擦这些药物再擦防晒品，同样晚上也是先擦这些药物再擦保湿品。如果使用处方级类维他命 A，那么选用的保湿品就不要含有视黄醇。

水杨酸和类维他命 A 如何辅助牛皮癣治疗

水杨酸是一种非常温和的去角质剂，它能够软化和去除牛皮癣表面的皮屑，不仅能改善皮肤外观，而且有助于其他外用药物更容易被皮肤吸收。

此外，水杨酸的结构与阿司匹林类似，具有抗炎的特性，所以有助于减轻牛皮癣造成的皮肤红肿。在牛皮癣的护肤步骤中，可以增加一款浓度介于 2%—6% 的免洗型水杨酸去角质产品。

外用类维他命 A 能够改善皮肤细胞的生成，因此对牛皮癣皮肤有明显的好处。类维他命 A 处方药如 Renova 或他扎罗汀能显著改善皮肤细胞的正常新生功能。

牛皮癣患者在选择护肤产品时要考虑到自己的肤质，看自己是属于油性皮肤、混合性皮肤还是干性皮肤。尤其重要的是，只能使用不含刺激性成分的产品。（宝拉珍选的护肤品是为数不多的不含香精、性质温和的护肤产品之一，其中许多产品还含有视黄醇、水杨酸等，对此我们感到自豪。）

对抗牛皮癣不是一蹴而就的，需要尝试才能找到适合患者皮肤的最佳治疗方案。在尝试过程中，你需要耐心、系统、持续地评估皮肤对治疗的反应，以及整体的健康状况。与其他慢性皮肤病的情况类似，牛皮癣的治疗成功必须仰仗恒心，不要对治疗效果抱过度预期。此外，你还应该了解每一种治疗方案有可能带来的副作用。

有关牛皮癣最新的治疗手段，可以登录全美牛皮癣基金会网站（www.psoriasis.org）查询。

改善牛皮癣的产品推荐

洁面

» Neutrogena Ultra Gentle Hydrating Cleanser, Creamy Formula（$9.49）

» Paula’s Choice Skin Recovery Softening Cream Cleanser（$17）

» The Body Shop Aloe Gentle Facial Wash, for Sensitive Skin（$17）

爽肤水

» derma e Soothing Toner with Anti-Aging PycnogenolR（$15.50）

» MD Formulations Moisture Defense Antioxidant Spray（$28）

» Paula’s Choice Resist Advanced Replenishing Toner（$23）

BHA 去角质

» Paula’s Choice Resist Weekly Retexturizing Foaming Treatment with 4% BHA（$35）

» Paula’s Choice Skin Perfecting 1% BHA Lotion（$26）

» philosophy clear days ahead oil-free salicylic acid acne treatment and moisturizer（$39）

日用防晒保湿

» MDSolarSciences Mineral Creme Broad Spectrum SPF 30 UVA/UVB Sunscreen（$30）

» Paula’s Choice Skin Recovery Daily Moisturizing Lotion SPF 30（$28）

» Rodan + Fields SOOTHE Mineral Sunscreen Broad Spectrum SPF 30（$41）

保湿品和精华液

» Josie Maran Cosmetics Pure Argan Milk Intensive Hydrating Treatment（$56）

» Neutrogena Healthy Skin Anti-Wrinkle Cream, Night（$14.99）

» Olay Regenerist Micro-Sculpting Serum, Fragrance-Free（$23.99）

» Paula’s Choice Calm Redness Relief Serum（$32）

» Paula’s Choice Clinical 1% Retinol Treatment（$55）

第 13 章

美容整形术

美容术适合你吗

本章将概述美容手术或整形手术的价值所在，但不涉及各种美容手术的细节。我们将讨论当护肤品解决不了皮肤问题时，你可以考虑采取美容手术。在我们详细讨论之前，你有必要理解美容手术其实也并非终极解决方案，就如同不存在某种护肤品可以满足全部的护肤需求。美容术只是解决了面相看起来衰老的某些问题而已，由于年龄增长和累积的皮肤损伤，美容术并非解决所有皮肤问题的万灵药。

需要明确的是，宝拉珍选既不赞成也不反对美容术。我们始终支持了解真相——包括有利的与不利的——而不是一味相信某些不够严谨的美容医生或美容皮肤科医生做出的夸大其词的承诺。（遗憾的是，就像其他行业的销售员那样，一些医生和他们的助手会强行兜售他们的服务，同时却对美容术的风险轻描淡写。）要做到对美容手术心中有数，唯一的途径就是掌握不偏不倚的信息，并且对美容术不抱幻想，并且多渠道收集信息，而不是只听医生或医疗机构的一面之词。赶快去做功课吧！

“这是她吗？”

在美容行业，没有什么话题比美容手术或整形手术更能激起争议的了。从肉毒素注射到皮肤填充剂注射再到整容手术，所有的美容方案都宣称能够填补细纹、丰满双唇、消除前额皱纹、去除色斑、紧致下颌线、令双乳挺拔；还有的宣称通过抽脂术能够消除大肚腩或水桶腰，诸如此类。

许多争议围绕一些名人来展开，这些人因为做了如此“有效的”美容术而毁掉了姣好的面容和身材。这些人在脸上和身上这里切掉一块，那里补上一块，如此荒唐的行为却最终让自己沦为笑柄。猜测和议论谁又做了哪些手术，已然成为人们茶余饭后津津乐道的谈资。

美容术必须考虑的一个重要方面就是其风险。由于存在着风险，有时风险还很大，因此为了美观而去做手术引发争议就不难理解了。对于风险所显示出的冲动或无知，会让自己的判断短视，也可能让自己增加对美容术的恶感，越发弃之如敝屣。

爱美之心人皆有之。如今，越来越多的年轻人渴望自己看起来更青春，许多 30 岁出头的人就已经尝试全套美容术了。每个人都有美容的念头，或多或少做过一些尝试。比如染发，比如花 200 美元买一瓶除皱膏。对每个想美容的人来说，必须回答这样一些问题：要想更漂亮，我打算做什么，愿意花多少钱，怎样对我才有意义？一旦你下定决心，接下来你就必须知道什么有用什么没用，可以考虑哪些美容术，以及最终你期望得到什么样的结果。

当护肤不够用时

宝拉珍选明确认为护肤对皮肤的好处令人吃惊，但如果说护肤能够取代美容术或美容方面的药物治疗，那这么说就显得虚伪了。这种观点说的并不是事实。

宣称护肤品具有等同于美容手术、肉毒素注射、皮肤填充剂注射、激光治疗等疗效的说法都是荒谬的，并不能得到研究报告的支持。许许多多配方良好的护肤品确实能显著改善皮肤的外观，但仍旧达不到药物治疗或美容手术的效果——根本不存在这种可能。皮肤衰老、晒伤、重力的影响、遗传基因、更年期或健康问题引起的荷尔蒙水平衰减，还有其他很多别的因素，护肤产品并不能消除它们对皮肤的不良影响。请相信我们，我们也想说些好听的话，但我们不想误导你或欺骗你。

整形手术和美容手术有其局限性，这也是事实。仅仅因为你注射了皮肤填充剂、肉毒素或者整了容，其实并不能替代良好的护肤产品能够给皮肤带来的好处。你的皮肤依然会衰老，依然会松弛和起皱纹，色斑也会卷土重来。但是有效的护肤程序能够延缓这一过程，帮助维持医疗手段的美容效果。

只有将良好的护肤程序与皮肤科医生或外科医生操作的美容术相结合，才可能获得许多护肤品广告所宣称的神奇效果。对每个人来说，了解护肤与美容术的局限性同等重要，并且要明白二者之间不可能相互替代。

美容术看似价格昂贵，其实不是。如果你把花在价格虚高的护肤品上的钱（通常价格超过 80 美元就虚高了）积攒下来，很快你就有钱做一次美容术了——而且效果会令你更加满意。

优雅地等待岁月流逝如何

有些人坚决反对美容术，他们说我们应该选择“优雅地老去”。他们不建议使用护肤品，也不推荐做美容术，而是专注于保持身体健康，从不试图抹去岁月留在我们脸庞或身体上的痕迹。

毫无疑问，无论什么年纪，保持身体健康是让自己美貌的基础，但不管你是赞同美容术还是反对美容术，事实上护肤品和美容术相结合能够带来最好的效果。美容术确实有风险，但它们的功用也不可否认。对于美容医疗或美容手术，决定权在你自己手里，不要因为做了这些选择而感到不安——选择美容术完全是堂堂正正的！

对于40—70岁，或者不到40岁，却饱受晒伤折磨的人来说，激光治疗、肉毒杆菌毒素注射、皮肤填充剂、整形手术是消除脸上岁月痕迹的唯一方式。单单是护肤还做不到这一点，把希望寄托在护肤产品上只会浪费你的金钱——还不如把这些钱派其他用场。

我们已经说过，即使是最好的护肤程序和护肤产品也有其局限性，在使用良好的护肤品一段时间之后，再结合美容术才是让自己长久保持年轻美貌的更现实的做法。

挑战恐惧

对美容术丝毫不感到“恐惧”是不明智的，但过于害怕也不必。如果你正考虑做某项美容术，我们觉得你最好先把它当作“建设性的关注”，这样有助于减轻你的恐惧。

建设性关注不是坏事，这能帮助你选择正确的手术（不是一下子就决定做第一个提到的手术），在预约手术之前了解你自己感兴趣的是哪一种类型，并且搞清楚自己花的钱是不是足够。（注意：做美容术时老想着贪便宜，这种态度可不好。）

在你最终决定预约做美容术时，你要准备好提一些有关手术风险的问题。

要了解手术的利弊，并且坚决要求医生不要低估不利的方面，这些都属于建设性关注的内容。最重要的是要得到相应的答复，这样才能让你保持耐心，并且获得最佳的效果。

你可以去了解一下要做的美容术每年做过多少例。每年，仅仅是在美国就有几百万人选择做美容手术或整形手术。根据美国整形外科学会的数据，2014年排名前五位的外科整形手术包括：隆胸术（38.6万例）、鼻梁整形术（22.1万例）、抽脂术（20万例）、整容术（13.3万例）。2014年排名前五位的美容手术为：肉毒杆菌毒素注射（630万次）、皮肤填充剂注射（220万例）、化学换肤（120万例）。当你考虑做某项美容术时，你会发现自己并不孤独——因为有这么多的人做过美容术。请继续阅读以下内容，它们有助于你做出周全的决定。

美容手术还是整形手术

在外科行业，美容手术与整形或重建手术经常互用，但它们还是存在着差别。美容手术可做可不做，目的是为了改善面部或身体的外观。整形手术则是通过外科手术来修复由于遗传异常、外伤、烧伤或疾病导致的面部或身体上的缺陷。

美容外科医生和整形外科医生都要通过执业认证，但他们所接受的专业培训存在着巨大的差别。执业美容外科医生的培训内容全部与美容手术有关，而执业整形外科医生的培训内容只有一部分与美容手术有关。因此，如果一名执业整形外科医生同时也是一名执业美容外科医生，那么他就要接受所有能够改善面部和身体外观的各类手术的业务培训。这种组合培训意味着这名医生掌握了最好的业务技能。无论如何，当你考虑借助外科手术来改善外观时，最重要的是认识到美容外科医生执业认证是你要找的最重要的一张文凭，因为它代表了操作可做可不做的美容手术所必须完成的广泛的专业培训。

美容外科医生和整形外科医生都会操作许多种手术，并且接受过相应的业务培训，从侵入式手术（即外科手术）到非侵入式手术（比如注射肉毒素和皮肤填充剂）。一些人认为应该由外科医生来做侵入式手术，比如拉皮术和眼睑整容术，美容皮肤科医生则应该专门来做皮肤填充剂注射、肉毒杆菌毒素注射和激光治疗。对于这个问题，其实并不存在正确的答案。但是毫无疑问，如果你要做美容术，你必须选一位执业美容外科医生或一位执业整形外科医生，如果你选的这位医生拥有两张执照，那当然是更好了。

执业外科医生——黄金标准

操作美容或整形手术的外科医生是否取得执业认证，其手术效果存在着天壤之别！外科医生的业务培训和执照是大问题。会做美容术或整形术的医生未必持有相应的执业认证。这名医生可能是妇科医生、儿科医生或者皮肤科医生，根本没有接受过美容手术方面的业务培训。是不是觉得很恐怖？

执业认证意味着医生接受了非常专业和广泛的专业培训，并且通过了该领域难度较大的专业考试。没有执业认证的美容医生或整形医生有可能是自学的，也有可能没有接受过该领域的正式培训。

那为什么别人都不在乎，愿意由没有接受过正式美容手术业务培训的人来操作美容整形手术？回答是：你可以不愿意！如果你想获得好的手术效果，就应该不愿意。这也是为什么选择执业美容或整形外科医生如此重要的原因。这个方面你千万不要让步。

区分执业医师的一个明确标准，就是看他有没有权利在经过认可的医院操作手术。虽然大多数美容手术是在医生的诊所里完成的，但你还是要搞清楚你选择的医生掌握了相关医院认可的业务技能。

询问医生是否通过执业认证，以及他隶属于哪一家医院完全是公平合理的，并且提这样的问题一点也不显得粗鲁。还不止于此！你还要了解这家医院有没有经过认证，医生的执照是不是最新的，以及是不是被恰当的机构所承认。要了解更多信息，你可以登录以下网站。

» 美国美容外科委员会

(American Board of Cosmetic Surgery, www.americanboardcosmeticsurgery.org)

» 美国整形外科委员会

(American Board of Plastic Surgery，www.abplsurg.org)

» 美国医学专科委员会

(American Board of Medical Specialties，www.abms.org)

首先明确，你找的医生有没有通过执业认证能极大地减少找错医生的风险。

虽然本节内容是有关美容手术以及执业美容或整形外科医生，但你要知道，执业皮肤科医生就算有操作皮肤科手术的行医权，他未必有操作美容或整形矫正手术的执业证书。对美容治疗来说，找一位执业认证的皮肤科医生至关重要，但是对美容手术来说，光有这一点还不够。

美容皮肤科医生还是医疗皮肤科医生

类似于美容外科医生与整形外科医生之间容易混淆一样，美容皮肤科医生与医疗皮肤科医生之间也存在着差别。“医疗”二字体现了两类皮肤科医生之间的细微差别。

与美容手术和整形手术之间存在着差别不同，美容皮肤科与医疗皮肤科之间是难以区分的。最终，医疗皮肤科医生可以自称是美容皮肤科医生，即使他们没有受过专业训练或者拥有专业资格，并且他们可以根据想要提供的服务来选择自己的称呼。换句话说，医疗皮肤科医生在称呼自己为美容皮肤科医生时，并不需要拥有专门的资格证书。

从许多方面来说，美容皮肤科医生与医疗皮肤科医生之间唯一的真正区别在于财务方面（提这个有争议的话题会令许多皮肤科医生恼怒，但在皮肤科领域，这是一个众所周知并且争议不断的话题）。美容皮肤科医生这个称谓很容易就表明医生的业务主要在可做可不做的美容术方面，比如肉毒杆菌毒素注射、皮肤填充剂、激光治疗、换肤、光照治疗等等。这也表明这些服务主要是预付费的，也就是说医生很少需要填写保险方面的表格，对服务收费也不存在争议。

另一方面，医疗皮肤科医生通常采取传统疗法来治疗皮肤疾病，费用必须等待医疗保险计划来偿付。这不是说医疗皮肤科医生不说自己是美容皮肤科医生就不能给患者做美容矫正，他们不仅可以做，而且还经常这么做。医疗皮肤科医生这个称谓仅仅表明医生关注的专业领域，是皮肤疾病而非美容。

那么，这对你来说究竟意味着什么？这意味着你在选择某位医生做美容矫正时，该关注哪些方面会更加困难一点，因为诊所墙上挂的唯一牌子有可能只是“皮肤科”，或者其他看上去表明医生接受过某种专业培训的“证书”。总之，墙上不会有美容皮肤科资格证书，因为这样的证书根本就不存在。

我们的建议是，找一个自称专业为美容皮肤科的执业认证皮肤科医生。这样，在你预约看医生时，至少能给你一些有关疗效方面的信息；这名医生经常做的是美容矫正而不是治疗皮肤疾病。如果你的医生经常做你想要做的，这意味着他在这方面多少积累了一些经验——在医学界，经验就是一切，尤其涉及美容。

我们还强烈建议千万不要找牙医或妇科医生来做美容矫正。不是有意吓唬你，许多不是执业认证皮肤科医生或美容外科医生的医生都可以合法地操作美容矫正。虽然大家都愿意图方便，这一条建议很难让人坚持，但美容矫正毕竟需要专业的医学知识、业务培训和丰富的经验。虽然只要你一张嘴，牙医就知道该怎么做，但这不意味着他具有做美容矫正所必需的丰富医学教育与培训。找美发师来给你做美容矫正是不是很糟糕？难道这也要我们来提醒吗？

什么时候该做美容

就在不久前，大多数人要等到50多岁、60多岁，等到自己的皮肤明显见老时，才会认真考虑去做美容或整形。随着非侵入式、低成本的美容方案的出现，比如激光换肤、肉毒杆菌毒素和皮肤填充剂注射，以及几乎不会留下明显疤痕的更先进的美容手段的应用，所有这一切在悄然发生改变。

如果更提前一些，在你“需要”之前就做美容，能够让你的皮肤更健康，看起来更年轻，并且美容效果能够保持好几年。相反，等到你脸上显露出岁月留下的痕迹之后，你才考虑做美容术，那么美容效果难免会给人以突兀的感觉。我们认为，等到皮肤松弛下垂、明显衰老再做美容就没有多大意义了。就好比某个人非得等到医生宣布得了肺癌再戒烟一样，还不如早几年就把烟戒掉。

如果你的朋友和家人跟你说没必要去美容，但你又有一些皮肤衰老的烦恼（而且护肤解决不了问题），那么还是早点考虑做美容矫正吧。你的容貌当然要由你来做主！难道要等到有人说最近你怎么这么难看，你才下定决心去整容？况且，越早做美容还能延缓皮肤衰老的进程，因为越年轻的皮肤自愈能力越强。总之，基于自己的感受和财力，只要你有所准备，就可以决定去做美容。

尽管我们强烈建议完全由你来决定何时做美容整形，但是听取朋友和家人的意见也很重要，尤其是当他们也开始说你怎么变得难看之时。

哪种美容项目适合我

在考虑做美容整形时，也许最基本的一个问题就是：哪一种项目适合我？不同的美容整形项目可以组合出繁复无比的方案，所以你对此心存疑虑是可以理解的。简单来说，我们的回答就是：选择哪些项目要看你想要什么效果，以及医生的建议。

也许最难也是最令人沮丧的，就是意识到仅仅做一次美容并不能解决所有的问题。肉毒杆菌毒素注射替代不了皮肤填充剂，激光治疗替代不了皮肤填充剂或肉毒杆菌毒素，外科手术也替代不了皮肤填充剂、肉毒杆菌毒素或激光治疗。它们之间的美容效果也许会有一部分重叠，这要看你皮肤遭受的伤害有多糟糕，或者皮肤衰老的情况有多严重，不过每一种美容术都能达到其最佳的效果，并且持续一段较长的时间。对一些人来说，尤其是那些不到40岁的人，做一次美容整形就能够满足一段时期内想要的全部需求，只不过美容效果无法一直持续下去。总之，你想美容的地方越少，你需要考虑采取的措施就越少。

还有一个复杂的情况，关于美容设备、注射材料和磨皮方法，以及手术技巧，医生的选择通常不会是相同的。医生可选择的范围很广，需要接受相应的业务培训，然后再做相应采购。考虑到对美容设备和业务培训的投资，每个医生都有其偏好和专长。（记住：不是每个人都能接受所有的业务培训，或者成为各个方面的专家的。）

此外，每一个医生都有自己的偏见，都会推销自己的美容服务，认识到这一点也很重要。这并不是坏事；但是你必须明白，医生之所以推荐某种特殊的激光治疗或光照设备，或特定的皮肤填充剂，仅仅是因为医生手上只有这些。医生不太可能会跟你说，对门或者另外一个街区有更适合你的美容设备或者注射材料。

在你开始研究我们介绍的美容方法，或者你自己在网上搜索相关资料之前，要记住可选择的美容整形方案多得不能再多。首先，任何一种美容术——外科手术、侵入式美容术（深度剥脱性激光换肤）或者非侵入式美容术（肉毒杆菌毒素注射、皮肤填充剂、非剥脱性激光）——的效果都无法永久保持。例如，注射肉毒杆菌毒素和某些皮肤填充剂的效果不超过半年或一年。做一次甚至几次美容，并不意味着你的皮肤不再衰老。要保持美容效果，你必须持续谨慎地选择合适的美容方案。当然，你不必尝试所有的美容方案，但重要的是知道全面的方案才能够保持美容效果，以便应对未来更多出现的岁月留在脸上的痕迹。

当然，如果你不注意平时的皮肤保养，尤其不用防晒品来抵御紫外线和环境对皮肤造成的伤害，那么你的皮肤衰老速度会更快。任何一种美容术都无法取代必不可少的护肤流程，以及每天全面的防晒。

美容术全接触

下面我们概述对面部进行美容的基本情况。这方面真的相当复杂！医生会详细告诉你如何选择来实现你的需求，但医生花在你身上的时间都是收费的，并且他们也倾向于推销自己的服务，因此你必须准备好要提出的问题，并且做一些初步的研究（本书一定会对你有所帮助）。

请注意：下面列出的美容术清单中，我们没有列出特殊的激光、强脉冲光、射频或超声美容设备，因为这些设备的种类数不胜数。更加复杂的是，不同种类的激光通常组合在一台设备里，并且一直有新型设备面世。此外，这些设备的样式、波长、强度和品牌也千变万化，使得消费者即使做了细致的研究也无法跟得上其变化的步伐。不止一位美容皮肤科医生向我们感慨，就连医生也做不到对最新设备的了解。

我们先从肉毒杆菌毒素开始，因为注射肉毒杆菌毒素是当今最流行的一种美容方法。

Botox 和 Dysport 都是来源于 A 型肉毒杆菌毒素的药物。注射这两种药物，能够暂时麻痹面部特定部位的肌肉，因此其消除细纹几乎立竿见影。Botox 注射术并非很新的东西，早在 1973 年就开始应用，其安全性和有效性的历史较长。

不同公司生产的 Botox 和 Dysport 具有同等的效力，差别很小。它们可以用来消除脸上的抬头纹、鱼尾纹和皱眉纹。一些医生还通过注射 Botox 来改善嘴角的木偶纹，美化下颌的“橙皮皱”，减轻眼部区域下方的浮肿，用于眉毛上方时可以令双眼更有神，缓解嘴部四周较深的垂直纹，以及软化颈部可能出现的带状皮肤。Botox 和 Dysport 的美容效果可以持续 6 个多月，随后逐渐消失。

许多人喜欢组合使用 Botox 和皮肤填充剂，从而获得更好的美容效果，不过它们的美容机制完全不同。虽然这两种美容都是采用注射方式，Botox 主要用于前额以及眼部周围的皱纹附近，以阻止肌肉运动产生皱纹（有时指表情纹）。Botox 和 Dysport 不具有皮肤填充剂那样的令皮肤丰满和光滑的作用。

皮肤填充剂包含各类可注射的物质，有的是天然的，有的是人工合成的（其商品名包括 Bellafill，Belotero Balance，Juvederm，Perlane，Radiesse，Restylane，Sculptra Aesthetic 和 Zyderm），有些皮肤填充剂更适合面部特定部位皮肤的美容需求。皮肤填充剂有一个非常特殊的功能，就是与其他医学美容没有关系。皮肤填充剂适合用来填补鼻唇间的法令纹或笑纹，丰唇并消除嘴唇四周的垂直纹，用在双颊部位塑造脸形，填补眼部下方的凹陷，填补青春痘或水痘造成的皮肤凹陷，以及改善双颊或太阳穴部位由于脂肪垫移动而造成的憔悴外观。皮肤填充剂的美容效果能够持续半年到两年；半永久性或永久性填充物的效果能够持续长达 5 年，甚至能持续更长的时间。

激光有许多种，并不存在某种最好的激光。根据你的需求和情况，一般需要多次激光照射才能够获得满意的效果。下面简单介绍一下各种类别的激光。

剥脱性激光（又称剥脱性非点阵激光）包括二氧化碳激光和铒雅各激光(Er:Yag laser)，通过高热以非常精准的方式破坏皮肤整个表面。剥脱性激光会在被处理部位造成较深的创口，形成较厚的痂，待痂愈合，就会形成新生的皮肤。这种类型的激光用于面部、颈部或胸部程度较深的换肤，可以消除晒伤，令肤质光滑，改善肤色，紧致皮肤，促进胶原蛋白生成，以及在一定程度上改善皱纹、疤痕和色斑。在所有可以选择的激光和光照治疗中，剥脱性激光的效果最强，并且很快显效；然而，它们也很可能造成皮肤伤害。

剥脱性点阵激光的效果与剥脱性非点阵激光类似，但作用机制相对弱一些。与剥脱性非点阵激光以强热深度作用于整个待处理区域的皮肤不同，剥脱性点阵激光通过数千个微小的点阵放射深度的强热。各照射点旁边的皮肤不会受损，因此愈合时间会比剥脱性非点阵激光要短，而待处理的整个区域皮肤仍然“受伤”。剥脱性点阵激光能够有效改善皱纹和色斑，令皮肤更光滑。

非剥脱性激光（又称非剥脱性非点阵激光）释放的强热弱于剥脱性激光，因此几乎不会对皮肤造成伤害，能够满足许多要求不是特别高的美容需求。总体来说，依据激光美容设备及其配置，非剥脱性激光能够改善色斑，清除可见的毛细血管、酒渣鼻或痤疮后所引起的皮肤发红，促进胶原蛋白合成，紧致皮肤，改善肤质，并且可以适度消除疤痕。

非剥脱性点阵激光据说综合了剥脱性与非剥脱性激光技术的优点，因此安全性也更高。非剥脱性点阵激光以点阵的方式释放的热量类似但稍弱于剥脱性激光。其中数百个微小的皮肤区域遭受汽化，这种情况与传统的剥脱性激光相同，而其他部位的皮肤则不会受到损害，因此激光治疗后恢复也更快。缺点在于非剥脱性点阵激光治疗需要进行多次才能够获得满意的效果。它们非常适合适度紧致皮肤（尤其皮肤松垂刚刚出现时）、一定程度的胶原蛋白重建、适度至中度的皱纹，改善遭受晒伤的皮肤、某些类型的疤痕以及各种皮肤色斑。

强脉冲光（ILP，又称光美颜或光子嫩肤）是指能够释放多种波长和强度光线的非剥脱性激光，它可以用来攻击血管从而改善表皮毛细血管扩张的外观，也可以用来攻击黑色素从而减少皮肤上因为晒伤而形成的斑点。强脉冲光的美容效果相对较快，但依据皮肤色斑的数量或毛细血管扩张的严重程度以及皮肤发红的状况，一般需要三到五次治疗，但是治疗区域在再次治疗之前可能很快就会恶化。当使用强脉冲光做全面的“光子嫩肤”以减少皱纹和紧致皮肤时，肯定需要三到五次治疗，通常每隔三到六周做一次。一般认为强脉冲光获得的嫩肤效果还是不错的，但相比剥脱性点阵激光或非点阵激光的效果还是要弱一些。

射频（RF）器的工作原理与激光类似，但所产生的热量来自 RF 波而不是光波。两种著名的射频器品牌是 Thermage 和 Pellevé。射频器能够改善皮肤松垂状况，光滑和紧致皮肤。与非剥脱性激光类似，射频美容也需要做多次才能够得到较好的效果。

由 Ultherapy 设备操作的微聚焦超声美容的工作原理与各种形式的激光和 RF 设备不同，它是利用超声能量在皮肤中产生热量。激光和 RF 设备释放的热量针对皮肤的表层，但 Ultherapy 则绕过皮肤表层，将热量作用于皮肤最深层，直接针对和刺激胶原蛋白的生成。Ultherapy 最主要的用途是紧致皮肤，改善中低度皮肤松垂现象，美容效果显著。Ultherapy 被认为是较痛苦的非侵入式美容方法之一。在做这种美容之前，你必须和医生商讨自己对痛苦的忍受程度以及相应配合使用的药物。

化学换肤可以作用于表层至较深层的皮肤，从而改善皱纹，令皮肤更光滑、紧致，并且减少色斑。轻度化学换肤所产生的令皮肤光滑的效果是暂时的，一般只持续几天，长的能够维持两周。深度化学换肤的效果则能够持续几个月到一两年。化学换肤所使用的药剂有多种，包括果酸（羟基乙酸或乳酸）、水杨酸或三氯乙酸（TCA）。

浅层换肤通常指“午餐时间换肤”，使用低浓度的羟基乙酸、乳酸或水杨酸作为药剂，相对温和且快速改善肤质，淡化色斑和皱纹。但是它们几乎不能令皮肤紧致，也不能改善痘疤的外观。

中深度换肤使用的药剂与浅层换肤相同，其去角质的效力能够到达皮肤的中间层，因此效果更显著一些。中深度换肤的美容效果也与浅层换肤相同，只是更显著一些，持续的时间也更长一些。

深度换肤一般要用到三氯乙酸，它能够渗入皮肤更深的层次，因此其效果和持续时间相比浅层换肤和中深度换肤都要强。同样的道理，深度换肤的恢复时间和风险也更大一些。

面部拉皮（上部皱纹切除术）和颈部拉皮（下部皱纹切除术）操作起来直截了当，几乎可以同时进行。它们能够有效地改善面部、颈部和下巴松垂的皮肤，塑造出一张年轻漂亮的脸。拉皮手术应该由经验丰富，并且获得执业认证的美容或整形外科医生来执行。拉皮手术需要恰到好处地切除多余的皮肤，谨防拉皮过度，否则可能造成扑克脸或手术后表情僵硬。

在手术中，医生也会拉紧皮肤下面的肌肉，将囤积在皮下的脂肪拿掉或重新分配。拉皮手术的刀口在额头和耳后的发际线上。对于某些皮肤松垂问题，拉皮手术可能是唯一有效的办法。

激光和其他使用机器或注射方式的美容术能够紧致皮肤，恢复皮肤的弹性，其中一些效果还很显著，但如果皮肤松垂现象太严重，这种矫正可能就是浪费钱，但拉皮手术却能够一下子让你得到想要的效果——虽然拉皮手术的恢复时间要更长，注意事项更多。

眼睑美容术是在上眼睑或眼部下方做的一种外科手术。它能完美地去除堆积在眼部周围过多的脂肪，改善眼部浮肿、眼袋、下眼睑下垂和眼部周围细纹。它其实与拉皮术的方式相同：切除过多皮肤，拉紧肌肉，取出或重新分配脂肪垫，然后再缝合。

技术娴熟的医生会将刀口开在下眼睑的眼线处，这样刀口愈合后几乎是看不见的。上眼睑的刀口，则小心地开在眼睑的褶皱处，愈合后也难以被察觉。

眼睑美容术能够满足眼部的美容需求，也能够解决一些由于眼睑造成的眼部功能问题（比如视力减退）。如果是因为视力问题而做手术，通常还可以享受到医疗保险的保障。

前额拉皮或抬眉手术用来修正眉毛附近的皮肤下垂，改善额头水平走向的皱纹和皱眉纹。前额拉皮手术有多种，手术部位不同，其刀口长度也不同，刀口位置通常在发际线处。其中内窥镜前额拉皮手术因为对皮肤的侵入最小而备受青睐。手术时要用到的内窥镜沿发际线处的微小刀口进入，内窥镜（一端有微小摄像机的细长软管）连接专用的手术设备。医生通过显示器，可以看到调整脂肪垫、重新安排皮肤位置，以及拉紧肌肉的手术过程。这是了不起的外科医生助手！

还有一种冠状切口的前额拉皮术。这种手术的刀口在耳后发际线之后一到两英寸的位置上。前额皮肤由此可以被掀起，这样医生可以直观地调整肌肉或脂肪组织（与内窥镜前额拉皮术不同，虽然内窥镜技术先进，但会限制医生的整个视野）。

冠状切口前额拉皮术留下的伤疤会被重新长出的头发所遮盖。每一种前额拉皮术都能够完美地改善前额和眉毛或上眼睑部位皮肤的松垂或起皱纹现象，并且令前额更加美观。

隆颌术也叫颌成形术，这种手术要将一个植入物放入颌部，以改善下巴和颌部的结构与外观。植入物可以从患者自身的骨骼中或捐赠者骨骼中提取。

耳成形术通常用来改善招风耳或提拉松垂的耳垂，它们通常是因为长期戴较重的耳环而造成的，当然也可能是因为遗传。耳成形术不是很流行，不过它可以在做面部拉皮手术时同时做掉，以改善整体容貌和面部的对称性。

鼻成形术通常也叫隆鼻术，手术中要对鼻子的形状和结构做重新安排。手术的刀口通常在鼻子内部，这样伤口愈合后不会被察觉。经验丰富的外科医生可以通过去除或增填鼻骨或鼻软骨来使得鼻子缩小或挺拔。

会出错吗？

简言之——一切皆有可能，出错一点不奇怪，不出错也不奇怪。每个美容项目都有其风险和回报。事实证明，美容术带来的积极方面要多过消极方面。实际上，美容失败的情况相对罕见，大概占到1%—5%。

美容的回报是显而易见的——你照照镜子，会发现自己看上去更年轻了，也更漂亮了。然而，对美容术潜在的风险视而不见并不明智；在美容术行业，忽视就得不到护佑！

下一节我们会描述美容方面的风险，看上去挺吓人的，但是要记住，从统计意义上来说，美容整形的正面效果远远超过负面效果，有时甚至能够获得完美的效果。互联网和各类媒体上经常报道美容失败的恐怖故事，我们不希望你基于这些“标题党”文章来做决策。不可否认，不多见的可怕事例确实存在，通常这都是因为选的医生不合格，手术过程一塌糊涂造成的。也有一些人，幸好是少部分人，对整形上瘾，喜欢在脸上不断地修修补补。但糟糕的是，这些人的皮肤及其皮下结构无法承受太多，最终他们的面容会看上去僵硬、扭曲和怪异。

下面我们做一个简单的概括，当你选择做相应的美容整形时，一定要把这些事项牢记在心。我们不是想吓唬你，在你预约医生之前，一定要了解这些事实和其中的风险。

首要的风险就是你对美容效果不满意。你有可能觉得钱白花了，有可能没有什么得到真正改善，有可能是太痛苦了，有可能是容貌看上去不匀称或者有点变形，有可能脸上出现了色块或者不想要的肤质，还有可能疤痕难以愈合或者难看并且明显——这些情况都有可能出现。

一般来说，美容整形对皮肤的侵入越多（例如深度激光治疗或外科手术），恢复期面临的并发症和经受的痛苦就可能越多。侵入越少，出现这类问题的风险就越少。然而，疼痛是免不了的，具体要视每个人的耐受和所选择的美容项目而定。

美容或整形外科手术——面部拉皮、颈部拉皮、眼睑整形、前额拉皮、隆鼻——的并发症有长长的一大串，所以你千万不可大意！毕竟是外科手术，无论是小手术还是大手术，皮肤上总要有刀口，总要有缝合的。常见的问题包括伤疤愈合不良，留下难看或肥厚的疤痕；手术部位长时间感到麻木，甚至麻木感始终不退；感觉到皮肤紧绷，甚至紧绷感始终不退；刀口或刀口附近感觉疼痛，甚至疼痛感始终不退。手术之后留下的疤痕可以采取一些措施来消退，但是如果有麻木感和紧绷感，那么就不容易得到缓解。

对于需要使用麻醉剂或镇静剂的美容整形外科手术来说，其潜在的风险要严重一些，比如可能引起过敏反应或呼吸障碍，因此在做手术之前，必须仔细和医生商讨这方面的可能性，不要等到做手术那天才想起这些。

美容外科手术进行当中和术后出现瘀伤或失血是正常现象，但是过量且持续的失血，尤其是做完手术回家之后仍然是这样，那么就属于异常情况，必须立即就医。千万别耽误，得马上看医生！

此外还有可能感染,这是任何一项外科手术都存在的风险。一旦发现感染，必须马上予以处理，如果放任不管，那么感染很快就会扩散，导致严重的并发症。如果发生了严重感染，那么就有可能再做手术，将刀口附近形成的死皮组织切除。

眼睑美容术可能导致一种奇怪的后果，就是上睑下垂症，幸亏这种情况相当罕见。术后眼睑出现意外松垂，这时就需要再做手术来矫正。

手术内容越多，需要整形的项目越多，术后不满意的情况也就相应增多。因此，这也是你打算做美容外科手术之前，必须和医生详细讨论每一项可能存在的副作用的原因。

至于皮肤填充剂，最常见的问题就是最开始会有硬物的感觉，暂时性肿胀或短时瘀伤。皮肤填充剂有可能造成囊肿、疙瘩、结节、皮肤不规则，以及永久性甚至半永久性填充物所造成的组织发炎。也有可能发生过敏反应，但这种情况很少见。如果患有唇疱疹，皮肤填充剂可能会加重病情。注射填充剂也可能引发感染，但是这种情况极其罕见，也容易治愈。

毫不奇怪，有关皮肤填充剂的最常见的抱怨都跟手术结果有关。这些问题包括填充剂放置位置不准确，术后皮肤不平整，平常部位填充过多。技术娴熟的医生能够对其中一些并发症进行矫正；对短效皮肤填充剂来说，你只要保持耐心，等待填充剂分解被人体吸收就可以了。如果使用的是以透明质酸为基底的填充剂，有时可以在受影响部位注射酶，通过这种方式进行矫正，因为酶会分解这种填充剂而不会造成进一步的问题。

肉毒杆菌毒素 Botox 和 Dysport 因为会影响到面部的肌肉，因此它们的副作用可以说是最滑稽的。前面已经提到过，注射 Botox 和 Dysport 可以用来改善前额的细纹和皱纹，也包括川字纹。如果措施得当，皱纹很快就会消失，但有些人在注射之后却表现出神情僵硬、呆板，以及面无表情。这些风险是你在注射之前必须考虑到的。

当一条眉毛或双眉过于呈拱形或被提高之后，会出现“斯波克效应”，产生令人吃惊的不自然的表情。如果医生或实施注射者的技术足够丰富，可以再实施一两次调整注射，轻易就能矫正出现的问题。

上睑下垂也可能会发生，但很罕见，这是最严重和最明显的风险——因此你必须确保实施注射的医护人员必须接受过良好的业务培训，具有丰富的经验。有一些处方级滴眼液能够暂时性缓解上睑下垂的症状，直到肉毒杆菌毒素的作用消除；在大多数情况下，需要持续使用滴眼液三到六个月。

为了令面容光滑，尤其是嘴部周围的皮肤，医生可能会画蛇添足，在该保留的部位也进行注射。这种情况在嘴边和双颊部位注射时最常见，结果可能导致不自然的呆板笑脸。虽然注射能够抹去脸上的皱纹，但这种表情并不是人们乐见的。

注射 Botox 和 Dysport 的一个严重副作用就是在鼻子两侧和鼻子上形成鼻皱纹。虽然注射肉毒杆菌毒素防止了前额和眉毛部位肌肉的运动，但不会中止面部对抬头或抬眉的自然却不受意志支配的反应。对于这些意图实现却无法实现的运动，面部的反应就是激发并且最终过度运动其他的肌肉，结果导致鼻皱纹出现。

注射肉毒杆菌毒素常常会带来微小的不适和瘀伤，但通常能够很快恢复；美容过程中的疼痛通常也比较轻微，在注射之前涂抹外用的麻醉药膏也非常管用。

依据注射部位的不同，还有一些情况也可能发生，但极其罕见，比如眩晕、吞咽困难、头痛（尽管肉毒杆菌毒素也被用来缓解偏头痛）、眼部刺激、眨眼减少，以及肌肉无力。

强脉冲光和非剥脱性激光造成副作用的风险极小，但它们的美容效果也不怎么显著。其副作用包括皮肤色素问题，如皮肤发红或略带紫色（紫癜），肤色中等至较深者出现皮肤颜色较浅的斑块（色素减退），或者对做过美黑的部位误进行强脉冲光或激光治疗。

强脉冲光造成感染的情况极其罕见。当强脉冲光用于嘴部除毛、缓解皮肤发红、改善胶原蛋白合成时，它所产生的热量才可能刺激潜伏感染如单纯性疱疹病毒。

强脉冲光也有可能造成类似晒斑的皮肤反应，皮肤会感觉火热，或者看上去像烧伤，不过这种暂时性的情况比较少见。皮肤肿胀和挫伤也有可能出现，但皮肤往往很快就会恢复。至于疼痛，最常提及的感觉类似于用橡皮筋弹自己的皮肤，不适感胜过疼痛感。

相比强脉冲光，剥脱性激光的副作用要更多一些，因为其治疗方式更深入，可能造成的损伤也更严重。激光换肤越深入，其副作用也严重。刚做完剥脱性激光换肤之后，皮肤会出现瘙痒、肿胀、发红、渗液、起水疱、长痘、皮疹、感染、肤色改变（比正常皮肤颜色要深或浅），以及持续几天的严重脱皮。剥脱性激光换肤也可能造成永久性疤痕（其实非常少见）。如果是对眼部附近的皮肤进行激光换肤，有可能出现眼睑外翻的情况。眼睑外翻是指下眼睑（有时是上眼睑）外翻，露出眼睑内部，使得眼部外观怪异。眼睑外翻可以通过手术来矫正，但也可以在做激光换肤之前，请医生在眼角先做缝合，从而预防眼睑外翻的发生。（宝拉在做剥脱性激光换肤时，医生就对她做过这样的预防措施。）

另外，如果发现有感染迹象，或者存在其他异常状况，一定要马上去看医生。

各种化学换肤的风险各不相同。程度轻微的换肤其风险最小，包括皮肤发红、皮肤刺激、起屑、干燥以及很少见的起水疱，持续时间可能在一天以上一周以内。中度的化学换肤也有类似的风险，但副作用的强度会相应增加，持续的时间可能延长到一周以上，或者两周。由于深度换肤会造成二度皮肤烧伤，因此各种副作用都有可能发生，还可能出现皮肤结痂和渗液。深度化学换肤造成皮肤感染和疤痕的可能性也更大，愈合时间介于两周至两个月。

美容整形前的一般提示

停用可能造成皮肤瘀伤、肿胀或出血的药物或补充剂。如果有些药物你必须每天服用，一定要告诉医生。另外，关于你正在服用的药物或补充剂，或者生活习惯（比如吸烟），你还要向医生咨询，了解它们对美容整形后的恢复可能造成哪些不良影响。这些事关美容的效果，因此一定要问清楚，现在不是羞于启齿或者感到尴尬的时候。

在预约做美容的前一周或两周，不要服用阿司匹林、布洛芬、萘普生、银杏提取物、贯叶连翘提取物、维他命 E、鱼油（ω-3 脂肪酸）丸、生姜和大蒜。这些东西会增加皮肤瘀伤和出血的风险。

在做美容之前至少 24 小时不得饮酒，并且根据美容项目的种类，在术后几天或几周内不得饮酒，因为酒精会抑制人体的自愈能力。

可以考虑服用山金车。口服山金车有抗炎作用，在做美容整形之前连续服用两周山金车补充剂，说不定有帮助。请教医生你是否可以服用，以及剂量多少比较好。不要在受伤的皮肤上涂抹山金车，否则会造成皮肤刺激。

再次强调：不要美黑，不要吸烟！尽管无数的研究报告证实美黑和吸烟对皮肤没有好处，但还是有很多人乐此不疲。美黑和吸烟会大大加重皮肤出现色斑的可能性，造成皮肤疤痕，延迟皮肤愈合的时间。此外，你何苦一边做着令皮肤衰老的事情，一边又花钱去做美容呢？

有关吸烟，医生也许还会要求吸烟的人在做美容或侵入式整形之前戒烟至少三周。对许多人来说，戒烟三周可以缓解许多吸烟的副作用。吸烟由于将一氧化碳吸入身体而造成严重的后果，会阻碍人体组织获得充足的氧气含量，抑制人体的愈合。烟草中的尼古丁还会抑制血管中的血流量，所有这些最终会导致严重的后果。

美容整形前的护肤

一般来说，在涉及美容整容时，你日常的护肤流程中并不一定要增加或减少某些一定要做或特殊的护肤步骤或产品。当然，前提是你听从了我们的护肤建议。我们要强调的还是那句口头禅（极少有例外）：继续呵护自己的肌肤！如此方能加速皮肤愈合，让皮肤恢复得更快。

尽管美容整形之前没有特定的护肤流程，一些医生仍然会提出护肤方面的建议，并且要求你适当做一些改变。当然你应该听从医生的建议，不过，如果你有疑虑，一定要问问清楚。即使你不赞同，但听从医生的意见还是明智的。

在术前和术后，你要和医生沟通讨论外用的处方药物，因为这些药物可能会与美容整形之间起作用。例如，外用可的松乳霜（包括非处方和处方药两种强度）可能会妨碍皮肤愈合。医生有时会要求你在做美容前一周或两周停用类维他命 A（如 Renova，Retin-A 或以视黄醇为基底的产品），以免增加美容后皮肤发炎的风险。医生还会要求你在做美容几周之后才可以恢复使用外用药物。

许多医生的想法与我们相同，相信最好是继续使用类维他命 A 或视黄醇，因为类维他命 A 能够强化皮肤的功能，减少并发症的风险。

不管什么情况，你必须把自己正在使用的外用药物和口服药物的详细情况告诉医生，口服的药物还包括从食品店或药店购买的各类保健品。许多口服药物会影响美容整形后的恢复，因此，正像我们前面提到的，告诉医生自己口服药物的情况十分重要。

此外，防晒也非常重要，甚至要比平时更注意防晒。在美容整形之前——不管是侵入式还是非侵入式，最好不要晒到太阳。晒伤会影响到皮肤的愈合，增加皮肤发炎的可能性，还会令疤痕更明显。对一些激光或光照美容项目来说，晒黑的皮肤更容易引发并发症。

还要请教医生在美容整形之前是不是可以持续使用 AHA 或 BHA 产品，以及在美容整形之后何时才能恢复使用这些产品。一些医生觉得应该停用每天使用的 AHA（羟基乙酸或乳酸）或 BHA（水杨酸）去角质产品。但也有医生不这么认为，他们觉得继续使用 AHA 或 BHA 去角质产品有助于温和地去除美容整形造成的死皮细胞的堆积，并且促进术后愈合。不管怎么说，如果医生建议停用，你最好还是听从医生的要求。

美容整形后的护肤

做完美容整形之后要注意什么？不管是大动作还是小动作，以下内容是你必须知道的。

正确使用织物包裹的冰袋。在注射肉毒杆菌毒素和皮肤填充剂，以及接受非剥脱性激光或其他强脉冲光美容之后，重要的事情之一就是使用冰袋。在做美容当天必须一直使用冰袋。

至于其他美容项目，比如化学换肤、剥脱性激光换肤或美容整形手术如面部拉皮，要严格遵照医嘱在家护理。一般来说，美容项目越多，术后护理就越要当心。注射肉毒杆菌毒素之后的护理与面部拉皮之后的护理差别极大！

不要做剧烈运动。根据美容整形的情况，医生可能会建议你在随后的几天不要让自己的体温升高。这意味着不要做剧烈运动，不要做热瑜伽，不要泡热水澡，不要做桑拿，以及不要靠近火炉做过量的烹饪。

睡觉时头部抬高。美容整形之后，睡觉时头部尽可能抬高有益无害。这样会缓解皮肤肿胀，显著促进愈合进程。如果你觉得这种睡姿太难受，试着用枕头垫在身体两侧，这样双臂会更舒服一些。

使用柔润的保湿品。许多美容项目会使得皮肤在接下来的几天里起鳞屑或感到干燥，如果你的护肤程序中不含滋润的保湿品，那就应该选一款来使用，就算你的皮肤通常是油性皮肤。选用的润肤霜不必像凡士林那么厚重，但必须柔润，并且添加了有愈合皮肤作用的抗氧化剂和皮肤修复成分。等到皮肤愈合，你就可以回到平常使用的适合自己肤质的保湿产品。

除了保湿，你还应该考虑使用以聚硅酮为基底的精华液。聚硅酮成分如聚硅氧化合物、二甲聚硅氧烷，被证实有保护和促进皮肤愈合的作用，因此添加有抗氧化剂和皮肤修复成分的以聚硅酮为基底的精华液有助于美容整形后的护肤。在皮肤愈合之后，你依然可以使用这种精华液。

停用磨砂膏或洁面刷如科莱丽产品。大多数美容整形之后用力擦洗皮肤是不对的，因为这会造成皮肤拉扯，虽然程度比较轻微，但仍然会延缓皮肤的愈合，尤其是在做激光换肤和化学磨皮之后。只有等到皮肤完全愈合，你才可以继续使用这些产品。

皮肤初步愈合之后，你可以恢复通常的护肤流程，希望你能够遵循我们在本书中提到的各种建议。一旦你重新开始使用 AHA 或 BHA 去角质产品，要注意自己皮肤的反应，然后相应地调整使用频度。如果发现有皮肤刺激现象，你就要暂停。许多人发现这些产品能够加快皮肤愈合，令美容效果更好，但对有些人则不是。我们建议你自己多试试，看怎么做最适合自己！

全在于你自己！

毫无疑问，要想获得最完美的皮肤，必须是良好的护肤、健康的生活方式，以及不排斥做某种美容术的组合。我们觉得这是让你永葆青春的三连胜窍门。美容整形并非适合所有的人，但如果你选择去做，那么你将更容易、更安全、更快速地实现你想要的结果。

在我们这个新时代，你可以接触到更多的美容项目，它们的效果也越来越好。一些人很高兴别人从自己的脸上读不出年龄，也很高兴自己可以做选择。只要美容效果显著（通常是这样），大多数人还愿意借助美容来保持自己年轻的风貌，这样做风险相对较小，效果还相对持久。

这里说的“相对”是什么意思？因为美容整形的效果也存在着时限，所以我们用“相对”这个词；也就是说，美容项目无法让你的皮肤摆脱衰老。这样既好又不好，许多美容项目包括侵入式的和非侵入式的，都是你创造想要的容貌的合法选择。此外，做美容胜过花冤枉钱去买无法抗皱或改善皮肤松弛的各种乳霜或乳液。

在预防和修复皮肤衰老痕迹方面，护肤大有可为。而在矫正皮肤衰老方面，良好的护肤程序（对此我们说的已经够多了）和正确的美容项目（外科手术项目或非外科手术项目）的组合才是最佳应对方式。

微针疗法

微针疗法是指使用带有许多微针的滚轮设备来针刺皮肤的一种方法。微针设备有许多种类，产品名称也各异。微针设备有手动的如 Dermaroller，也有电动的如 Dermapen 或 Dermastamp。

微针疗法是有一定科学依据的，它有助于改善疤痕，但有关微针设备能够改善皱纹，帮助抗衰老成分更好地被皮肤吸收，则缺乏科学根据。

要评判微针疗法的优缺点不是那么容易，因为当听说某样东西在某种情况下可能有效时，人们往往会认定这样东西在任何情况下都有效。了解微针疗法真实情况的另一个障碍，在于出售微针设备的卖家会有意混淆医生施行的微针治疗。这种虚假夸大、误导性的信息实在太多了。

微针设备的一个严重问题是你可以自行选购，结果对皮肤造成更多的伤害，使得它弊远大于利。微针疗法并非适合每个人，它有可能对皮肤造成伤害，使得皮肤问题更加严重，反而不能带来神奇的效果。

Dermaroller 的圆形滚筒上附有 200 多根微针，还有一个手柄，用来在面部滚动。使用时只需稍稍用力，滚筒滚过之处，便留下几百个微小的针刺孔。

Dermapen 的外形就像一支钢笔，其圆头位置布满微针。圆头和微针是电动的。就像冲压一样，电动微针会刺入和拔出皮肤。

Dermastamp 类似于 Dermapen，只是圆头更大，装的微针更多，分手动和电动两种。它们不像滚针那样，而是以冲压方式针刺皮肤。这有点像纹身机，只是它同时有很多而不是一根针刺入皮肤（当然也没有纹身用的墨水）。

微针设备主要有三种用处。第一个用处是用来分解造成某些类型疤痕的过多的胶原蛋白，这一点得到了一些研究报告的支持。另外两个用处则令人怀疑，尤其是涉及抗皱和通过皮肤创伤来刺激胶原蛋白合成进而改善皱纹的外观，最后一个用处是帮助护肤成分被皮肤吸收。

有研究表明，使用 Dermastamp 或 Dermapen 的医学治疗来改善疤痕具有良好的效果。但是 Dermaroller 能否产生同样的效果还不清楚，因为目前几乎没有公开发表的研究报告，虽然理论上它可以得到同样的疗效。任何一种微针疗法针对脂肪团是否有效也令人怀疑，何况脂肪团常常出现在大腿等部位而不是脸部，就算有效也不会那么容易被察觉。

至于促进胶原蛋白的合成，越来越多的研究报告表明 Dermapen 和 Dermastamp 是一种改善皱纹的简便方法，而且相对来说价格也要便宜得多。相反，虽然理论上 Dermaroller 也能实现同样的效果，但是却没有得到研究报告的支持。

在改善皱纹方面，Dermaroller 常常被吹捧为比化学换肤或激光嫩肤还要好，因为它不用去除表皮，但同样通过修复所造成的皮损来促进胶原蛋白的合成。然而，去除皮肤表层乃是化学换肤和激光嫩肤的一项主要功能。通过去除遭受日晒的皮肤表层，换肤术能够令皮肤外层更加光滑。促进胶原蛋白合成只是改善皱纹的一种途径。况且，不损伤皮肤表层的激光、光照、射频和超声美容仪还有很多。

如果经常性地损伤皮肤，最终将得到负面的效果。对于重复进行会损失皮肤的治疗来说，这是它们最令人担心的问题之一。正是存在着滥用的风险，所以我们不热心推荐家用微针仪。我们从生理学角度来谈一谈这个问题。

当伤口愈合以及疤痕组织形成时，类型Ⅰ和类型Ⅲ胶原蛋白的相对含量会发生变化（人体中有至少16种胶原蛋白，其中在皮肤中类型Ⅰ和类型Ⅲ最多）。当皮肤受伤时，类型Ⅰ胶原蛋白的含量会增加，而类型Ⅲ胶原蛋白的含量会减少。当类型Ⅰ和类型Ⅲ胶原蛋白的含量保持平衡时，皮肤才会更健康，看上去更年轻；当由于皮肤受伤或衰老，尤其是皮肤持续反复地受到伤害而导致这两种类型的胶原蛋白含量失衡时，类型Ⅰ胶原蛋白的含量就会增多。结果呢？皮肤会变得粗糙，看上去不健康。正因为这两种类型的胶原蛋白的含量保持平衡，才造就了年轻的皮肤。在激光美容或化学换肤过程中皮肤受到“伤害”，由于皮肤愈合过程导致类型Ⅰ胶原蛋白含量增加，在之后的愈合过程中，皮肤开始合成大量的类型Ⅲ胶原蛋白，以便恢复到健康状态（如果我们不加干涉，皮肤喜欢被修复）。

由于类型Ⅰ和类型Ⅲ胶原蛋白的平衡确保了皮肤健康、看起来更年轻和光彩照人，因此经常性损伤皮肤几乎不可能保持或维护这两种类型胶原蛋白之间的健康平衡。换肤和激光治疗都是间歇性操作的，而大多数微针设备的产品说明书要求每天使用，很容易让人误以为如果少一点好，那么更多会更好。

微针疗法常常被大肆宣传的另一个好处，就是能够增强药用成分或化妆品成分对皮肤的穿透力。确实有研究报告表明微针疗法可以充当将处方药物输入皮肤的工具，但这只是开发研究，还没有投入标准化的实践。

至于借助 Dermaroller 或类似的工具让护肤成分更“深入地”穿透皮肤，这种效果令人怀疑，相关研究也非常少见。已有的这类研究大部分只测试了少数人群，而且研究人员（甚至是医生）通常代表了销售这些设备的公司的利益。

最主要的问题在于，持续反复地伤害皮肤最终会得不偿失。第二个问题在于，什么样的护肤成分需要更深入地被皮肤所吸收，效果才会更加好？

常见的相关宣传都说任何物质都能够更深入地被皮肤吸收，包括透明质酸、视黄醇和维他命 C。甚至有宣传说，在家里使用这些设备，人类或植物的干细胞和生长因子也可以让皮肤更好地吸收。顺便说一句，即使护肤产品宣称添加有干细胞或生长因子，并且能够以这样的方式被皮肤更好地吸收，这么做对皮肤健康也会带来严重的风险。其实是做不到这一点的，只是浪费你的时间和金钱。

如果想让添加了抗衰老成分的爽肤水、保湿产品或精华液发挥功用，并非一定要求获得最强的穿透力。包括抗氧化剂、与皮肤结构相同物质在内的许多成分必须留在皮肤表面才能够起效，比如发挥出缓解环境自由基伤害的作用（这种伤害最先发生在皮肤的表层）。把一些不想要的成分（比如防腐剂或有可能伤害皮肤的植物提取物）导入皮肤深处也存在着风险，这么一来这些成分造成的副作用也许会更严重。在穿透伤口时，甚至有益成分如透明质酸、维他命 C 或视黄醇也会让皮肤更加敏感，其好处还不如留在皮肤的表面或由于皮肤自身的相互作用而自然地渗入皮肤所起的作用大。

微针疗法在一些情况下确实有用，尤其用来改善疤痕，也有可能对脂肪团有效，但绝对没有足够的研究报告来支持把它用作日常抗衰老的工具，或者通过加强化妆品成分的穿透力来获得更好的护肤效果。从对人体中各类胶原蛋白，以及皮肤中各类胶原蛋白保持平衡机制的科学研究来看，经常使用微针治疗设备——不管是手动的还是电动的——往往会破坏各类胶原蛋白合成的平衡，从而损害皮肤健康和年轻。

家用抗皱和抗痘光照设备

你可能听说过一些家用抗皱或抗痘高科技光照设备的广告。或者你也可能在 SPA 或诊所做过所谓发光二极管（LED）治疗。这些光照设备又称为光动力（PDT）疗法，许多研究报告表明它们能够有效改善青春痘和皱纹。还有没有更神奇的？——这些治疗丝毫不存在风险！

即使有研究报告指出这些设备有利的一面，不过这些研究还不够充分，它们仍然不可以与更复杂的医疗设备相媲美，并且它们的作用机制也与医疗设备相差很多。LED 光照用来修复皱纹，无论如何替代不了医学治疗，比如剥脱性激光、非剥脱性激光、强脉冲光、射频仪或超声仪。它们也无法替代配方良好的护肤流程。

医生的诊所里可能会有 LED 设备，但并不一定就要使用，除非你已经接受了外用药物的治疗，这时医生会要求你再接受半小时至一小时的 LED 灯的照射。外用 5- 氨基乙酰丙酸（ALA）与光动力介导的这种治疗和药物组合，能够有效改善中度至重度痤疮问题。相反，家用 LED 抗痘设备对于轻微或偶发的痤疮最有效，并且在治疗时不需要同时使用外用药物。

再来谈谈家用设备。它们的优点很多，并且只有一个缺点，但如果你比较现实（因为它们无法根治痤疮，改善皱纹的效果也相对轻微），那么研究报告显示的效果还是能够保证做到的。这意味着如果你有耐心和时间，那么几乎没有理由去拒绝尝试这些设备。

蓝光 LED 抗痘治疗使用特定波长的蓝光来杀灭痤疮丙酸杆菌，许多人因为感染这种细菌而长痤疮。蓝光 LED 还能够减轻炎症。虽然它听起来很强，但这种光线却丝毫不会伤害健康的皮肤；实际上，还有研究报告表明它能够减轻皮脂分泌。此外，也有研究报告表明蓝光 LED 治疗对于减少肥厚性疤痕有帮助。

对于蓝光 LED 治疗，每个人的反应未必相同；然而，由于治疗仪的价格合理（与需要多次医学治疗的价格相比），因此尝试一下还是很有吸引力的。不过要注意的是，蓝光 LED 治疗无法替代好的抗痘护肤流程。此外，这种治疗还需要时间：你必须每天一到两次将机器对着自己的皮肤，或者坐在发出光线的面板前几分钟，这样才有效果。重要提示：千万不要照到眼睛。

还要注意两个方面：不搭配 ALA 治疗的蓝光 LED 设备对于囊肿性痤疮无效；并且对黑头或白头（粟粒疹）没有作用——除了 LED 治疗之外，仍旧要坚持使用有效的护肤产品。

红光 LED 抗皱设备在使用方法上跟蓝光 LED 治疗仪相同，只是发出的光线是红光，通过一个手持设备将红光 LED 光线照射在脸上，或者坐在发射光线的面板之前。相对较多的研究报告表明，红光 LED 治疗有助于愈合伤口和减少皱纹。也有人认为，红光 LED 能够对皮脂腺进行针对性治疗从而减少细胞素，这类前炎症物质被认为促使了慢性痤疮和酒渣鼻的形成。

治疗可以在家中进行，也可以在诊所进行，考虑到这种家用设备的相对经济性，以及按照说明书来操作将不会有什么副作用，因此没有理由不考虑在家中进行。如果说有什么缺点，那就是要经常性地治疗，每天使用一次到两次，每次几分钟。与蓝光 LED 设备一样，在使用时也要避免照到眼睛。

该怎么选购呢？如果你考虑买一个家用 LED 设备来抗衰老或改善青春痘状况，我们建议你慎重选购，只挑有声誉的制造商的产品。考虑到责任因素，许多家用设备的制造商会限制设备的光照强度，有时要比皮肤科医生使用的 LED 设备的强度低很多。从某种意义上来说，这也是一个好消息，因为虽然使用得当这些设备几乎不会有什么副作用，但难免存在过度使用的问题，结果会对皮肤造成伤害——这并非使用治疗仪的初衷。

有一些面向普通消费者销售的 LED 设备的强度达到了诊所设备的强度。如果是这种情况，那么你必须要小心：为了使得风险最小，同时又得到最佳效果，你必须仔细阅读产品说明书，并且严格按要求使用。

用于抗痘的家用蓝光 LED 设备，我们推荐：Quasar MDBLUE（$595）；Quasar Baby Blue（$349）；Quasar Clear Rayz for Acne（$249）；TriaAcne Clearing Blue Light（$299）。

用于改善皱纹的家用红光 LED 设备，我们推荐：QuasarMD PLUS（$795）；Baby Quasar PLUS（$399）；Tanda Luxe Skin RejuvenationPhotofacial Device（$195）。

不要一看到有“FDA 认证”的“Ⅱ类医疗设备”就冲动购买。FDA 认可的只是设备的安全性，而不是设备的有效性。

用于抗皱的家用二极管激光与上面介绍的蓝光或红光 LED 设备几乎完全不同。类似 Tria’s Age-Defying Laser 和 PaloVia’s Skin Renewing Laser 的产品都属于家用二极管激光设备。它们并非 LED 设备。

这些二极管设备的独特方面在于其能量输出和产生的光线的波长。PaloVia 设备的最大能量输出是 15 兆焦（mJ，一种能量单位），波长为 1 410 纳米；Tria 设备的最大能量输出是 5 兆—12 兆焦，波长为 1 440 纳米。从技术角度来说，这两种设备类似于诊所里使用的非剥脱性激光。相比医院使用的设备，这些家用设备具有以下一些优点：它们能够提供与医学治疗类似的效果，但不用付出重复使用的成本（大多数非剥脱性激光治疗要求一段时间内重复进行）。缺点在于类似不等于相同。主要的不同在于能量输出，诊所设备的强度要高得多，也有效得多，而且诊所设备还可以根据个人的实际情况提供个性化的治疗。

虽然 Tria 和 PaloVia 设备的能量输出要弱于医院设备，但这并不表示二极管激光设备对皱纹没有改善作用。这些设备采用的技术是可行的，如果按照说明书来使用，并且你能够忍受使用过程中的不适，愿意花时间，那么你就会获得合理的效果。

毫不奇怪，Tria 和 PaloVia 设备在宣传上都有夸大其词的一面。这些设备是不是比类维他命成分要好，其实是无关紧要的，因为任何一种激光或光照治疗都不是护肤。激光或光照治疗的作用机制与护肤产品或外用类维他命完全不同。激光或光照治疗会重建和刺激胶原蛋白的合成，但善待皮肤远远不止这些方面。类维他命帮助皮肤细胞保持健康，添加抗氧化剂和皮肤修复成分的护肤品则保护皮肤免遭进一步伤害。AHA 和 BHA 去角质产品也可以令皮肤表面光滑，一些二极管或 LED 设备则无法做到这一点。当然，LED 或二极管设备都无法保护皮肤免遭紫外线的伤害，而紫外线伤害是造成皮肤出现衰老迹象的最大原因，并且晒伤也不利于改善皮疹状况。

我们还想对家用 LED 和二极管设备与更强力的医院治疗做一个对比，比如强度更高的激光、强脉冲光、超声波、射频治疗等，但发现公开发表的研究报告寥寥无几。这意味着你的猜测跟我们一样！然而，鉴于医生可以根据具体情况调整治疗方案的强度，但家用设备则做不到这一点，因此我们推断医院设备——即使它们与家用设备类似——仍然能够保持其优势。选择在医院治疗，你将在更短的时间内获得更有针对性的效果，如果皱纹、青春痘或晒伤的程度比较严重，那么不妨还是选择到医院去治疗。

那么该怎么做呢？你要根据自己的时间、预算以及希望达到的效果来决定。Tria 和 PaloVia 设备每台售价差不多 500 美元，并且需要在数周内重复治疗的次数最少。最重要的是，你别指望出现奇迹——使用这些设备几周之后，皮肤只能够获得适度的改善，预期还是现实一点比较好，不至于最终让你感到失望。

家用激光脱毛仪

也许没有哪种家用光照设备的宣传和改进比激光脱毛设备更能获得研究报告的支持了。我们认为最省钱、最省时间的脱毛设备品牌是 Tria。

Tria Laser 4X 是 810 纳米家用二极管激光设备相对较新的典型。听起来也许令人吃惊，它几乎与医院、诊所或 SPA 所使用的激光除毛仪完全相同，能够实现永久除毛的效果。Tria Laser 4X 并不便宜，零售价要 449 美元，但相比医生操作的需要重复多次的激光除毛治疗，尤其是针对顽强生长的体毛，它的价钱绝对便宜。大多数人都会发现这个设备物有所值——前提当然是你知道怎么来使用。Tria 设备的缺点在于，你必须严格按照产品说明书来使用，否则肯定没有效果。这种治疗不是无痛的，但医院的治疗也不是无痛的。只要你有耐心，并且能够承受一定的痛苦，你一定会对惊人的效果感到高兴——再也用不着剃刀了。

第 14 章

常见美容问题与误区

美容界本应该是美好的。然而，你看到的一切却常常不是那么美好，甚至可以说太过丑陋。有时广告和销售宣传只是有点儿歪曲事实，有时却是彻头彻尾的胡编乱造（还真的管用！）。无论信息来自化妆品公司、广告商、医生，还是来自善意的网站，我们都会花大量时间剖析，剥离毫无意义的信息，帮助你获得真相。

在本章，我们将带你走出最流行的美容误区（有些故事完全是捏造的），这些错误的认识让许多人深信不疑。我们将告诉你这个行业宣传背后的事实，这样你就能够做出最有效的决定。

如果我看不到皮肤发炎，就没什么可担心的，对吗？

各种类型、各种程度的皮肤刺激，无论你有没有在皮肤表面观察到，都会触发皮肤发炎，结果对皮肤不利，会削弱皮肤的愈合功能、破坏胶原蛋白，并且损耗皮肤中的重要物质，进而让皮肤不再年轻和健康。

避免刺激皮肤的东西如热水、用力擦洗、日晒，以及含有刺激性成分（尤其是人工合成或天然的芳香物质）的化妆品，将挽救你的皮肤。要尽可能躲开这些东西，何况市面上有许多不含这些问题成分、配方很棒的产品可供选择呢。知道了这些，再去冒险就没有一点意义了。

我真的需要“眼霜”吗？

所有的营销宣传都说眼霜是专门为眼周皮肤特别调配的，那里的皮肤又薄又敏感，眼霜能够去除眼袋、黑眼圈，改善皮肤松弛。但这些说法大部分不是真的。其实，大部分人不一定要去买眼霜(或专用于眼部的凝胶或精华液)。完美的“眼部护理”已经包含在你的日常护肤流程中，把面部保湿产品或精华液擦在眼周的皮肤上，同样能够发挥抗衰老和修复皮肤的功用。

大部分眼霜与面霜相比，其实配方上并无特别之处，也没有添加什么独特的成分。只要瞄一眼产品成分表，你就会发现大部分眼霜和面部保湿产品几乎一模一样。

还有一个要注意的要点：大多数眼霜竟然不含防晒成分，白天使用会让本身就容易起皱纹的眼部皮肤更容易晒伤，反而令眼部皮肤松弛，肤色加深、暗黄，加剧浮肿状况。因此，如果你要使用眼霜，那么在抹好之后，要再擦一层 SFP30 或以上的防晒产品才好。

几乎没有研究报告认为眼部皮肤相比面部其他部位的皮肤更需要得到特别的呵护。说到保湿、减少皱纹、维护胶原蛋白的合成、美白以及改善肤色，眼部和其他部位的皮肤需要的是同样的护肤成分。

那为什么还会有人宣传说眼霜更适合眼部脆弱的皮肤呢？脸上任何部位的皮肤都需要性质稳定、有效、温和的顶级护肤成分的呵护。在眼部皮肤上使用良好的、不会刺激皮肤的成分，在脸上其他部位却涂抹糟糕的、有可能带来皮肤问题的成分，这种做法实在没有意义。讽刺的是，许多眼霜还添加了刺激性成分，比如各种芳香物质、精油，并且配方是以酒精为基底。

如果你使用的产品配方良好，能够改善皮肤干燥和皱纹，修复皮肤的屏障功能，有利于更健康的皮肤细胞的生成，一定程度上改善黑眼圈，并且防止皮肤遭受进一步的晒伤，那么就请放心把它擦在眼部皮肤上吧。眼部皮肤将获得最大程度的呵护。其实，产品的功用与产品的名称并没有什么关系，重要的是产品配方要足够好，而不只是看标签上是不是“眼霜”。

你当然也可以去买一款配方良好的眼霜，但不要去买那种采用敞口瓶包装，含有刺激性成分，或者无法在白天提供防晒的眼霜。

眼霜能够修复眼圈浮肿和黑眼圈吗？

黑眼圈和眼圈浮肿是大多数人曾经遇到过的两种常见问题，但是专门用于眼部皮肤的乳霜、凝胶、精华液真的能够令眼圈浮肿或黑眼圈消失吗？根据造成眼圈浮肿或黑眼圈的原因，以及你的期望效果如何，回答是：有可能。

造成黑眼圈的原因有多种；护肤产品能够解决其中一部分问题，但遗憾的是，无法解决全部问题。改善黑眼圈以及不让黑眼圈更严重，你还需要采取许多措施，但绝不是某一种吹嘘具有神奇功能或者添加了某种神奇成分的产品就能够办到的。

造成黑眼圈的最常见的原因包括晒伤、皮肤刺激、过敏、遗传，以及皮肤表面毛细血管扩张可见。如果黑眼圈是由于遗传和皮肤表面毛细血管扩张造成的，那么外部治疗就无能为力，但如果原因在于晒伤，那么就可以通过每天使用以矿物防晒剂为基底、具有全波长防晒能力、SPF30 及以上的防晒产品来得到改善。因为对一些人来说，二氧化锌和二氧化钛之外的防晒剂可能会刺激眼部的皮肤，这种副作用反而会加剧黑眼圈，因此在选用防晒产品时，你有必要检视一下产品成分表。

接下来是用好美白产品。添加了抗氧化剂、皮肤修复成分以及细胞沟通成分的配方良好的美白产品能够改善肤质、淡化晒伤造成的黑眼圈、减少皱纹，同时令眼部下方皮肤变得美白。正如前面提到的，你可以选用含有同样抗衰老成分（包括维他命 C 和视黄醇）的面部护肤产品（眼部皮肤不需要专门的护肤产品）。

如果你的黑眼圈问题确实不好解决，又不想无休止地搜寻更新款的眼霜，你不妨去咨询美容皮肤科医生，看看能不能采取皮肤填充剂（如 Radiesse）、激光、光照、射频治疗，或者化学换肤等手段来淡化黑眼圈和减少皱纹。激光治疗技术娴熟的皮肤科医生会告诉你哪一种方案最适合解决黑眼圈以及肤色问题。Q- 开关红宝石激光是治疗黑眼圈最常用的选择，但就算如此，你也不要指望有神奇的效果。对于顽固的黑眼圈，最佳的“修复”就是完全遮盖！

眼圈浮肿的最常见原因是液体潴留、过敏反应、刺激物（包括漫不经心的揉眼睛）造成皮肤发炎、眼部脂肪层肥大，或者以上几种因素的组合。

化妆品行业通常给出的解决方案是眼部精华液或眼部凝胶，使用滚珠式涂抹器兼具按摩功能，但这只能稍微改善眼部附近的液体潴留；对于造成眼圈浮肿的其他原因无能为力，尤其是对与年龄有关的眼部脂肪层肥大无效。造成眼圈浮肿的主要原因，以及你可以采取的改善措施如下：

» 炎症会导致眼部皮肤出现暂时性浮肿，通常是过敏或外部刺激（比如隐形眼镜、芳香物质、精油或以酒精为基底的产品）造成的皮肤发炎。还有吗？到晚上睡觉前还不肯卸掉眼妆！

» 晒伤是元凶，因为它会造成皱纹，令皮肤失去弹性，造成皮肤色斑。如果你出现眼圈浮肿，要当心……你的眼部皮肤更容易遭受不加防护的日晒的伤害。结果晒伤使得眼部周围皮肤失去弹性，从而让更多的液体累积在这个区域。此外，松弛的皮肤也让眼圈浮肿更加明显。要保护眼部周围的皮肤，每天使用具有全波长防晒功能、以矿物防晒剂为基底、SPF30 及以上的防晒产品就显得很重要了。

» 对一些人来说，他们天生就有眼圈浮肿，原因在于遗传基因。通常，这是由于眼部周围脂肪层过于肥厚造成的，或者由于年龄的增长，脂肪层穿过面部肌肉呈袋状并且逐渐膨胀（通常被称为眼袋）。如果是这种情况，去除眼袋的唯一办法就是做美容手术，通常效果会很好。这种美容术就是眼睑整形术，是最常见的美容项目之一，男女都适合做。

» 过敏也是造成眼圈浮肿的一大原因。根据美国过敏、哮喘和免疫学院的资料，30% 的成年人患有某种类型的皮肤过敏。即使低水平的过敏也会造成眼部附近的浮肿。你可以请医生帮忙，每天用抗组胺、人工泪液或润眼液，通常会令眼圈浮肿的情况大为改观。

“低变应原”产品是不是更适合敏感性皮肤?

“低变应原”是指某个产品不可能或不太可能造成皮肤过敏反应，因此更适合容易皮肤过敏或敏感性皮肤使用——这不是真的。在确定某个产品是不是低变应原产品方面，其实并不存在公认的检测方法、成分添加方面的约束、监管、使用指南、规则以及流程。

因此，就算添加了会造成严重皮肤问题的成分，确实会诱发过敏性皮疹或皮肤过敏反应，但这样的几百种产品仍然可以在产品标签上堂而皇之地标注“低变应原”或者“适合敏感性皮肤使用”的字样。而且，许多人在使用了所谓低变应原的产品之后，反而发现皮肤出现了不同程度的过敏反应。

如果你担心皮肤敏感或皮肤容易过敏，那么你所选用的产品首要的是不含刺激物。市场上含有刺激物的产品多得惊人，尤其是那些标注为添加了天然或有机成分的产品。这些刺激物主要是香料（人工合成的或天然的芳香成分对各种肤质的皮肤都不好）、酒精（异丙醇、变性酒精）和质地粗糙的清洁剂。所有这些成分都有可能添加在所谓“低变应原”产品之中。

护肤品中的“醇”真的有那么坏吗？

网上有许多不完整或令人误导的信息，很容易让人相信护肤品甚至保湿产品中高含量的酒精对皮肤真的没有坏处。不过，首先让我们来澄清“酒精”到底是什么意思。

当我们抱怨护肤品或化妆品中存在酒精时，我们指的是乙醇，在产品成分表中最常表示为SD酒精、变性酒精、异丙醇。这些挥发性醇类令产品很快就能够干燥，给皮肤一种清透愉悦的感觉，因此尤其常常添加在针对偏油性皮肤的产品中。如果在产品成分表中的前五位包括这种类型的醇类，那么毫无疑问它们就会刺激皮肤，对各种肤质都没有好处。它们会造成皮肤干燥和自由基伤害，并且损害皮肤的愈合功能。

相反，其他类型的一些醇比如脂肪醇，则不会刺激皮肤。产品成分表中的鲸蜡醇、硬脂醇和棕榈醇都属于这类醇。它们对干性皮肤有帮助，少量使用也有益于其他肤质的皮肤。重要的是，你不要将这些好的醇与有问题的醇搞混淆。

当然，你可能认为，有这么多的护肤品公司在产品中使用酒精，那一定是有道理的，尤其其中一些产品还相当流行。这么做的确是有理由的，但跟护肤无关；酒精常常用来保持配方的稳定，并且（或者）使较厚重的配方显得轻透一些，产生一种看似宜人的效果。这种做法对产品有好处，但是对护肤没好处。

你可能听说，酒精因为有助于其他成分如视黄醇和维他命C更有效地渗入皮肤，因此是一种不错的成分。虽然酒精的确有助于其他成分被皮肤吸收，但它也会破坏皮肤的屏障功能，结果长期来看皮肤健康由此而受损。此外，还有其他方式帮助有益成分更好地被皮肤吸收，同时却不会伤害皮肤，或者造成更多的皮肤问题。

酒精会立刻伤害皮肤，并且随着挥发而开启损害皮肤的链式反应。2003年发表在*Journal of Hospital Infection*上的一篇研究报告发现，经常使用以酒精为基底的产品，皮肤将无法阻挡水和清洁剂的侵入，结果进一步侵蚀皮肤的屏障功能。

如果你是油性皮肤，那么很容易被诱惑选用以酒精为基底的产品，因为这种产品能产生哑光的效果，立刻让皮肤显得不那么油。讽刺的是，这种产品会增加发皮疹的可能性，增大毛孔，加剧皮肤发炎，结果皮肤上的红斑反而越发难以消退。

此外，酒精还会刺激毛孔内的皮脂分泌，因此短暂的控油效果最终被会被逆转，反而令油性皮肤更加出油。说白了就是白费功夫！

从许多方面来看，以酒精为基底的护肤产品就是一个长得漂亮的坏孩子——花哨，有吸引力，甚至有点危险，但我们都知道与他交往弊大于利。研究报告的结论很清楚：酒精伤害皮肤的屏障保护功能，诱发自由基伤害，令油性皮肤和红斑更严重，只会加重皮肤衰老。市场上既然有如此多的对皮肤有益的替代品，为什么一定要选择酒精含量高，只会伤害皮肤的产品呢？

为什么敞口瓶包装的产品不利于皮肤?

护肤方面的创新带来了能够大大改善肤质的全新配方，让皮肤看上去皱纹更少、更年轻、更健康、更光滑和光彩照人。对此，贡献最大的成分是抗氧化剂、细胞沟通成分、抗刺激物和皮肤修复成分。

含有这些成分的产品对各个年龄段、各类肤质的皮肤绝对有帮助，但如果采用敞口瓶包装，你的皮肤却有可能享受不到多少好处。这些对皮肤最有好处的成分在接触到空气和光线时无法保持性质稳定，而这一刻恰恰在你打开敞口瓶包装的那一刻发生。无论配方有多么棒，在你第一次打开敞口瓶时，这些优异但不稳定的成分就会开始分解！此外还有卫生的问题，用手指蘸着涂抹，会将手上的细菌带进去，结果对那些重要的成分造成进一步的破坏。

任何抗衰老或帮助皮肤修复的配方都有一个重要特点，就是抗氧化剂、细胞沟通成分、皮肤修复成分的种类和含量越多越好。这些成分通过多种途径来改善环境压力对皮肤造成的负面效应。

抗氧化剂、细胞沟通成分和皮肤修复成分不仅有助于预防自由基伤害，还能在很大程度上修复自由基伤害。令人吃惊的是，这些成分如同你的皮肤一样，容易受到日晒、污染和香烟的伤害。所以你一旦打开敞口瓶包装，那些抗衰老超级明星的稳定性就会受到影响。(每次你打开敞口瓶的盖子，有益成分就像一缕青烟一样飘走了！)

对大多数护肤品来说，要保护其中的有益成分，有必要采用减少与空气、光线、手指相接触机会的包装。泵压瓶式包装设计或带有非常细小开口的不透明管状设计能够在产品使用过程中提供有效的保护，从而让皮肤获得应该享受到的好处。

记住，无论产品配方多么出色，敞口瓶包装以及一定程度的透明包装（这样会漏光）总是搅局者。如今有许许多多的产品采用气密性或密封包装，又何必把钱浪费在第一次使用后有益成分很快就会失效的产品上呢？是的，敞口瓶包装确实漂亮，但里面的东西很快就不能呵护你的皮肤，买回家又有什么意义呢？

有些化妆品公司宣称自己采用敞口瓶包装的保湿产品中的抗氧化剂经过“封装”，能够有效避免与空气的接触，这种说法的可信度如何呢？把抗氧化剂封装起来以免接触到空气而分解，这种做法却与护肤的初衷相悖。“封装”抗氧化剂的材料在接触空气（氧气）时将分解，以便释放出抗氧化剂。因此，敞口瓶包装还是会让被封装的成分遭到分解。

一直有人问我们：既然反对敞口瓶包装的研究报告有很多，那为什么还是有许多公司继续使用呢？事实上我们也不清楚，因为这些研究报告算不上什么秘密。如果这些公司根本不在乎这些研究，这反而让我们更担忧，因为我们不清楚它们还有什么别的东西更不知道。

不管怎么说，敞口瓶包装的产品相比不透气包装的产品，其发挥的效能要弱一些。

该怎么办呢？不要去买敞口瓶包装的产品，尤其是产品中添加了有益但性质不稳定的成分（抗衰老产品中都含有这些成分）。应该选购采用软管、泵压式、不透气敞口瓶或容器包装的产品。许多公司采用的包装能够保证有益成分保持性质稳定，所以宁愿把钱花在那些产品上面。

防晒产品会让我得癌症吗？

媒体上散布防晒剂可能致癌的声音不绝于耳，还有人出于各种目的更是火上浇油。这些貌似科学的指控足以吓坏每个人，让你担心究竟哪一种防晒剂才最适合自己和家人——要么索性不再用防晒产品！

初看起来，这些有关防晒剂的担忧似乎有道理，但我们仔细阅读研究报告，会发现其中的说法要么是误导，要么所提到的依据跟护肤品配方中的防晒剂无关。以下内容你必须有所了解，这样才能做出明智且安全的决定。

每天使用防晒产品的好处是绝对明确的。研究报告明确无误地表明，当每天使用 SPF30 及以上具有全波长防晒能力的防晒品时（在阳光下每隔两小时涂抹一次），患皮肤癌的可能性会大幅降低。每天防晒还有助于延缓皮肤出现衰老迹象，例如皱纹、褐斑和皮肤松垂。

2013 年一份来自澳大利亚的研究报告表明，按要求使用配方良好的防晒产品能够阻断导致皮肤癌的 DNA 受损效应。此外，定期使用防晒产品还能够保护皮肤中一种被称为 p53 的抗癌基因免受伤害，而抗癌基因遭到破坏会导致致命的后果。除了防止晒伤、延缓皮肤衰老，防晒品的好处还多着呢！

一份发表在 *Journal of the American Medical Association* 上的文章开展了一项持续 10 年针对 1 600 名成人的随机研究，发现仅使用 SPF16 的产品也能够降低患皮肤癌的风险。但是，除了每天使用防晒品所具有的长期明确的好处之外，对防晒剂的争议也始终没有停歇。如果你有这方面的担忧，打算不再使用防晒，我们建议你要好好了解一下事实。

如果说防晒品会致癌（也就是说防晒剂是致癌物）这种没有事实根据的说法确实是真的，那么我们将观察到化妆品制造行业从业人员更有可能患癌，因为这些人成天被这些“可疑的”成分所包围。然而，医疗数据并不支持这种说法，2013 年美国癌症协会的统计数据表明，美国总体的癌症发病率还有所下降。

下面我们来讨论一下经常出现在防晒产品中安全性最受诟病的成分。我们来看看这些研究报告到底是怎么说的。

首先，我们讨论的不是防晒剂，而是许多防晒产品中添加的一种维他命 A 成分——视黄醇棕榈酸酯。讽刺的是，视黄醇棕榈酸酯是一种有益健康的脂肪酸，作为一种维他命 A 形态，它天然存在于皮肤当中。视黄醇棕榈酸酯具有多种功用，比如中和自由基、减少皮肤被晒伤的风险等。作为一种化妆品成分，视黄醇棕榈酸酯在全球范围内都被许可用于防晒产品之中。然而，仅仅因为一项 16 年前的研究——其研究过程在现实生活条件下既不能再现，也没有经过检验，这种本质上是维他命的成分竟然被指责增加了使用者患皮肤癌的风险。

该研究的研究人员没有对含有视黄醇棕榈酸酯的防晒品（视黄醇棕榈酸酯的含量非常低，用来充当抗氧化剂）进行测试，而是直接把高浓度的（远远超过化妆品中的浓度）视黄醇棕榈酸酯涂抹在用于癌症研究的小白鼠身上。

这些实验条件反映不了护肤品配方中视黄醇棕榈酸酯的作用机制——而且，研究对象是易患皮肤癌的小白鼠（在没有涂抹视黄醇棕榈酸酯的情况下接受紫外线照射的小白鼠当中，有 80% 后来患上了皮肤癌）。以下是一些公开发表的持异议观点的研究报告的结论。

» 美国皮肤癌基金会光生物学委员会评论道："没有科学证据表明视黄醇棕榈酸酯会导致人类患癌……没有公开发表的数据表明外用类维他命 A 会增加患皮肤癌的风险。"

» 纪念斯隆 · 凯特琳癌症中心在评估该研究的数据之后，2011 年在其发表于《光照性皮肤病学、光照性免疫学和光医学》期刊上经过同行评议的论文中指出："总之，来自体外实验和动物研究的证据无法证实视黄醇棕榈酸酯有增加患皮肤癌的风险。"

» 纪念斯隆 · 凯特琳癌症中心还指出："几十年来的临床观察，支持外用视黄醇棕榈酸酯比如添加于防晒产品具有安全性的观点。"

氧苯酮是一种使用了 20 多年的防晒成分，虽然其安全性有着详尽的数据支持，但它却一直遭到非议。氧苯酮在全球范围内也被认为是一种安全有效的防晒剂。但试图吸睛的大字标题总是喜欢抓住某个事实不放——微量的氧苯酮会被皮肤吸收，并且在人体尿液中检测到极微量（百万分之一）的痕迹（来自 2008 年美国疾病控制中心的一份报告）。

但是，尿液中发现类似氧苯酮的物质并没有什么实际意义。有关氧苯酮的吸收效应、吸收率及其在人体潜在的累积状况，已经有志愿者参与过相关研究。研究显示，这属于人体正常的新陈代谢，将不需要的物质排出体外。

2004 年来自 *Journal of Investigative Dermatology* 的一份研究报告和 2008 年来自 *Journal of the European Academy of Dermatology and Venereology* 的一份研究报告表明，对受试者进行为期 4 天、全身涂抹 10% 浓度的氧苯酮，并没有发现对健康的负面效应，并且氧苯酮不会在人体内累积。此外，还有以下论点支持氧苯酮的安全性：

» 美国皮肤病学会认为："没有数据表明氧苯酮会对人类造成严重的健康问题。"

» 美国皮肤癌基金会光生物学委员会也认同："氧苯酮是经 FDA 认可并使用了 20 多年的化妆品成分，没有证据表明它对人类健康有负面影响。"

» 纪念斯隆 · 凯特琳癌症中心在 2011 年发表于《光照性皮肤病学、光照性免疫学和光医学》上的一份研究报告总结道："已获得的证据无法从生物学上说明在人体上外用氧苯酮会导致明显的荷尔蒙紊乱。"

» 欧盟的科学和监管部门在 2008 年起草的报告《有关苯甲酮 -3 的意见》（氧苯酮又名苯甲酮 -3）中指出，防晒产品中的氧苯酮"不会给消费者的健康带来风险"。

全球范围内许许多多的调查研究一再证实氧苯酮是一种安全可靠的防晒

剂。除非你的皮肤对它敏感，否则没有理由拒绝使用含有氧苯酮的防晒产品。

桂皮酸盐又名甲氧基肉桂酸辛酯或甲氧基肉桂酸乙基己酯，它作为一种防晒活性成分也屡受攻击。事实上，桂皮酸盐是全球范围内使用时间最长、最常见的一种防晒活性成分，有着坚实的安全记录。经过几十年的研究，数千份研究报告证实了这种物质作为防晒剂的可靠性。遗憾的是，没有依据的致癌传闻使得人们对桂皮酸盐心怀恐惧。

必须明确，没有任何研究报告显示防晒产品中的桂皮酸盐会导致或提高使用者患任何癌症的可能性。在检索“桂皮酸盐 = 癌症”关键字时，发现仅有被引用的研究报告中，所研究的条件与防晒产品中桂皮酸盐作为防晒剂的方式完全不同。

例如，这些研究是将高浓度的桂皮酸盐（比防晒产品中防晒剂的浓度高得多）直接用于皮肤细胞，或者将高浓度的桂皮酸盐直接喂食给动物实验对象。事实是：只要你不去吃，桂皮酸盐就是安全的！

没有研究报告显示桂皮酸盐用于防晒产品时会致癌或导致其他疾病。其实，欧盟制定的防晒产品中桂皮酸盐的用量标准要高于美国（欧盟为 10%，美国为 7.5%），而且在防晒剂的监管方面，欧盟也比美国要严厉（常常显得不讲道理）。

由于采用了纳米技术，矿物防晒成分二氧化钛和氧化锌也开始引起争议。二氧化钛和氧化锌纳米颗粒能够令妆效更自然（涂抹防晒产品后，脸上看起来不再是白乎乎的），而且提高了防晒效果。这应该是双赢吧，但是别高兴得太早……

纳米技术应用于许多行业，如医药和制造业，有时也用于化妆品行业。1 纳米是 1 米的 10 亿分之一，纳米技术通常指颗粒介于 1 纳米至 100 纳米之间的技术。为了便于比较，一张纸的厚度大约为 10 万纳米。

考虑到纳米技术及其纳米颗粒物质的应用范围很广，那么绝对地说“所有纳米颗粒都是危险的”就变得毫无意义，就好比说“所有红色的东西都是热的”一样。物质及其大小非常重要。因此，当问到纳米颗粒大小的防晒成分如二氧化钛和氧化锌会不会穿透皮肤进入血管时，很重要的是要确保我们找到正确的信息。以下就是一些事实：

» 二氧化钛和氧化锌颗粒的大小在100纳米左右，然后被覆盖聚合物或聚硅酮，以便能够留在皮肤表面，如果无法留在皮肤表面，它们将发挥不了防晒剂的作用。

» 2007年《毒理学评论》上的一份研究报告证实，二氧化钛和氧化锌纳米颗粒不会渗入人类皮肤，认为“目前用于化妆品制剂或防晒剂的纳米颗粒对人类皮肤或人类健康不会造成危害”。

» 澳大利亚和瑞士研究团队在《生物光学》期刊上发表文章，在2011年两项独立进行的研究中使用了离体人类皮肤，发现二氧化钛和氧化锌纳米颗粒均无法穿透皮肤表层（角质层）。这些纳米颗粒不会也无法进入人体。

» 美国环境保护署发布了一份2010年针对防晒配方中二氧化钛纳米颗粒的案例研究，认为使用二氧化钛纳米颗粒不存在健康方面的问题或担忧。美国环保署的发现也证实了二氧化钛纳米颗粒不会穿透人类皮肤表层。

» 纪念斯隆·凯特琳癌症中心在《光照性皮肤病学、光照性免疫学和光医学》期刊上发表了一篇评论二氧化钛和氧化锌纳米颗粒的文章，认为：“事实证明皮肤的角质层能够有效防护二氧化钛和氧化锌纳米颗粒渗透进入皮肤的更深层。”

总之，没有证据表明纳米级二氧化钛或氧化锌作为防晒剂会造成健康问题。

值得一提的是，以上讨论也表明，有关化妆品和护肤品成分安全性与应用的深入研究还在继续，相关研究不会停止。从全球范围来看，大量持续的科学和医学研究表明，防晒产品可以放心使用，而不加防护地接受日晒本身则是具有“毒性的”，你必须小心。令人纠结的是，阳光虽然给我们带来温暖，但阳光中的紫外线却是全世界人们每天接触到的最常见的致癌物质。

除了采取其他措施如减少接触阳光，穿防晒衣物，戴遮阳帽或太阳眼镜，必要时勤擦防晒产品对于减少患皮肤癌、保护免疫系统和防止皮肤衰老具有重要的意义。

防晒产品会妨碍维他命 D 的合成吗?

其实这算不上是一个误区，而是一个复杂的问题，但因为误区通常是跟复杂问题联系在一起的，因此我们也把这个话题列在这里。对这个问题的回答是，越来越多的研究表明涂抹足够量的防晒产品（意思是用起来很大方）会妨碍维他命 D 的合成，而对于人体来说，维持充足水平的维他命 D 是一个非常重要的问题。但是，接下来的问题在于，如何才能够保持平衡，而不是偏废某一个方面。

我们每个人都面临着一个两难问题，维他命 D 是我们人体中少数不能够合成的营养素之一，而获得维他命 D 的“自然”方式是晒太阳，但皮肤接触到的 UVB 射线又会导致晒伤、细胞受损、皮肤癌或其他癌症。然而，不维持足够的维他命 D 水平可能会导致骨质疏松、心血管疾病、自身免疫性疾病和某些癌症。

令情况更加复杂的是，许多研究报告（数量实在是太多了）认为，虽然防晒产品会妨碍维他命 D 的合成，但其实大多数人并不使用防晒产品。因此，使用防晒产品无法解释维他命 D 合成不足的问题。意思是说，仅仅因为你使用防晒产品，平常也很注意不晒太阳，这并不意味着你会有维他命 D 水平不足的问题。即使在几乎没有人使用防晒产品，全年日照相当充足的国家，那里也会有人发生维他命 D 水平不足。

对许多研究人员和皮肤科医生来说，问题的重点不在于是否使用防晒品，而在于如何保护皮肤免遭不加防护的日晒所造成的伤害，同时又能够获得足够的维他命 D。

我们坚信你能够做到这两点，也应该做到这两点。只解决一个问题（获得足够的维他命 D）却导致另外一个同样严重的问题（皮肤伤害和皮肤癌），这种做法是短视的。如果建议不使用防晒品（只会让你遭受晒伤），这种做法尤其错误，它非但解决不了维他命 D 不足的问题，还会让你遭受双重伤害。

有的人建议每天不加防护地晒 15—30 分钟的太阳，以便身体合成所需要的维他命 D。但没有证据表明这种说法符合事实，尤其考虑到全球不同地点在不同时间的日照情况差异巨大。例如，每年 9 个月的中午在伦敦、巴黎、莫斯科、北京、西雅图、多伦多或纽约晒 30 分钟太阳，并不能给你带来多大的好处，因为这些地方日照量不足，太阳又不会垂直照射，因此太阳光会有所减弱。所以说，仅仅靠计算晒太阳的时间来确定能够获得多少维他命 D，这实在不是好主意。

此外，多大范围的皮肤必须晒到太阳才能让身体合成出足够量的维他命 D，这也是一个问题。只露出脸和手够吗？是不是还要露出胳膊、前胸？或者再露出双腿？没人知道（也没有研究报告给出建议），这完全是猜测。

夏天晒太阳或假期里美黑绝对不是正解。由于遗传或日晒造成的较深肤色具备一定程度的 UVB 防护力，这反过来又阻碍了身体对维他命 D 的合成。这种日晒不仅对皮肤造成严重伤害，又得不到更高的维他命 D 水平。说轻点，这是事与愿违，说重点则有危险。

不妨参照以下做法，你不仅能照顾到皮肤，又能获得充足的维他命 D。

在下次体检时，检测一下身体中维他命 D 的水平。也许你会发现维他命 D 不是不足，也许会发现需要补充更多的维他命 D。

如果体内维他命 D 水平偏低，就要经常服用维他命 D 补充剂。要问问医生需要补充多少国际单位的维他命 D，因为过量补充对身体健康不利。

服用维他命 D 补充剂的剂量和频率取决于许多因素，包括体内血液中维他命 D 的水平、所处的地理位置以及个人的整体健康状况。

最重要的是：不要放弃防晒，而且要聪明地防晒！这样你就能够做到两全其美：获得充足的维他命 D，又不会由于不加防护的日晒而让皮肤遭受衰老和致癌的后果。

另外一个重要方面：由于担心无法得到足够的维他命 D，造成了美黑床的使用有惊人的增长；许多美黑沙龙打广告说能够让美黑者体内合成维他命 D 的水平提高，正是利用了人们的这种恐慌。撇开美黑床有可能招来许多糟糕的问题不谈，它们并不利于身体合成维他命 D。事实证明，UVB 射线才会刺激人体内维他命 D 的合成，而美黑床发出的几乎全部是 UVA 射线！如此糟糕的误导只会杀伤皮肤，却不会给你带来更多的维他命 D。

应该避免美容产品中的羟苯酸酯类防腐剂?

如果过去几年你买过化妆品或护肤品，你可能会发现越来越多的品牌宣传自己的产品“不添加防腐剂”或“无防腐剂配方”。

对此你可能会觉得奇怪——为什么化妆品公司如此在意产品标签上有这样的字样？真相是什么呢？这是多年来对一些防腐剂成分的错误解释和误导所造成的结果，这些羟苯酸酯类防腐剂不该有这么多的坏名声。

尽管媒体对羟苯酸酯类防腐剂的攻击不断，但公开发表的研究报告和全球性化妆品监管组织的答复却很清楚：羟苯酸酯类成分不会给人体健康带来风险，尤其是少量用于个人护肤品时。

羟苯酸酯类成分有许多种，比如羟苯丁酯、羟苯异丁酯、羟苯乙酯、羟苯甲酯、羟苯丙酯等。由于2004年的一份研究报告，这些成分便得到了坏名声。因为在乳腺癌组织中检测到这些化学物质的代谢物（并非这些羟苯酸酯类物质本身），因此这份研究报告认为它们与乳腺癌有关。

在引起公众对羟苯酸酯类成分的恐慌之后，执行2004年那项研究的研究人员 P. Darbre 在《应用毒理学》期刊上，针对媒体作出的羟苯酸酯类成分与癌症之间存在着关联的观点进行了回应："这份研究并没有作出致癌性的判断，羟苯酸酯类成分的存在并不会造成乳腺肿瘤。"实际上，大量的全球性研究随后充分证实，羟苯酸酯类化合物会被人体分解、代谢并且无害地排出体外。

引起一些人担忧的另一个原因在于，羟苯酸酯类属于植物雌性荷尔蒙类化合物，本质上来说，这是一类模拟雌性荷尔蒙效应的物质。而雌性荷尔蒙与一些致命的乳腺肿瘤有关。

听起来这种联系很可信，对吗？其实还不至于：许多植物所含的雌性荷尔蒙很高，比如苹果、蓝莓、萝卜、燕麦、石榴、稻米、大豆和山药。研究人员确确实实发现，羟苯酸酯类成分的雌性荷尔蒙效应比许多日常食物的雌性荷尔蒙效应要弱1 000倍，而涂抹在皮肤上的羟苯酸酯类很快就会分解，并不存在长时间的"羟苯酸酯"。

针对这个话题，美国和全球的科学界有如下发现：

» 在2006年、2007年评估了全球性研究，并在2014年再次进行评估之后，美国FDA发现："目前消费者没有理由担心使用含有羟苯酸酯类成分化妆品存在着危险。"

» 欧盟在其2013年的官方报告《消费者安全科学委员会：对羟苯酸酯类的最终意见》中，明确支持了护肤产品、化妆品和个人护理产品中羟苯酸酯类成分的安全性。几十年长期和短期的安全使用数据强化了欧盟以前作出的决定，认为羟苯酸酯类成分在个人护理产品中具有安全性。

» 日本厚生劳动省在其制定的化妆品标准中，也认可用于个人护理产品中羟苯酸酯类成分的安全性。

» 加拿大相当于美国FDA的机构——加拿大卫生部也发现："目前，没有证据表明羟苯酸酯类成分与乳腺癌之间存在着因果关系。"

» 美国癌症协会基于其研究发现得出结论认为，科学和医学研究"没有显示出羟苯酸酯类成分与健康问题包括乳腺癌之间存在着直接的联系"。

» 以公开、公正、专业的方式对化妆品成分的安全性进行评估的化妆品成分审查委员会汇总了《毒理学》期刊上超过265份的研究报告，指出每天使用含有羟苯酸酯类成分化妆品的女性不会对生育产生不良影响，并且证实了羟苯酸酯类成分的安全性。

讽刺的是，羟苯酸酯类成分是天然存在的化学物质。许多天然护肤品品牌宣称羟苯酸酯类成分是危险的，但其实这些成分拥有大量的安全记录，并且存在于许多蔬菜和水果当中。正如前面提到的，包括豆类、蓝莓、胡萝卜、樱桃、黄瓜等食物中都含有羟苯酸酯类物质和具有雌性荷尔蒙作用的其他化合物，其浓度比护肤品、护发品和化妆品中的极少量来说要强得多。

尽管这些常见食物中都存在着羟苯酸酯类物质，但最近什么时候你读到过豆类、胡萝卜或樱桃有可能造成乳腺癌的报道？相反，你更有可能看到媒体在煞有介事地分析羟苯酸酯类物质及其与雌性荷尔蒙活性之间的联系。媒体报道也是有选择性的。

在全球范围内，全面详尽的科研和医学研究报告证实了护肤品和化妆品中羟苯酸酯类成分的安全性。底线是：个人护理产品中的羟苯酸酯类物质并不是有害的。

美容产品或 SPA 调理能够给皮肤排毒吗？

不能！尽管许多化妆品公司和 SPA 服务商这么说，但你无法做到给皮肤“排毒”。其实，各个品牌、销售人员永远无法明确他们提供的产品或服务能够清除哪一些物质——因为皮肤并不会存储任何种类的毒素。真正的毒素是一种有毒物，比如由植物、动物、昆虫、爬行动物（比如蛇毒或蜜蜂蜇伤）或其他生物体制造的物质。

所谓毒素并不会通过毛孔或皮肤离开身体，无论是以出汗或其他方式——它们被肾脏和肝脏过滤、分解和清除。例如重金属中毒无法通过排汗或其他方式排出体外，它需要医学治疗将毒素清除出体外。

无论你面对的是哪种皮肤状况，你都不应该怪罪到所谓的“毒素”。如果你对此很在意，就要坚信研究报告中有用的东西，而不要去相信所谓化妆品“排毒”之类的奇谈怪论。

水杨酸能够净化皮肤吗？

答案是：也许，这有赖于你怎么定义净化。如果预期的效果是消除堵塞毛孔的皮脂和死皮细胞，那么回答是肯定的，水杨酸有助于净化毛孔。因为水杨酸是油溶性的，它的去角质作用不仅体现在皮肤表面，而且可以深入毛孔内壁。这种剥落能够去除发炎性物质，在某些情况下，皮脂还会引发更多的皮炎。

本质上来说，因为水杨酸有助于皮肤细胞更新速度加快，所以一定浓度的BHA配方产品能够让还在酝酿中的痘痘尽快发出来。这听起来有点反直觉，但对某些人来说的确如此。

在你刚开始使用水杨酸产品后，你会看到痘痘最终会显露出来，或者还是待在毛孔深处，保持毛孔被堵塞和扩大的状态。换句话说，有这些变化还是不错的，就算爆出来一小块痘痘也应该引起你的警觉！

我们的建议：先试用几个星期的BHA去角质产品，每天用一次或两次，然后决定是不是适合自己使用。如果对皮肤的冲击太大，那就减少使用的频次（每天用一次而不是两次，或者隔天用一次）。你会发现“净化效应”很可能是暂时的，很快你将看到自己更光滑、更洁净的皮肤。

在使用多种护肤品当中我需要等待多久？

我们的回答你肯定喜欢：根本无需等待。如果你用的是温和的配方良好的护肤品，那么在大多数情况下，等多久纯属个人偏好，而非必须。

人们经常问我们一个问题，就是皮肤是否吃得消一下子有这么多成分。事实证明，皮肤有能力同时应对众多成分，在日常护肤中，任何一种产品都不会妨碍别的产品的使用。可以把它想象成饮食：不管你是一下子把蔬菜全部吃完，还是一边吃盘中的其他食物一边小口小口地吃蔬菜，你的身体将从这些蔬菜中获得相同的营养。

最终，这个问题与你对产品的感觉和偏好更加有关，而不是产品如何被皮肤所吸收。有的人就是喜欢用好一个产品之后等一会儿，而有的人却偏好抹了一个产品之后立即抹另外一个产品；还一些人喜欢先把保湿品和去角质产品混在手掌上，然后再抹到脸上。这些用法都不错。当然，也存在一些例外情况：

» 在连续使用多种产品的过程中，若发现有起球现象，最好是等前一个产品干透之后再抹另外一个产品。
» 由于防晒产品总是在最后使用，因此最好先等防晒品在脸上固定住之后，再使用化妆品。如果粉底或带色的保湿品中含有防晒剂，那就没必要等待了。
» 最后一种例外情况是，在使用含过氧化苯甲酰的产品时不要用富含抗氧化剂的产品，除非你愿意等到过氧化苯甲酰产品被皮肤吸收，然后再使用抗氧化剂产品。不想等吗？那就早上用过氧化苯甲酰产品，晚上再用抗氧化剂产品。

最后，值得一提的是，使用 pH 值不同的护肤品并不会降低产品的功效。例如，在使用 AHA 或 BHA 去角质产品之后立即使用保湿产品或精华液并无不妥，而前者在调配时必须是低 pH 值的，以便发挥产品的去角质作用。

我们是怎么知道这一点的？任何以水为基底的产品（比如大多数保湿品）在其调配阶段就确定了 pH 值。一旦 pH 值范围确定，它就很难再发生改变，不会因为后续使用的护肤品而受到影响；这纯粹是因为水分的含量不足以导致偏酸性产品的 pH 值发生变动。

化妆品化学家知道很少有人只会使用一种产品，我们常常会接二连三地使用多种产品。因此，优秀的化学家会采取措施（缓冲剂）来稳定配方的 pH 值，确保产品无论在什么阶段使用都能保持与其他类型产品的兼容。于是，你在日常护肤过程中，就少了一件要操心的事情啦！

什么时候我该丢弃美容产品？

我们都遇到过这个情况。你真的很喜欢那个眼影或那个唇膏，都用了两年了。你受不了丢弃护肤品——你不记得它是在什么时候买的，但你肯定过一段时间还会去用它。无论是哪种情况，这些产品你真的必须丢掉。

如果你还在用过期的护肤品或彩妆品，那么微生物和细菌就可能在里面大量繁殖，甚至有可能加重你努力想解决的皮肤问题。无论是护肤品还是彩妆品，产品的一致性将发生改变（可不是变得更好），就护肤品而言，原本性质就不容易保持稳定的有益成分将失去其功效。

到期的美容产品会携带许多致病菌。2013 年发表在《国际化妆品科学》期刊上的一份研究报告评估了 44 位 18—28 岁女性的化妆步骤和习惯——研究结果不仅仅是令人难为情。这些女性研究对象当中，70% 使用了某种过期产品——大多数是眼妆产品如睫毛膏、眼线笔或眼影。研究人员检测了她们眼部彩妆的污染情况，发现 67% 含有可能造成危害的微生物，包括葡萄球菌属、棒状杆菌属、莫拉克斯氏菌属等微生物，它们都是皮肤感染中常见的细菌。

无论是保湿产品还是睫毛膏，启封开始使用后，防腐剂只能在一段时间内有效；从有效性和稳定性来说，产品中的其他成分也有一定的保存期。微妙的是，只有那些按照非处方药物监管的产品，比如防晒产品和抗痘治疗产品，被要求在产品包装上注明正式的有效期。美容产品的有效期通常取决于何时开始使用，以及产品的包装和储存形式。使用过期产品有可能引发皮肤刺激、长皮疹、爆痘，以及各种皮肤感染或眼部感染。真讨厌！

为了便于消费者确定产品何时不该使用，欧洲建立了开盒期限标志（PAO

symbol)，任何在欧洲销售的护肤品和彩妆品上必须加以注明，包括在欧洲出售的美国品牌的产品。开盒期限标志是一个带有相关数字和字母的开口敞口瓶符号，比如“12M”。字母 M 表示“月”；数字 12 表示产品打开使用后过多少个月就应该丢弃。因此，标有“12M”标志的产品意味着在打开产品使用后，超过 12 个月就不能再用了。

开盒期限标志体系的问题在于它并非百分百可靠。这个标准告诉你在打开产品使用后一般能够使用多久，但不能肯定地说超过这个时间，产品就不好了或者就变得有害了。事实上，化妆品公司提交的这些期限并非十分科学，而是基于估计，通常也只是为了满足欧盟的监管要求。

开盒期限标准确实为消费者提供了一些方向性的建议，但是消费者的许多行为也会影响到产品的使用寿命。例如，每次使用后有没有盖紧产品，或者有没有把产品保存在温差范围大，对产品的稳定性和使用寿命有不利影响的环境等。此外，如果你不再购买敞口瓶包装的护肤产品，那么有益成分就不容易接触到空气，产品就能够保持更长的时间。

虽然产品间差异极大，消费者在使用产品和保存产品方面也各有差别，但以下建议有助于你确定现在必须丢弃什么产品，以及你还能用这些产品多久：

彩妆

- 睫毛膏（普通的或防水的）、眼线液或眼线凝胶：4—6 个月（干的睫毛膏一定要扔掉，不要去加水试图延长其使用寿命）
- 粉底霜、粉底液或粉条，腮红和眼影：6 个月至 1 年
- 蜜粉类产品（包括矿物彩妆）：2—3 年
- 唇膏、唇彩和唇笔：2—3 年

护肤品（非敞口瓶包装）

- 洁面产品和磨砂膏：1 年
- 爽肤水：6 个月至 1 年
- BHA 或 AHA 去角质产品：1 年
- 面部或身体保湿产品和精华液：6 个月至 1 年
- 润唇膏、护唇膏：1 年
- 样品装：1 天（没错，只有 1 天！）

可不可以把美容产品保存在冰箱里？千万别这么做！护肤品的配方经受得住普通的温差波动，但受不了长期的受热或冷藏。也就是说，把护肤品存放在冰箱将缩短产品的使用寿命，影响其成分的稳定性。在产品开发阶段，用来稳定配方的措施以及大量的测试已经完成。一旦产品开发阶段结束，并且通过了所有的测试，就没有必要采取特殊的储存措施，只是不要把产品长期存放在过热（热气腾腾的浴室还不够热）或过冷的环境中就可以了。为了确保产品能够最大程度地发挥作用，要注意产品存放的温度为室温，并且在每次使用之后要盖紧。

什么是 BB 霜、CC 霜和伤痕保养霜？

是不是对 BB 霜、CC 霜，或者 DD 霜、EE 霜，甚至任意其他字母命名的乳霜感到很好奇？我们也是。你可能听说这些产品几乎无所不能，令皮肤完美无瑕、缩小毛孔、平复皮疹、控制出油、改善肤色不均匀、改善色斑等等。它们的好处长长一大串！

BB 霜最早是在德国开发出来的，当时叫伤痕保养霜，如今漂洋过海，变得十分流行起来，在东亚国家尤其是韩国成为爱美女性的必备产品。由于它们在全亚洲成为一款热门商品，很快美国的化妆品公司也跟上这股潮流，只是对产品名称略微做了改动——一旦它们面向西方市场进行开发，伤痕保养霜就成为美容霜了。

为什么叫“伤痕保养霜”？在东亚文化中，“伤痕”（blemish）一词用来指称几乎所有的皮肤瑕疵；而在西方国家和北美，这个词通常是指类似痤疮的痘痘（丘疹或黑头），这种情况用这些面霜是无法改善的。名称的改变逐渐在亚洲固定下来，最终缩写成在北美市场上见到的 BB 霜。

尽管化妆品界和许多美容博客对此大吹大擂，但 BB 霜以及一大群“字母乳霜”并不是必需的护肤产品。本质上来说，在西方国家出售的 BB 霜只不过比带色的保湿产品好一点点，通常还添加了防晒剂。

与此不同，在东亚销售的许多 BB 霜的质地要厚重得多，并且添加了更高含量的二氧化钛和氧化锌来提供阳光防护。这样一来它们也会令皮肤看上去有一些亮白，而这种效果正好符合亚洲文化。大多数东亚的 BB 霜在使用方面是非常微妙的，使用者的目标是达到一种自然的、“令人难以察觉”的妆效。另外一个明显的不同点在于，东亚销售的 BB 霜也经常添加了抗氧化剂和美白成分，因为在亚洲这些产品的营销大多数跟皮肤美白有关。

在美国，无论你是用 BB 霜还是润色保湿产品，它们都是出于方便来考虑：防晒、保湿，以及改善肤色——消除某种产品对肤色的影响。各个公司的产品配方也千差万别，但通常都具有防晒和轻度遮瑕功能，它们与兼有防晒功能的润色保湿产品几乎没有什么分别，除了具有较多的遮瑕功能之外。

现在来说说 CC 霜。CC 通常表示“颜色和矫正”，毫不奇怪，这些产品看上去并且实际发挥着标准的粉底液的作用。有时 CC 霜也兼有防晒功能（正如许多粉底液也有防晒功能那样），有时 CC 霜还富含抗衰老的有益成分。无论是否值得用 CC 霜来替代粉底液，完全取决于产品的配方；有的 CC 霜配方很棒，有的则比较糟糕。

对于这些产品，无论它们用的是什么字母，并不存在特定的标准——有的远远不止提供防晒、轻度遮瑕和保湿，有的则做不到这些。一些 BB 霜和 CC 霜含有能够改善色斑、美白肤色不均匀，或者有助于减少皮肤衰老的有益成分，但有些产品则不行。

最重要的在于，仅仅因为产品标签上有 BB、CC 或其他什么字母，并不能保证你一定获得了某种万能产品，从而一定会缩短你早上护肤流程的时间。对于皮肤来说，产品的价值体现在它的配方，护肤配方很少会完全一样，其中既有好的，也有差的。

如何去除橘皮组织？

令人震惊的是，不管什么肤色和种族，85% 的女性在超过 18 岁之后大腿上都会有橘皮组织（只有 5% 左右的男性才会有），其中以高加索人和亚洲女性更明显。橘皮组织（又称橘皮组织、脂肪团）是一个普遍的美容问题，实际上是体内存储起来难以被代谢的脂肪堆积在大腿部位，它与雌性荷尔蒙水平有关，因此多发生在女性身上。讽刺的是，体重与橘皮组织无关，只要有脂肪，女性大腿上就会有橘皮组织，只不过胖子身上的橘皮组织更显眼而已。

虽然有一些对抗橘皮组织的治疗办法，并且有一定的效果（其实效果非常有限），但这些办法几乎达不到所宣称的效果，或者对橘皮组织的改善也是相当微小和暂时的。你在网站上看到的许多分析报告貌似医疗研究报告，但其实它们几乎不是独立开展的，也常常不靠谱。

举个例子，喝水对脂肪和橘皮组织没有影响。如果水能够改变皮肤结构并减少脂肪，我敢肯定没有人再有橘皮组织，也不会再为橘皮组织所烦恼了。一些网站声称喝水有助于消除橘皮组织，也有人说保水会造成橘皮组织，但这些说法都不对，脂肪细胞只有 10% 的含水量，因此主张消除多余的水分起不了多少作用，就算橘皮组织有所改善，效果也是暂时的。

在对抗橘皮组织的各种传言中，有一个流行的观点，认为用塑料布或特殊的遮盖物裹住大腿有助于身体排毒，从而消除橘皮组织或者改善其外观。但体内脂肪并不会因为毒素而堆积。如果所谓的排毒治疗有效的话，谁还会成为胖子？更重要的是，并没有研究报告指出毒素或排毒跟橘皮组织有关。市场上有许许多多的护肤乳或护肤霜宣称能够有效减少橘皮组织，但遗憾的是丝毫不起作用。

大多数关于治疗橘皮组织的研究都属于伪科学，研究方案漏洞百出，并且是由生产对抗橘皮组织的产品或设备的厂商出资或赞助的，因此研究结论难免有偏向性。一篇某医疗期刊的文章评估了67份有关治疗橘皮组织的报告，得出结论认为："这些治疗方法毫无科学依据。对于这些纳入评估的对抗橘皮组织的疗法，没有明确证据显示其有效性。"

对皮肤多次注射不同物质的美塑疗法也令人怀疑。其中注射物既没有统一的标准，也缺乏安全方面的数据，并且没有研究报告显示美塑疗法的有效性。市场上还有所谓的"纤体机"，宣称能够击碎脂肪团，促进脂肪燃烧。许多 SPA、美容中心、诊所都花钱买这种设备，要你相信这些夸大其词的宣传。但证实其有效性的研究却几乎没有，就算有，也是生产厂商提供的。Endermologie 纤体机常常吹嘘得到了 FDA 的认可成为 I 类医疗设备，听起来让人相信其有效性。然而，I 类医疗设备的分类标准却是"对使用者具有最少的潜在危害"，诸如弹性绷带和医用手套都属于 I 类医疗设备。除此之外，FDA 并没有认可 Endermologie 纤体机的其他方面。

至于抽脂这种医疗手段，事实证明移除大量体内脂肪有时反而会令橘皮组织更难看，皮肤因为缺失了支撑物而显得松弛，这将使得余下的脂肪（总会有余下的）更加明显。如果说有哪种改善橘皮组织的办法相对靠谱的话，那也只有医生操作的激光和射频治疗了。少数研究报告发现类维他命 A 对改善橘皮组织有益，但研究的数量太少，并且可靠性也不高。

矿物油对皮肤不好吗?

有关这个问题及其他特定化妆品成分问题的解答，请参看第 16 章“化妆品成分词典”。

第 15 章

专业彩妆揭秘

日常最佳彩妆由此开始!

拥有人生最佳的皮肤，对大多数人来说，至少还要求用精美的化妆技术来美化皮肤。通过阅读本书前几章的内容,你应该已经了解了如何拥有更干净、更光滑和更光彩照人的皮肤，有了这个基础，化妆也就变成一个更加容易和令人愉悦的过程了。

皮肤护理是核心，化妆只是一个附带而已。获得健康、年轻、完美的皮肤需要遵循严格而精确的规则。化妆则相反，几乎每一步都是可选的，整个化妆过程都基于个人的喜好和试验，这也是化妆的乐趣所在。

你可以随心所欲地化妆，从经典到诱惑，从刻意到随心，从淡雅到浓烈。在本章中，我们将超越你已习惯见到的一步步如何上妆的教程，而是注重我们自己在多年经验中体会到的那些最有用、最独特的化妆手法。我们与世界顶尖化妆师合作，向你介绍最佳化妆建议和技巧。

接下来你要读到的大多数内容都来自像你们这样的粉丝给我们提出的问题，这些化妆问题她们自己找不到答案。我们对这些问题的解答大部分都适用于所有人，所以我们强烈建议你至少要试一试，或许你会惊讶于自己获得的效果。

在开始之前，先让我告诉你一个重要的窍门：虽然化妆效果令人惊艳，但一定要记得在晚上入睡前彻底洗净。把彩妆留在脸上过夜会给皮肤带来刺激并让眼部浮肿，还会造成毛孔堵塞和部分皮肤变干脱皮。使用卸妆液或配方良好的爽肤水，确保将最后一丝彩妆残余完全去除。你的皮肤会在第二天早上感谢你的！

同样重要的是，要绝对避免使用含有酒精、带有强烈香味的彩妆。对于彩妆来说，避免富含刺激物的配方，与选用护肤产品时同样重要。我们在这整本书里不断地强调，其中的道理你已经耳熟能详了，不是吗？

改善肤色的小技巧

» **不管你本身的肤色如何，选择中性色调的粉底。**也就是说不要选过于显眼的色调，例如灰色、古铜、橙色、桃红或粉红之类。那些色调用在脸上通常与肤色不合，看上去不自然，感觉就像是戴着面具。同样，对于过于偏黄的粉底也要小心，它们常常会让皮肤看上去像是患了黄疸病似的。

» **选择与你颈部肤色相配的粉底，同时别忘了考虑胸部露出部分的肤色。**通常情况下，脸部肤色可能会比你颈部肤色更深或更浅，因此，选择与你颈部肤色相合的粉底，能够防止在使用粉底与不使用粉底的皮肤之间出现一条可怕的分界线。如果你穿低胸装，还需要考虑胸部露出部分的肤色。如果胸部肤色深过脸部及颈部皮肤，或许你应该选用稍微深色一点的粉底，或者策略性地在脸部边缘稍稍使用一些古铜颜色来配合你较深肤色的胸部，同时又不会让你的整张脸显得太黑。

» **不要在你的手背部位测试粉底。手背皮肤与脸部皮肤的颜色大不相同。**相反，你应该在你下颚侧面的皮肤表面少量试用，并在日光下检查，确保它看上去合适（店里的灯光往往不行）。

» **如果你有着易长痘痘的皮肤，要避免使用厚重或固体形态的彩妆产品。**膏状、粉饼、霜或霜粉状粉底和遮瑕膏都应避免。同样也要避免那些质地的腮红或胭脂。让产品以膏或霜状呈现的成分（通常是蜡），对于易长痘的皮肤来说不太友好，因为它们能够引起毛孔堵塞。

» **如果你只是想遮盖一些小瑕疵，没有必要用厚厚一层高遮盖度的粉底盖住整张脸。**如果你只需要遮盖一颗痘痘，或者其他小瑕疵，可以选择一款中等到高遮盖度、但容易抹开的粉底，并策略性地只在真正需要的地方使用。

» **在眼睑上使用粉底时要一直上延到眉毛处。**在眼睑上使用粉底有助于眼影着色均匀，并遮盖可能的皮肤发红，让你整张脸拥有均匀光滑的外观。

» **尽量用向下的动作使用粉底，尤其是你脸上长有汗毛的话。**如果采用从下往上的方向，你会在汗毛上涂上粉底，让汗毛更明显，看上去就像蛋糕上的糖霜。

» **使用粉底后，用干净的化妆棉沿着发际线、太阳穴、下颌和唇线上部将粉底抹匀。**这些部位往往会“堆积”粉底，因此简单的检查和涂匀能极大地改善妆效。

» **使用粉底前，先用遮瑕膏或其他皱纹填充产品将大毛孔或细纹填平。**此类产品通常以聚硅酮为基底，来实现它们的填充功能，一旦使用，会暂时膨胀并“填充”在细缝（皱纹或较大的毛孔）里。更让人喜爱的是，有些填充产品还额外带有抗衰老成分，长期使用后能给皮肤带来好处。我们的最爱包括：玫琳凯（Mary Kay）的 TimeWise Repair

Volu-Fill Deep Wrinkle Filler（$45）和 NARS 的毛孔细纹隐形膏（Instant Line & Pore Perfector，$28）。

» **考虑使用一款含有防晒成分的粉底产品。**我们相信这是关于粉底的最佳建议。就算已经用了带防晒功能的日霜，你还是可以使用带防晒的粉底，加一层带有防晒指数的粉底能为你多提供一层防护。如果你的皮肤属于油性或易长痘痘的类型，痛恨传统的防晒日霜，那么防晒粉底与粉饼也能为你提供足够的保护（这些产品的 SPF 值要等于或高于 30，并且用量要足够大方）。

» **谨慎使用散粉类产品。**这类产品或许有用，但使用后脸上常常会有不均匀的颗粒感。另外，对于干性皮肤的人来说，散粉类产品的吸油性过强，因此会让你的皮肤变得更干。但如果你的皮肤属于油性，它们又容易形成片状脱落，因为一天下来，脸部分泌的油脂会在散粉底下汇聚成片。

遮瑕膏

» **绝对不要在眼部下方使用比你本来肤色淡两个以上色调的遮瑕膏。**不要在意你在杂志里读到的建议，在眼部下方使用浅色遮瑕膏会让你的眼睛看上去像倒置的熊猫眼。在眼部下方使用比你粉底（如果你不用粉底的话，那就参考你的自然肤色）淡半到一个色调的遮瑕膏能提亮该处肤色，又不会造成强烈和不自然的对比。

» **当你用遮瑕膏掩盖眼袋或眼部浮肿时，确保将遮瑕膏逐渐淡出眼睛下方大约半到一厘米处的区域。**如果你只在浮肿的区域使用遮瑕膏，将会夸大并凸显浮肿问题而非隐藏。你必须巧妙地做到与周边肤色混合，而不至于将别人的注意力引导到你想遮盖的区域。

» **眼下遮瑕膏与点状遮瑕膏不是一回事。**对于点状遮盖(譬如粉刺、痘印、红斑、褐斑)，你需要更高的遮盖度和哑光效果，这样才能更好地遮盖瑕疵。然而在眼部下方，一款哑光效果的遮瑕膏会显得过干，反而会放大细纹与皱纹。轻度或中等遮盖度的产品往往效果最佳，最好还能稍稍带一些补水效果并具有绸缎般质感。如果想要一点点提亮效果，就选择一款略带闪亮成分的遮瑕膏，另外质地越轻薄，越不容易显出皱褶。

» **如何遮盖深色斑点？**策略性地使用高遮盖度的遮瑕膏能巧妙帮助遮盖皮肤暗斑，但很多时候，这些斑点颜色过深，难以完全遮盖。你使用的遮瑕膏越多或粉底越厚重，肤色看上去就越不自然。这就是为什么你需要使用亮肤产品和特别注意防晒的原因。关于亮肤产品推荐，请参见第 12 章“如何护理特殊皮肤问题”。

» **避免眼部下方遮瑕膏产生皱褶。**窍门就是日间在眼部周围使用轻透质地的精华液或日霜，而不是厚重的眼霜，因为后者会让遮瑕膏呈现皱纹引起的条纹。你需要保持那个部位的滋润，但不是滑腻！

» **如果眼部下方的皮肤属于干性，又想略微用遮瑕膏补一下妆，**试试在眼部下方先抹上极微量的保湿品，然后再补遮瑕膏。

腮红与高光技巧

» **提升并塑造脸颊。**在脸颊凹陷处使用哑光古铜色腮红能突出你的面部骨骼轮廓，并呈现出你的脸部层次，在酒窝处略施腮红能让你的脸部皮肤看上去有拉伸提亮效果。

» **在酒窝处上妆时不要微笑。**微笑会使得酒窝位置上移，因此当你恢复平常表情、脸颊回到正常位置时，你会发现抹的腮红位于脸颊偏下处，离嘴唇太近。

» **如果不巧使用了过重的腮红，或者颜色显得过于浓重，**试试多用一点点粉饼来减一减色调；如果还不行，就用残留有一点点粉底的粉底刷（或海绵）轻轻地将腮红颜色淡化。哇！这就行了。

» **策略性地闪亮皮肤，释放青春光彩。**化妆前，先在皮肤表面抹上一层轻透质地的补水产品（爽肤水、精华、液态保湿品等），然后再渐入佳境地加入闪光产品。给皮肤增添生机的方式可以非常简单：将柔和亮色的腮红渗入两颊或在关键部位（脸颊骨、鼻梁、上唇）使用闪亮产品打高光，粉状、液状或霜状质地的产品都可以。这种方式引入了一个新的维度，让你通过化妆来突出自己的面部轮廓。

画眉技巧

» **给眉毛上色时，使用眉毛本来颜色或淡一个色调的颜色。**不知从什么时候开始，使用比本色深一个色号成为了通常建议，但事实上使用相同或更浅一号的颜色效果会更好，这就避免了不自然的强烈对比。即便你的眉毛与头发都是黑色的，也不要使用黑色眉笔（这会让眉毛看起来很突兀）——使用深褐色的眉笔会让眉毛看起来更饱满、更清晰、更自然，而不是过于沉重和夸张。

» **淡黄色眉毛例外。**如果你属于这种情况，试试比本色深一到两个色调的颜色，否则你的眉毛会看上去像褪了色或不存在。试试眉水（brow tint），这类产品有点像睫毛膏，但干后不会发硬，它能突出眉形又不会产生画出来的感觉。

» **对于红发人士，选择赤褐色基调的颜色**。这种颜色通常情况下与红发很相配，不管你是天然红发还是后染的。

» **通常情况下，需要组合使用几种不同的修眉产品才能获得最佳、最自然的眉形**。例如，首先使用眉笔给眉毛下的皮肤上色以确定眉形与饱满度，然后用眉粉轻柔地延长或淡出眉毛的整体形状，并更加突出眉弓的曲度与深度。如果还需要增加饱满度，可以加用眉水或睫毛膏。额外奖励：这种组合几乎能够保持一整天，不用补妆！

» **眉形加粗**。一般说来，画眉毛时你应该用羽毛状刷子与手法来模仿天然眉毛形状，但如果你想让眉形更粗，需要仔细地在眉毛最上方边缘处加一点颜色，颜色越少，效果越好，然后将眉毛向上刷，提升眉毛方向并盖住你刚划下的线条——就这么简单，饱满的眉毛就此出现！

» **修剪眉毛时，以它们自然生长的方向刷动**。找出长度超出你所希望眉形的眉毛，然后用专门修剪眉毛的小剪刀修整，注意眉形不要出现断口，也不要剪去过多眉毛。

» **如果拔眉过度，导致眉毛无法生长，可以考虑 Latisse 睫毛增长液**。Latisse 是一种处方药，能促进睫毛生长，研究显示它还能促进眉毛生长。同时使用眉粉、眉笔或眉毛膏填充在眉毛稀疏处以增加那里的颜色深度。

» **如果你实在不知道如何入手，请寻求专业帮助**。在眉形化妆专柜或专门店（包括百货商场）里的专家或专业化妆师可以帮助你获得形状完美的眉毛。

专业眼影技巧

» **在给脸部上妆之前先上眼影。**为什么？因为在上眼影时，可能会有粉状眼影撒落在眼部下方，如果此时你已上完粉底或遮瑕膏，将这些撒落的细粉除去而又不影响已完成的化妆就变得麻烦起来。如果你使用的眼影颜色较深，想淡化眼影时你也可能会让眼部下方的颜色变得更深。先上眼影，可以让你毫无压力地轻松清理那些残余。

» **苦于弄皱眼影，特别是那些有着油性眼睑的人？**先在眼睑上抹一层哑光遮瑕膏加散粉，或者试试 Urban Decay 的 Primer Potion（$20），这样就能让眼影不再起皱并保持鲜艳。

» **如果有皱纹，就只能用具有哑光效果的眼影。**有亮光效果的眼影会突出皱纹，让它们变得更明显。而哑光效果的眼影能更好地隐藏皱纹，当眼影颜色较深时更是如此。

» **一个普遍适用的眼影秘密。**试试这种效果，在外侧三分之一的地方用较深的颜色，然后慢慢朝眼部中间与内眼角的方向逐渐变浅，这个方法能让几乎所有形状的眼睛都变得更美（至少值得一试）。

» **化完眼影后，紧接着在上眼睑中间部位加上一点颜色稍浅并具有柔和反光效果的眼影。**使用较小的平头眼影刷，除去多余的眼影，轻轻地按压或触碰上眼睑中间部位。即便你已经在那里上了较深颜色的眼影，这个绝招也能带给你更明亮的双眸。

眼线秘诀

» **用眼线来显著提升无神下垂的眼部。**握住眼线笔，在眼内角以较细的眼线开始，逐渐或急剧（取决于你想要达到的效果）地向外眼角三分之一处变粗。这种手法会改变眼睛的外观形状，通过形成较粗睫毛的视觉假象来吸引他人视线，突出你的眼线。

» **上眼睑下垂的人如何使用眼线：**仔细地沿着上眼睑睫毛下的线画一条非常细的眼线。你也可以使用较厚重的睫毛膏，但一定要强调并突出内眼角的眼线。这样你的眼睛就会成为别人注意的焦点——一定如此！

» **如果想要获得较为柔和的效果，使用比上眼线浅的颜色画下眼线。**黑色是眼线的经典颜色，但有时候在整个眼周都用的话会看起来过于严肃，深褐色也一样。但是，如果你用较深的眼线勾勒上面，但用同样色系却稍微淡一点的颜色勾勒下部就会好很多。譬如，上面用深褐色，下面用浅褐色。

» **如果你喜欢用眼线液来获得精巧如猫眼般的效果，**但你的手却不够稳定，那就试试几种不同产品的组合。在内眼角和外眼角使用眼线液，因为你需要在那里呈现更多细节，而在需要更粗线条的地方使用眼线胶或眼线笔。

» **说到眼线胶或眼线霜，关键是使用正确的刷子。**眼线胶或眼线霜（那种被置于罐中的产品）是专业化妆师的宠儿，因为它们有着良好的适应性，但如果你刷子用的不对，就难以获得自己想要的效果，要知道每种不同的效果都对应于不同的刷子。下面列出一些：

· **如果你想画出细线，**使用细而平头的刷子，它能在睫毛间均匀地画出眼线。选择：Laura Mercier 的平头长眼线刷（Flat Liner LongBrush，$25）。

· **外眼角略弯的眼线，**你应该选用带着细窄尖头的弯曲眼线刷，因为它便于你控制精确上妆并保持流畅。选择：Sonia Kashuk 的 107 号弯头眼线刷（Bent Eye Liner Brush No. 107，$5.99）。

· **戏剧化的猫眼**，选一款小的斜角刷，它能帮助你控制眼线的形状。斜面设计能让你在精确角度和厚重边缘间自如转换。选择：M.A.C. 263 号小斜刷（Small AngleBrush，$20）。

· **想要一把万能眼线刷？**选一把精确、窄小、点状眼线刷，这样你既能画出较细的眼线，也可多画几次描出较粗的线条。选择：bareMinerals 的眼线必备刷（Essential Liner，$15）。

睫毛膏要点

» **利用防水睫毛膏保持睫毛卷翘。**"卷翘"睫毛膏很少名符其实，效果常常不怎么样。然而，使用睫毛夹加大量防水睫毛膏往往能带来更好的效果（就像用定型发胶固定头发一样固定睫毛）。虽然这种睫毛膏的配方使它难以洗去，但这也正是解决你难以将坚硬刚直的睫毛弄弯这个难题的妙招。就是要记得在卸除防水睫毛膏时，摆弄睫毛的动作要温柔一些。

» **做好睫毛补妆的准备。**或许很多人都碰到过这个问题：你在已经上了一整天的睫毛膏上再涂一层睫毛膏，却发现干了的睫毛膏在与你作对。结果就是黏在一起一团糟。你可以试试 Urban Decay 的睫毛再生膏（Mascara Resurrection，$16），它能让已经涂有睫毛膏的睫毛变软，让第二层睫毛膏顺利抹开，而且它还能令睫毛浓密！另一种办法：将干净的缠绕刷刷头浸湿，梳理睫毛，然后再上第二层睫毛膏。这样做的结果没有第一种办法那么惊艳，但它方便快捷！

» **你是否在化妆过程中遇到过睫毛膏晕色的问题？**下面三个小技巧或许能够帮到你：

· **白天时不要在你眼睛下方使用过于油腻的产品。**因为这类产品可能会溶解睫毛膏，形成晕色造成的“熊猫眼”。

· **用小扇形刷给眼下部睫毛上睫毛膏。**用普通睫毛刷把睫毛膏涂抹到扇形刷上，然后轻柔地用扇形刷将睫毛膏精确地包裹在睫毛上部（不要碰到睫毛底部，因为掉色与晕开往往是从睫毛底部开始的）。

· **在睫毛膏上再涂一层持久性的防水层可以防止晕色。**我们非常喜爱 Ulta 的雨衣睫毛膏防水涂层（Raincoat Waterproof Mascara Topcoat，$10），它可以与所有类型的睫毛膏配合使用。

获得迷人嘴唇的技巧

» **让口红保持得更持久。**在你整个嘴唇上（不只是嘴唇边缘）抹上一层哑光质地的唇线，然后再将口红覆盖其上。另外，避免使用质地油腻的口红与唇彩，因为那样的产品不可能让你的口红长时间保持。通常来说，哑光效果的口红持续时间会更长。

» **如何获得完美红唇？**与你或许听到过的信息相反，你的自然唇色与你想要获得的完美红唇毫无关系。我们见过橄榄肤色的女子展现略带蓝色调的红唇，也见过肤若白瓷略带粉红的姑娘妆以橙红色口红。你需要注重你皮肤的最终表现。如果你想要真正的红唇，就需要用中性色的粉底或遮瑕膏盖住你脸上泛出的红色（痘印、疤痕、泛红……），要依据色斑的深浅选择中度到完全的遮盖。

» **如何选择理想的裸色口红色号？**不要选原色或浅棕色（beige），因为用在某些肤色的人唇上看起来很假！真正的裸色哑光就是未施粉黛时你的自然唇色。选择比它淡一个色号或深一个色号的口红都能确保你获得诱人的效果。

» **薄唇？**避免深色调的口红，因为它们会让本来就小的唇部看起来更小。相反，明亮鲜艳的颜色会让唇部显得更美丽饱满。另一个技巧：用鲜红色突出上唇边缘会产生唇部更丰满的视觉效果，同时又不会让人觉得过度；任何遮瑕膏或遮瑕笔都可以用在此处。

» **以清晰的唇线阻止口红晕入唇边细纹。**用唇线笔在唇部外缘画上连续但不可见的边界，这将阻止口红流动，防止晕入唇部周围细纹。试试宝拉珍选（Paula' s Choice）的持久防花唇线笔（Long-Lasting Anti-Feather Lipliner，$10）。

» **在唇部外角使用遮瑕膏**，能提升你的唇形，然后在下唇边缘用遮瑕膏或口红修饰，可以产生翘嘴的效果。

关于化妆工具的建议

» **投资恰当的化妆工具。**你购买彩妆时被打包在一起送的小刷子之类工具几乎没有使用价值（除非是用来应急）。如果你愿意，花点钱自己买一套刷子能给你好得多的效果，而且可以用许多年。许多品牌的刷子和其他化妆工具都是职业化妆师的最爱，包括 SoniaKashuk，Laura Mercier，M.A.C. 和 Real Techniques 等。

» **你不需要专门的"化妆刷清洁剂"来清洗化妆刷。**普通的洁面产品就够用了。除非你的洁面产品的配方过于油腻（乳剂或乳液），这样会有残留物吸附在刷毛上。如果是这种情况，你可以用洗发产品来清洁。

宝拉个人化妆秘诀

» **虽然我知道不是每个人都适合，但我还是强烈建议你使用有放大作用的镜子来检查或上妆，**当你的视力不理想时更应如此。如果你看不到问题，显然也就无法解决问题。譬如，彩妆会堆积在你眼部周围的细纹或嘴部周围的皱纹中，或者，眼影细屑可能掉落在脸上。任何放大倍数为 4 倍或以上（我用的是 10 倍）的镜子都能帮助轻易解决这些问题，而且这些镜子在大多数药妆店、美容产品店和网上都有卖。不要因为这些镜子会放大脸上的瑕疵而感到不快，它们只是帮助你上妆，而不是要求你对自己的皮肤吹毛求疵。

» **除非你有时间尽量完美地完成化妆，否则就不要开始。**如果你赶时间，就选择你能够策略性地迅速完成，而且不会弄得一团糟的化妆步骤。例如，如果我实在赶时间，就会略去眼影部分。我会简单地使用粉底、腮红、口红、眉妆和睫毛膏，然后出门。在时间允许的范围内完成能让自己变美的妆容，对于不确信有时间做的事就随它去吧。

» **购买套装的眼影、腮红和口红，这样更容易自己创造出新的颜色。**不用每次都买颜色全新的眼影或腮红，如果你有了一套，可以自己调出全新的颜色来。

» **每年至少一次请专业化妆师给自己化个妆。**从旁人的视角看看你该如何化妆并不是一件坏事。至少，你可以从专业化妆师那里学到一些新东西或改掉一些坏习惯。

请访问专为本书开设的网站 BeautyMythBusters.com，你能找到更多的化妆建议，包括一步步化妆技巧。另外，也特别感谢以下几位极具才华闻名世界的化妆师们，他们无私地分享了自己的化妆建议与秘诀：

» Wayne Goss（youtube.com/user/gossmakeupartist）

» Tiffany Lowry（Tiffany-colors.com）

» Trendee King（Instagram: @thetrendeemakeup）

» Sarah Tammer（sarahtammer.com）

» Michael Brown（michaelbrownbeauty.com.au）

» Max May（maxmade.com.au）

彩妆产品推荐

同护肤产品一样，在各个价位你都能找到极好的彩妆产品。这些被推荐的产品（既包括药妆店产品，也包括高端品牌）因其出色的表现、质地、效果、颜色选择和配方而获得美誉。

粉底及 BB/CC 霜（适用于油性或易发痘皮肤）

» Laura Mercier Smooth Finish Flawless Fluide（$48）

» M.A.C. Pro Longwear Nourishing Waterproof Foundation（$33）

» Rimmel London Stay Matte Liquid Mousse Foundation（$4.99）

粉底及 BB/CC 霜（适用于干性皮肤）

» bareMinerals Complexion Rescue Tinted Hydrating Gel Cream SPF 30（$29）

» Make Up For Ever Ultra HD Invisible Cover Stick Foundation（$43）

» M.A.C. Mineralize Moisture SPF 15 Foundation（$36）

粉底及 BB/CC 霜（抗衰老）

» Almay Smart Shade CC Cream Complexion Corrector SPF 35（$9.99）

» Dolce & Gabbana Perfect Luminous Liquid Foundation（$61）

» Paula’s Choice Resist Instant Smoothing Anti-Aging Foundation（$25）

遮瑕膏（适用于易发痘皮肤或点状遮盖）

» Kat Von D Lock-it Concealer（$25）

» Revlon ColorStay Concealer（$9.99）

» Smashbox 24 Hour CC Spot Concealer（$25）

眼部遮瑕膏

» Clinique All About Eyes Concealer（$18.50）

» L’Oreal Visible Lift Serum Absolute Advanced Age-Reversing Concealer（$12.95）

» philosophy hope for everywhere concealer（$26）

散粉

» Clinique Blended Face Powder and Brush（$25）

» NARS Light-Reflecting Loose Setting Powder（$36）

» Sonia Kashuk Undetectable Loose Powder（$9.99）

粉饼

» Almay Line Smoothing Pressed Powder（$13.49）

» Lancome Translucence Mattifying Silky Pressed Powder（$31）

» Wet ‘n Wild Coverall Pressed Powder（$2.99）

腮红

» Hourglass Ambient Lighting Blush（$35）

» L’Oreal Visible Lift Color Lift Blush（$12.95）

» Paula’s Choice Blush It On Contour Palette（$36）

高光

» Becca Shimmering Skin Perfector（$41）

» NARS Highlighting Blush（$30）

» Sonia Kashuk Chic Luminosity Highlighter Stick（$10.99）

眉笔

» Maybelline Define-a-Brow Eyebrow Pencil（$6.99）

» Paula’s Choice Brow-Defining Cream Duo（$20）

» Stila Stay All Day Waterproof Brow Color（$21）

眼影

» Dolce &Gabbana Perfect Mono Intense Cream Eye Colour（$37）

» Milani Bella Eyes Gel Powder Eyeshadow（$4.49）

» Physicians Formula Matte Collection Quad Eye Shadow（$7.25）

眼线

» Flower Beauty On Your Mark Liquid Eyeliner（$6.98）

» M.A.C. Fluidline（$16.50）

» Smashbox Always Sharp Waterproof Kohl Liner（$20）

睫毛膏（普通型）

» Boots No7 Exceptional Definition Mascara（$8.99）

» Clinique High Impact Mascara（$16.50）

» Paula’s Choice FANtastic Lash Mascara（$12）

睫毛膏（防水型）

» Bobbi Brown No Smudge Mascara（$26）

» Maybelline Volum’ Express The Falsies Waterproof Mascara（$7.99）

» Revlon PhotoReady 3D Volume Waterproof Mascara（$8.99）

口红

» Laura Mercier Paint Wash Liquid Lip Colour（$28）

» Maybelline Color Sensational Creamy Mattes（$7.99）

» NARS Audacious Lipstick（$32）

唇彩

» Lancome Lip Lover（$23.50）

» NYX Cosmetics Butter Gloss（$5）

» Paula’s Choice Resist Anti-Aging Lip Gloss SPF 40（$18）

唇线

» Mary Kay Lip Liner（$12）

» Revlon ColorStay Lipliner（$7.99）

» Smashbox Always Sharp Lip Liner（$20）

第 16 章

化妆品成分词典

本章涵盖了当今化妆品中常见的各种成分，按其英文首字母排序。其中许多成分你很熟悉，但也有些你不太熟悉；有些很有益，且其益处及用途得到了许多研究的支持，不过也有一些成分会对皮肤造成潜在的伤害，这也得到了研究的证实；还有一些极具争议性的成分，你经常被告知要远离它们，但却不知晓确切原因。本章对各种成分的误解进行了辨析。比如有许多天然的成分，我们倾向于认为它们应该是安全的，仅仅是因为它们纯天然而且读上去好听！然而经过多年的研究证实，与人工合成成分的情况相同，纯天然成分中也是有好有坏的。尽管本章详述了很多种化妆品成分，但从某种意义上来说也只是冰山一角。另外还有上千种化妆品成分可在我们的在线化妆品成分词典上找到：paulaschoice.com/cosmetic-ingredient-dictionary。我们会在线不断增补新的成分，定期更新对它们的解释和说明，并且在相关研究趋于明朗后将它们按等级分类。这是我们额外采取的一个步骤，以确保你得到最可靠的关于化妆品成分的信息。对你来说，拥有了化妆品成分最基本的知识，就可以拥有人生中最美的肌肤！

A

阿萨伊莓（açai）（最佳）

阿萨伊莓发音为“ah-sigh-ee”。这种小浆果颜色深紫，含有多种抗氧化剂，包括阿魏酸和表儿茶素。根据体外研究，阿萨伊莓具有较高的抗氧化剂含量，要比大果越橘、覆盆子、黑莓、草莓或狭叶越橘等更高，但这并不表明在与众多浆果比较时，它具有最佳的抗氧化性。除了已知具有抗氧化功能之外，证实阿萨伊莓有益身体或皮肤健康的研究乏善可陈。

乙酰壳糖胺（acetyl glucosamine）（最佳）

氨基酸糖类，是黏多糖和透明质酸的主要成分，被认为是一种与皮肤结构相同的物质和皮肤修复成分，高浓度时可以促进伤口愈合。研究表明，脱乙酰壳多糖（其中含乙酰壳糖胺）可以促进伤口愈合。不过，这些研究当中使用的浓度要比化妆品中的高很多。

在去角质方面，宝洁和雅诗兰黛公司研究发现乙酰壳糖胺确实有去角质作用——这两家公司均销售含乙酰壳糖胺的护肤产品。但要说乙酰壳糖胺的除皱功能，目前尚未有研究发现皱纹的产生与伤口有关。

也有其他研究表明乙酰壳糖胺具有抑制黑色素合成的作用，因此可以将它用作提亮肤色的美白产品中的重要成分，特别是在与烟酰胺合用时。大多数有关乙酰壳糖胺会影响色素沉着的研究均出自于宝洁公司，其旗下的玉兰油品牌在多款产品中添加了乙酰壳糖胺。尽管如此，这些研究仍然引人注目，并且研究方案也是合理可信的。

乙酰基六肽-8（acetyl hexapeptide-8）（好）

一种广泛用于护肤和彩妆产品的合成肽，特别是宣称具有与肉毒杆菌毒素注射相同除皱效果的护肤品。如果这些护肤品有效的话，使用者在做表情时，应该可以放松肌肉收缩而减少皱纹。

如果乙酰基六肽-8确实有助于放松面部肌肉，那么它将对整张脸都有效（假设使用时完全遵照产品说明）。若面部的全部肌肉都被放松了，那么皮肤便会下垂，而不会让皮肤显得年轻。更不用说擦在手上对手指的影响了——你会端不起杯子来，甚至连开车也会握不住方向盘。一些化妆品公司告诫消费者使用肉毒杆菌毒素产品会产生不良后果，但实际上有关肉毒杆菌毒素的安全性及有效性的研究案例已经相当多了。

尽管对于乙酰基六肽 -8 有多种断言，但一项临床研究仍然揭示出，它的除皱功能远远不如肉毒杆菌毒素。

有趣的是，有研究发现将肉毒杆菌毒素涂在皮肤上，皮肤的外表和机理都不会受到影响。尽管如此，乙酰基六肽 -8 和其他肽成分类似，仍然具有保水特性和细胞沟通功能。虽然乙酰基六肽 -8 不是要被丢弃的成分，但它也没有化妆品厂商一直游说让你相信的那么神奇。

乙酰基八肽 -3（acetyl octapeptide-3）（好）

一种基于八肽 -3 的合成肽，由天冬氨酸、谷氨酸、谷氨酰胺和蛋氨酸等氨基酸构成的肽复合物。这种肽也被称为胜肽（SNAP-8），据称可以减少使用者的面部表情纹，但这种说法没有得到独立研究的支持。

即使有独立的研究，它们也是由大公司资助的实验，其主旨仅在于表明 SNAP-8 可改善深度皱纹和表情纹，其浓度介于 3%—10% 之间，这已经远远超过一般护肤产品所添加的浓度了。尽管在抗皱方面它取代不了肉毒杆菌毒素或皮肤填充剂，但它毕竟是肽成分，仍然具有保水特性，理论上还具有细胞沟通能力。乙酰基八肽 -3 可能有助于使皮肤看上去更加年轻有活力，也可能发挥令皮肤水润光滑的作用。

丙烯酸酯类共聚物（acrylate copolymer）（好）

参见成膜剂。

丙烯酸（酯）类 /C10-30 烷醇丙烯酸酯交联聚合物（acrylates/C10-30 alkyl acrylate crosspolymer）（好）

参见成膜剂。

丙烯酸（酯）类 / 聚二甲基硅氧烷共聚物（acrylates/dimethicone copolymer）（好）

有机硅增强成膜剂。同时具有粘合剂功用，故此类产品对皮肤的附着性更好。参见成膜剂。

丙烯酸（酯）类/硬脂醇聚醚-20甲基丙烯酸酯共聚物（acrylates/steareth-20 methacry late copolymer）（好）

为合成聚合物，由硬脂醇聚醚-20混合一种或多种形式的甲基丙酸烯。用作稠化剂。参见稠化剂。

活性成分（active ingredient）（好）

活性成分是化妆品、药品的组成部分，必须具有药理作用。化妆品中活性成分对皮肤的功效必须经过科学评估，使用上必须得到 FDA 的批准，并且受到 FDA 的监管。此外，每一个活性成分的含量及功能必须得到 FDA 的认可后才能使用。常见的活性成分包括防晒成分、美白成分、抗痘成分如硫磺和过氧化苯甲酰等。FDA 还规定，活性成分必须是产品成分表上位置靠前的成分。

腺苷（adenosine）（最佳）

为酵母菌提取成分，在许多机体活动中发挥着重要的细胞信号传导作用。腺苷是一种很好的抗炎成分。细胞中的腺苷能够起到细胞沟通成分的作用，它作为能量源泉，保障了健康的细胞活动。

三磷酸腺苷（adenosine triphosphate，ATP）（最佳）

一种腺苷类有机化合物，主要是从酵母的核酸经水解而来。所有的生物都需要能量，动物通过氧化食物获得能量，植物通过光合作用获得能量，然而能量必须以一种生物可以利用的方式存在，这种携带能量的物质（或称载体）就是 ATP。

对人体而言，ATP 是细胞用来进行许多反应（如蛋白质合成）的主要能量来源。细胞把 ATP 水解成 ADP（二磷酸腺苷），ADP 再水解成 AMP（单磷酸腺苷）。

研究发现，外用 ATP 具有细胞沟通因子和炎症调节因子的功能。

果酸（AHA）（最佳）

全称为 alpha hydroxyl acid。果酸可以从多种植物或牛奶中提取，不过化妆品中 99% 的果酸是合成的。低浓度（低于 3%）的果酸可以充当保水剂。当浓度在 4% 以上、产品 pH 值介于 3—4 之间时果酸具有去角质的效果。

最有效且研究最多的果酸是羟基乙酸和乳酸。苹果酸、柠檬酸和酒石酸也有效果，但比较而言，它们的性质不太稳定，对皮肤也不太好；而且很少有研究证实它们对皮肤有益。

果酸会刺激黏膜导致发炎。但果酸广泛被用来改善因长期日晒而造成的皮肤老化，也可以用来去除过多的老化角质。使用果酸后，表皮层活的表皮细胞和真皮层的葡糖氨基葡聚糖会增加，从而让皮肤看起来更年轻。

有非常多的研究报告发现，在皮肤上使用果酸（包括羟基乙酸和乳酸）具有抗老化的效果。果酸可以去除皮肤表层遭受晒伤的角质细胞，但这层角质细胞具有一定的阳光防护效果，因此在使用果酸后皮肤比较容易被晒伤。不过，涂上防晒产品就不会发生这种问题。

提示：把果酸添加到可冲洗型产品时对皮肤的好处不多，因产品与皮肤接触过浅，难以起到去角质的作用，也不容易被皮肤所吸收。

醇类（alcohol）（普通）

醇类包含了一大群各种形态的有机化合物，在化妆品和其他领域用途广泛。对皮肤来讲，醇类也有好有坏，可以大致分为高分子量醇和低分子量醇，我们会在下文中分别解释。当脂肪和油脂被分解后，会产生不太黏稠的醇类称为脂肪醇，脂肪醇具有柔润剂的性质，也可以用作清洁剂。也有一些温和形态的醇类，包括二醇类，常用作保湿剂，促进特定成分渗透进入皮肤。

低分子量醇类，亦即损害皮肤的醇类，可能会引起皮肤干燥或皮肤刺激。护肤品中，最让人担心的小分子醇类是乙醇（即酒精）、变性酒精、甲醇、苯甲醇、异丙醇、SD 乙醇。如果这些成分列于产品成分表的前几位，这个产品就会对各种肤质造成问题；如果列在成分表的末尾，那么就不太会造成皮肤问题。

这些物质不仅对皮肤有强烈的刺激性，使皮肤过于干燥，还可能造成自由基伤害，破坏皮肤的保护功能。醇类有助于视黄醇和维他命 C 等成分更有效地渗透进入皮肤，但代价是破坏皮肤的保护屏障，毁掉长时期保持皮肤健康的物质。

醇类可立即伤害到皮肤，并且在其挥发之后引发一连串的破坏。2003 年一份发表在《医院感染》期刊上的研究发现，经常接触基于醇类的产品，会让清洁皮肤成为一个让皮肤备受折磨的破坏过程——皮肤不再能阻挡水和清洁剂的渗入，结果会进一步侵蚀皮肤的保护屏障功能。

实际上也有海量研究显示即使低浓度的变性酒精（乙醇）也会给皮肤造成自由基损害。在实验室中让皮肤细胞接触少量酒精（浓度约为 3%，但请记住护肤产品中的浓度为 5%—60%，甚至更高），两天后，皮肤细胞的死亡率为 26%。乙醇也破坏了皮肤细胞中能够消炎和抵御自由基伤害的物质，从而造成进一步的自由基伤害。

这还不算最糟糕的，接触酒精还会导致皮肤细胞的自我破坏。研究还表明，越增加对酒精的接触，受损失和衰老的皮肤细胞就越多；也就是说，两天接触酒精比一天接触酒精对皮肤的伤害更大，这还只是 3% 的浓度。

如果这些不好的醇类成分列于产品成分表的前几位，这个产品就会对各种肤质的皮肤造成问题；如果列在成分表的末尾，那么因为含量不高，就不太会造成皮肤问题。

藻类或藻类提取物（algae/algae extract）（好）

藻类是构造简单的含叶绿素的有机物，这个大家族有 2 万个成员以上。在化妆品中，藻类主要用作稠化剂、保水剂和抗氧化剂。有些藻类会造成皮肤刺激，比如蓝绿藻中的藻青蛋白可能会引起皮肤过敏和皮炎。

还有一些藻类如爱尔兰藓和角叉菜则含有蛋白质、维他命 A、糖、淀粉、维他命 B_1、铁、钠、磷、镁、铜和钙，对皮肤都很有好处，可以作为柔润剂、抗炎成分和抗氧化剂。不过，并没有研究证实藻类可以抗皱、除皱、愈合伤口或有其他的益处。

藻类并不是护肤产品的关键成分。尽管它具有正面的功效，但也没有什么令人惊喜的成分，往往都是人工合成的。

尿囊素（allantoin）（最佳）

从尿素中提取尿酸时的副产品，被认为是一种有效的抗刺激成分。

甲基丙烯酸烯丙酯类交联聚合物（allyl methacrylates crosspolymer ）（好）

合成的无水聚合物，主要用于成膜剂。参见成膜剂。

杏仁油（almond oil）（最佳）

也称甜杏仁油。是一种从杏仁中提取的非挥发性、无香的油脂，多用作柔润剂。杏仁油富含皮肤修复成分，包括甘油三脂和多种脂肪酸（如油酸、亚油酸及肉豆蔻等成分）。目前杏仁油的副作用尚不明确，但如果你对坚果过敏，最好还是不要使用含杏仁油的产品。

杏仁味甜或味苦。甜杏仁不含有毒成分。苦杏仁则属于另一种属，含有毒成分。

库拉索芦荟叶汁提取物（aloe barbadensis leaf juice extract ）（好）

在产品成分表中也表示为库拉索芦荟叶汁粉、芦荟提取物或者芦荟汁。参见芦荟。

芦荟（aloe vera）（好）

没有证据表明芦荟（或库拉索芦荟）对皮肤有明显的好处，但它也并非一无是处。一些品牌的产品用芦荟汁代替水，但实际上芦荟本身 99.5% 都是水。

研究表明，芦荟所含的成分如糖蛋白在促进伤口愈合和抗刺激方面具有一定的效果。化妆品中添加芦荟应该有保水作用，但是否还具有上述的功效还是让人怀疑。纯芦荟对皮肤的好处或许只是它不会堵塞毛孔，所以会给人清爽感。芦荟用作保水剂也是因为它含有多糖和固醇（固醇对皮肤有益，如胆固醇）。尽管研究发现芦荟还具有抗炎、抗氧化和抗菌的性质，但没有研究证实它的效果比维他命 C、绿茶、石榴及其他抗氧化剂更出色。

α - **异甲基紫罗兰酮**（alpha isomethyl ionone）（差）

这是一种会造成皮肤过敏反应的挥发性芳香成分。如果你的皮肤容易过敏，就不能使用含这种成分的产品，而且这种成分几乎总是与其他挥发性芳香成分如芳樟醇和丁香酚一道使用。

α-硫辛酸（alpha lipoic acid）（最佳）

一种酶，外用时是非常好的抗氧化剂。α-硫辛酸是一种水溶性兼脂溶性抗氧化剂，口服后能够生成其他抗氧化剂，如维他命C和维他命E。α-硫辛酸还具有抗炎的功效。

目前虽然有一些对α-硫辛酸的研究，但没有一项是人体试验，也没有采取双盲法或对照法，所以无法评估它的抗皱效果。

大多数研究都是取人体皮肤纤维原细胞做体外试验的，这种研究虽然很有趣，但体外试验与真正的人体试验不同，所以研究结果能否应用到人体皮肤上存在着疑问。

从这些试验中我们知道α-硫辛酸是一种有效的抗氧化剂，但它不是唯一的强效抗氧化剂。还有众多很棒的抗氧化剂可供选择。请注意，α-硫辛酸极易因为接触到光线而失效。此外，高浓度的α-硫辛酸（5%或以上）有可能导致皮肤出现烧灼感或刺痛感，并且可能引发皮疹。

氧化铝（alumina）（好）

一种天然存在的矿物质，在化妆品中用作摩擦剂、稠化剂和吸收剂。

氢氧化铝（aluminum hydroxide）（好）

一种合成成分，主要用作遮光剂和护肤剂，其次它还用作染色剂和吸附剂。目前尚未发现氢氧化铝对皮肤具有毒性。

淀粉辛烯基琥珀酸铝（aluminum starch octenylsuccinate）（好）

呈粉末状，在化妆品中用作稠化剂、吸收剂和防结块剂。如果该成分在产品成分表中列在前面的位置，那么使用后会形成较粉的哑光妆效。

硬脂酸铝（aluminum stearate）（好）

硬脂酸的铝盐，用作稠化剂，有助于产品稳定。

氨基酸（amino acid）（好）

人体中的所有蛋白质都是由氨基酸组成的，常见的氨基酸有丙氨酸、精氨酸、天冬酰胺、天冬氨酸、半胱氨酸、胱氨酸、谷氨酸、谷氨酰胺、甘氨酸、组氨酸、异亮氨酸、亮氨酸、赖氨酸、蛋氨酸、苯丙氨酸、脯氨酸、丝氨酸、苏氨酸、色氨酸、酪氨酸和缬氨酸。其中一些氨基酸可由人体合成，但必需氨基酸则必须从膳食中的蛋白质摄取。

在护肤产品中，氨基酸主要有保水的功能，有些氨基酸具有抗氧化性质和促进伤口愈合的功能。不过氨基酸不能除皱，对皱纹不会有影响。

氨甲基丙醇（aminomethyl propanol）（好）

一种人工合成的成分，用来调节化妆品的 pH 值，其浓度必须低于 1%。

氢氧化铵（ammonium hydroxide）（普通）

无色透明的液体，多用于化妆品中调整产品的 pH 值。氢氧化铵为合成物，有时会用于代替氢氧化钠，用来保持果酸及类似的去角质产品中的酸性。化妆品中的少量氢氧化铵不会引起皮肤的敏感反应。

月桂醇聚醚硫酸酯铵（ammonium laureth sulfate）（好）

可以从椰子中制取，主要用作表面活性剂，是一种温和有效的清洁成分。

月桂醇硫酸酯铵（ammonium lauryl sulfate）（好）

可以从椰子中制取，主要用作表面活性剂，是一种温和有效的清洁成分。

圆叶当归根油（*Angelica archangelica* root oil）（差）

从当归植物中提取的挥发性油脂，其中有些成分可能具有抗氧化作用，但它还含有佛手柑内酯、欧前胡素和花椒毒素，可能具有光毒性，涂在皮肤上在日晒时可能致光敏感的风险。

白花黄春菊花提取物（*Anthemis nobilis* flower extract）（最佳）

参见甘菊。

抗刺激剂（anti-irritant）（最佳）

可以减少发炎导致的肿胀、触痛、疼痛、瘙痒或发红等症状的成分。许多成分表现其具有抗刺激性或消炎的功能，并且一直有更好的抗刺激成分被发现。这里所指的“抗刺激”可与“抗炎”互用。

有趣的是，大多数抗氧化剂都具有抗刺激的功能，原因之一在于皮肤对自由基伤害的反应就是皮肤刺激和皮肤发炎。这些抗刺激成分一直在帮助皮肤防护日常所遭受的日晒、环境污染和日常皮肤护理（外用杀菌产品、防晒霜和去角质产品也会对皮肤造成刺激），以及季节性的极端环境所造成的伤害。

抗菌剂（antibacterial agent）（好）

可破坏或抑制细菌生长的成分。当用于护肤产品时，尤其是针对导致青春痘（痤疮）的细菌。参见过氧化苯甲酰。

抗氧化剂（antioxidant）（最佳）

抗氧化剂是一大类天然或合成的成分，可减少自由基伤害和环境对皮肤的不良影响。有关抗氧化剂的详细解释，可登录 paulaschoice.com/cosmetic-ingredient-dictionary，查看完整的化妆品成分词典。

野杏仁油（apricot kernel oil）（最佳）

从杏仁中榨取的油脂，可作为柔润剂，性质类似于其他非芳香性植物油，有光滑皮肤、抗氧化等益处。

熊果苷（arbutin）（最佳）

从熊果灌木、蔓越莓、蓝莓果的树叶，某些种类的蘑菇和梨树中提取的一种氢醌衍生物。由于熊果苷的结构类似于氢醌，所以它具有抑制黑色素合成的效果。

尽管研究发现熊果苷的效果不错（大部分数量有限的研究是动物实验和体外试验），但它的有效浓度目前还没有共识，也就是说我们不知道要用多少量的熊果苷才有美白的效果。许多化妆品公司采用包含熊果苷的植物提取物作为添加成分，由于这些提取物在产品中的含量很低，它们是否具有美白效果还未确定。

刺阿干树油（argan oil /Argania spinosa）（最佳）

无香的植物油，由刺阿干树果仁中提取。含有多种对皮肤有益的脂类及脂肪酸，包括油酸、棕榈酸，特别还含有亚油酸。它也富含维他命 E，与许多其他植物油一样，富含多种抗氧化物质。

坊间有关刺阿干树油有许多传说，说它具有恢复健康的神奇效果。摩洛哥妇女长年将其用于头发、皮肤和指甲的护理。当然了，这样也不能说明摩洛哥妇女因为用了它们就有了特别健康的头发、皮肤和指甲。不同的文化会选用不同的植物油，比如橄榄油或者石栗果油。

随便你怎么想象，刺阿干树油也不是什么神奇成分，但它属于好的植物油柔润剂。刺阿干树油常用于针对干性至极干性皮肤或头发的化妆品，但它并不比其他许多无香的植物油更好。

精氨酸（arginine）（好）

一种氨基酸，具有抗氧化作用，能促进伤口愈合。

山金车提取物（arnica extract/ arnica oil）（差）

提取自开花植物山金车。研究发现，手术前口服山金车能减轻炎症及瘀伤。但山金车提取物的用量过高会诱发皮肤刺激，杀死皮肤中的角化细胞，并且对皮肤中天然存在的抗氧化物质产生不良影响。

芳香剂（aroma/flavor）（普通）

芳香剂添加在产品中有好也有坏。举例来说，如果香味来自薄荷或柑橘，它就可能刺激皮肤。但如果来自比较淡而无味、像香草那样的植物，就不太会有什么刺激性。

据个人护理产品委员会的成分数据库显示，“芳香剂是一种作为识别某产品含有某种物质或混合物质，且被添加到化妆品当中起产生或遮盖作用的标识性成分”。你必须在意嘴唇（或皮肤）所接触到的是哪一种香味——不管它们是否存在刺激性风险。

此外，要注意很香甜的护唇产品，它们会诱发你不断舔唇，让你觉得“好吃，味道不错”，但老是舔嘴唇会让嘴唇变得更干或者开裂。

抗坏血酸（ascorbic acid）（最佳）

维他命 C 的一种形态，具有抗氧化作用。化妆品中的抗坏血酸成分不易保持性质稳定，而且它的酸性对皮肤可能有刺激性，因此在配方调配阶段必须减少可能产生的皮肤刺激，并且确保该成分发挥对皮肤的益处。

抗坏血酸葡糖苷（ascorbyl glucoside）（最佳）

维他命 C 和葡萄糖结合后的产物，是维他命 C 的一种形态，具有抗氧化的作用，但没有得到研究证实。抗坏血酸葡糖苷的抗氧化效力弱于抗坏血酸。研究发现，当抗坏血酸葡糖苷和烟酰胺同时使用时具有抗氧化的作用，但这种效果可能全部来自烟酰胺，和抗坏血酸葡糖苷没有关系。

抗坏血酸棕榈酸酯（ascorbyl palmitate）（最佳）

一种非酸性、稳定的维他命 C，具有抗氧化的作用。抗坏血酸棕榈酸酯在改善紫外线造成的自由基方面尤其有效，并且具有保湿功能。

虾青素提取物（astaxanthin extract）（最佳）

存在于植物、藻类和鱼类（特别是鲑鱼）中的类胡萝卜素，具有很好的抗氧化作用。研究发现，它可以避免皮肤在遭受紫外线 UVA 照射之后的氧化性伤害。

燕麦（*Avena sativa*）（最佳）

参见燕麦和燕麦麸提取物。

阿伏苯宗（avobenzone）（最佳）

一种合成的防晒剂成分（也称 Parsol 1789，全名为丁基甲氧基二苯甲酰基甲烷），可以防护全波长的紫外线 UVA。自 1981 年起被广泛应用，也是全球用得最多的防晒剂成分。在澳大利亚、加拿大和欧盟，阿伏苯宗是第一大防晒剂成分。在美国，FDA在经过长达 7 年的研究之后才批准阿伏苯宗用作防晒剂。当霍夫曼 - 拉洛奇向 FDA 申请阿伏苯宗作为一种新药时，这种成分不得不符合严苛的检验标准。

FDA 对新药的监管最严格，所需要的安全性和有效性研究远比你想象的要多。

鳄梨油（avocado oil）（最佳）

类似于其他非芳香性植物油，用作柔润剂，具有抗氧化作用，它所含有的多种脂肪酸具有改善皮肤修复功能的作用。

壬二酸（azelaic acid）（最佳）

壬二酸提取自小麦、黑麦、大麦，外用时能有效改善皮肤发炎状况。它包括处方级产品和非处方级产品，后者的浓度较低。

大多数情况下，壬二酸被用来治疗青春痘，此外也有一些研究表明它可以用来改善皮肤色斑。虽然没有研究表明壬二酸在淡化褐斑或其他皮肤色斑的机制，但据信它可以阻断黑色素合成的进程，黑色素与皮肤色斑的形成有关。

壬二酸也是一种抗氧化剂，并且表现出显著的抗炎特性，有助于淡化红色的痘印，以及因酒渣鼻导致的皮肤发红。

B

芳香薄荷提取物（balm mint extract）（差）

一种芳香植物的提取物，有可能会刺激皮肤。据报道，它具有抗病毒作用，但尚无充分证据证实它可以促进伤口愈合。

大麦提取物（barley extract）（普通）

提取自植物大麦。口服时具有抗氧化效果，但没有研究发现在外用时也有同样的作用。大麦及其提取物或衍生物均富含麸质。发酵后（就像酿制啤酒或与酵母结合应用于化妆品），大麦提取物在动物实验研究中显示出外用时对过敏性皮炎有消炎作用。

熊果提取物（bearberry extract）（好）

具有抗菌和抗氧化的作用，少数研究发现它还有美白效果，这是因为熊果含有氢醌和熊果苷。

氢醌是公认的黑色素抑制剂，但对熊果苷的研究并不多。虽然有研究发现高浓度的熊果苷可以抑制黑色素的合成，不过护肤品中的熊果提取物含量并不高，可能起不了影响黑色素合成的作用。参见氢醌和熊果苷。

蜂蜡（beeswax）（好）

蜜蜂用来修建蜂巢的物质，可以用作稠化剂和柔润剂，也经常用于护唇膏。

膨润土（bentonite）（好）

在化妆品中用作吸收剂的黏土，但可能造成皮肤过于干燥，虽然它对油性皮肤有帮助。

苯扎氯铵（benzalkonium chloride）（普通）

一种抗菌剂，在护肤品中用作防腐剂。没有研究证实它可以抑制造成青春痘的痤疮丙酸杆菌，它也可能造成皮肤刺激。

过氧化苯甲酰（benzoyl peroxide）（最佳）

目前最有效的用来治疗青春痘的非处方杀菌剂。很多研究都确认它具有这种疗效。过氧化苯甲酰能渗入毛孔，杀死造成青春痘的痤疮丙酸杆菌，对皮肤的刺激也很小。与其他抗生素不同，它不会产生细菌的耐药性。研究还发现，过氧化苯甲酰治疗青春痘的效果比一些处方药如口服和外用抗生素更好。

市面上过氧化苯甲酰溶液的浓度一般在2.5%—10%之间。使用时，最好先用低浓度的产品，因为2.5%的过氧化苯甲酰比5%或10%的对皮肤刺激更少，而且效果也差不多。

当过氧化苯甲酰产品与视黄醇或处方级类维他命 A（如 Renova，Retin-A，Differin，Tazorac 及维他命 A 酸）合用时曾经被认为会造成皮肤问题，但最近的研究表明这不是事实。

苯甲醇（benzyl alcohol）（好）

一种有机醇，天然存在于一些水果（如杏、蔓越莓）和茶中。它主要用作化妆品中的防腐剂，也是刺激性最弱的防腐剂成分之一。

添加大剂量苯甲醇可使产品散发出近似花香的气味，因为苯甲醇也是一些精油如茉莉花精油的芳香物质之一。

作为一种挥发性醇类，当苯甲醇用量较多时会造成皮肤刺激，但它用于化妆品仍然被视为安全的。

香柠檬油（bergamot oil）（差）

一种挥发性的柑橘油，涂在皮肤上会造成光敏感和光突变，即可能造成细胞的恶性病变。

β - **葡聚糖**（beta-glucan）（最佳）

提取自酵母或燕麦的多糖，具有一定的抗氧化特性和强效的抗炎作用。β - 葡聚糖被认为是减少敏感性皮肤发红或其他印记的绝佳成分。

β **羟基酸**（beta hydroxy acid）（最佳）

参见水杨酸。

BHA（最佳）

参见水杨酸。

红没药醇（bisabolol）（最佳）

可从黄春菊中提取，也可以人工合成，是一种抗刺激物。红没药醇能减少前炎症因子的生成，并且改善皮肤炎症。

苦橙提取物（bitter orange extract）（差）

在产品成分表中经常表示为“Citrus aurantium”，食用时具有抗氧化功效。然而外用时，它所含有的甲醇会刺激皮肤。

黑胡椒提取物和黑胡椒油（black pepper extract and oil）（差）

在化妆品中用作反刺激物，事实上它会造成强烈的皮肤刺激。在产品成分表中经常表示为“Capsicum”。参见反刺激物。

黄细心属白花蛇草根茎提取物（*Boerhavia diffusa* root extract）（最佳）

一种开花植物的提取物。动物实验研究表明，这种植物提取物具有强效抗炎活性。与其他植物提取物类似，黄细心提取物也具有抗氧化能力。

该植物的叶子是提取抗氧化剂五羟黄酮的主要原料。

玻璃苣籽油（borage seed oil）（最佳）

这种无香的植物油具有保湿作用，富含必需脂肪酸 γ-亚麻酸。在产品成分表中也表示为玻璃苣提取物或玻璃苣油。

丁基甲氧基二苯甲酰基甲烷（butyl methoxydibenzoylmethane）（最佳）

参见阿伏苯宗。

丁二醇（butylene glycol）（好）

通常在化妆品中充当多功能的爽滑剂，与丙二醇类似，但是质地更轻透。“化妆品成分超限检查”已评定过许多有关丁二醇的毒理学测试及其他方面的研究，最后认定这种成分用于化妆品中是安全的。

羟苯丁酯（butylparaben）（好）

参见羟苯酸酯类。

丁苯基甲基丙醛（butylphenyl methylpropional）（差）

一种合成的芳香成分，带有强烈的花香。由于它会造成皮肤刺激及过敏反应，所以用于化妆品时受到限制。对于免冲洗产品，若这种成分的含量超过 0.001%，则产品成分表中必须注明。对于冲洗型产品如洁面或洗发产品，若它的含量超过 0.01%，也必须在产品成分表中加以明示。

C

C10-30 **酸胆甾醇 / 羊毛甾醇混合酯**（C10-30 cholesterol/lanosterol esters）（最佳）

自羊毛脂中提取的混合胆甾醇及脂肪酸酯。用作皮肤调理剂。

C12-15 **醇苯甲酸酯**（C12-15 alkyl benzoate）（好）

在化妆品中用作润肤剂及稠化剂。这是一种常见的可溶于油脂或近油脂的合成成分，涂抹后皮肤会显得光亮丝滑。

咖啡因（caffeine）（好）

咖啡因是存在于咖啡、茶和可乐果中的生物碱，是咖啡和茶饮料中的主要提神物质。据称它能减少橘皮组织和消除眼部浮肿，所以有些护肤品中常常添加这种成分。可惜这种说法并没有得到研究的证实。

咖啡因及其构成成分口服时被认为具有抗氧化的作用。研究显示，喝了含咖啡因的饮料后再暴露在紫外线之下（紫外线会导致晒斑和皮肤癌），与那些不喝不含咖啡因饮料的受试者相比，含咖啡因的饮料有防护紫外线的作用。

将咖啡因涂抹于皮肤，可能有一定的抗炎功效。它会渗入皮肤并且有紧致皮肤的作用，因此有助于减少红斑，但也可能刺激皮肤。咖啡因不是蘸一下涂在脸上就能减少面部的红斑；实际上，它很可能会让情形变糟。但不管怎么样，还是值得试一试满足你自己的好奇心的。

咖啡因之所以在相关产品中流行，是因为它与氨茶碱的结构很像。氨茶碱这种药物是茶碱的衍生物，曾被认为有助于减少橘皮组织，而咖啡因也含有茶碱。但没有充分的研究能够证实茶碱可以消除橘皮组织，有的研究者甚至否定氨茶碱对橘皮组织的作用。

关于咖啡因对橘皮组织有影响的研究结论莫衷一是，并且目前更多的研究是针对老鼠的皮肤，而不是针对人类。虽然咖啡因有可能减少脂肪细胞的大小和数量，但橘皮组织的形成在于脂肪和皮肤结构改变的综合结果，而咖啡因对皮肤结构不会有影响。

此外，也没有研究发现咖啡因可以消除眼部浮肿，但外用可能还是有益的。咖啡因确实是有效的抗氧化剂，所以放在护肤品中也是有作用的。

金盏花提取物（calendula extract）（好）

从金盏花中提取，尽管它可能具有抗菌、抗炎和抗氧化作用，但相关的研究报告却很少。注意：如果对豚草（或类似植物）过敏，不推荐使用含金盏花的产品，否则会引起过敏反应。

油茶（*Camellia oleifera*）（最佳）

参见绿茶。

茶（*Camellia sinensis*）（最佳）

参见绿茶。

樟脑（camphor）（差）

从东南亚常见植物樟树中提取的芳香物质，也可人工合成。樟脑涂在皮肤上会产生清凉的感觉，并可以扩张血管，但反复使用会造成皮肤刺激和皮炎。吸入浓度为2ppm（百万分之二）或以上的樟脑可能会导致黏膜刺激，并且抑制呼吸。皮肤和眼睛接触到樟脑也会有刺激性。实际上，随着使用剂量的加大，樟脑的毒性会逐步增加。简言之，使用樟脑要谨慎，尽管它有许多药用价值。

小烛树蜡（candelilla wax）（好）

从小烛树中提取的物质；用作稠化剂和柔润剂，有助于唇膏和粉条保持形状。

辛酸 / 癸酸甘油三酯（caprylic/capric triglyceride）（最佳）

来自椰子油和甘油的物质，是一种很好的柔润剂和皮肤修复成分。由于它含有多种帮助修复皮肤和保水的脂肪酸，因此常常被添加在化妆品中。这种成分也有稠化剂的功能，但主要的作用还是保持皮肤的润湿和补水。实践证明，它对皮肤的最大意义在于它的非致敏性。

辛酸 / 癸酸甘油三酯含有脂肪酸，有可能阻塞毛孔，但研究人员对此也不乏争议。一些研究者认为它所含的中链脂肪酸具有抗炎功效，可降低皮肤长青春痘的风险。另外，它也不像油脂类或蜡状成分那样会轻易地黏在毛孔里。

辛甘醇（caprylyl glycol）（好）

一种皮肤调节剂，可以从植物中提取，也可以人工合成。它经常和防腐剂苯氧乙醇及氯二甲酚一起使用，世界各地均允许使用这两种防腐剂。

卡波姆（carbomer）（好）

一组稠化剂，主要用来制造凝胶类产品。当凝胶产品中含有大量卡波姆时，有可能导致产品起球，但可以依赖配方中的其他步骤弱化卡波姆的影响。

巴西棕榈蜡（carnauba wax）（好）

从棕榈树叶中提取的天然硬蜡，主要用作稠化剂，也可用作成膜剂和吸收剂。

红花油（*Carthamus tinctorius* oil）（最佳）

参见红花籽油。

蓖麻油（castor oil）（好）

从蓖麻籽中提取的植物油，在化妆品中用作柔润剂。不过它的独特作用在于，干后会在皮肤上形成一层具有保水作用的薄膜。蓖麻油很少会刺激皮肤或引起过敏反应，但涂在皮肤上略微有黏腻感。

细胞沟通成分（cell-communicating ingredients）（最佳）

理论上说，细胞沟通成分能够“指令”皮肤细胞维持更佳的正常状态，或阻止其他物质对皮肤细胞的损害。有的是直接给皮肤细胞下达“指令”，有的是通过破坏有害细胞或其他细胞沟通物质的通道而起作用。

为使我们身体的每一部分都运转正常，其中也包括皮肤细胞，每一个细胞必须知道如何在正确时间做出正确行动——还有（希望如此）忽略那些让细胞犯错的信息（以下达指令的细胞形态出现）。以上这些均发生在不间断的细胞信息沟通中。许多物质都在告诉细胞们怎么以及何时才运行正确，细胞们相互依赖那一指令。当细胞传达了错误信息，或者由于错误信息已经被传达到单个细胞时，便会产生各种各样的问题。每一个细胞对各种不同介质都拥有大量的、连续的接受点；不妨把那些接受点想象成细胞的沟通连线。当正确的成分出现在特定的位置，它就具有了将它本身与细胞相结合并且传递信息的能力。单就皮肤来说，这就意味着“告诉”细胞要开始做该做的有益于皮肤的事了。如果细胞接受到这个信息，它就会把这条有益皮肤健康的信息与邻近的细胞分享，这个分享过程将持续下去。

理论上说，细胞沟通方面的研究结果将极大地改善护肤界的面貌。目前，护肤品中常用的细胞沟通成分包括视黄醇、视黄醛、视黄酸、表棓儿茶酚棓酸酯、二十碳五烯酸、烟酰胺、卵磷脂、亚麻酸、亚油酸、磷脂、肉碱、肌肽、三磷酸腺苷、环磷酸腺苷、大多数肽类和苹果提取物。

白蜂蜡（*cera alba*）（好）

参见蜂蜡。

微晶蜡（*cera microcristallina*）（好）

参见微晶蜡。

神经酰胺（ceramides）（最佳）

神经酰胺存在于皮肤脂肪中，是皮肤外部结构的主要成分之一。皮肤因为有细胞间质才得以避免水分流失，细胞间质由 50% 的神经酰胺、25% 的胆甾醇和 15% 的游离脂肪酸组成。这些物质构成研究人员所谓的“水晶状层状结构”。

神经酰胺是皮肤保持水分和调节细胞功能的必要物质。在护肤品中添加神经酰胺有助于恢复皮肤的屏障体系。

目前为止研究者在皮肤中识别出 9 种不同的神经酰胺，其中一些被用于护肤品中。在护肤品成分表上，你可能会看见神经酰胺 AP、神经酰胺 EOP、神经酰胺 NG、神经酰胺 NP、神经酰胺 NS、植物鞘氨醇（它能在皮肤中产生大量神经酰胺）以及鞘氨醇等在列。

用于护肤产品中的神经酰胺主要来自植物或者合成物。没有研究表明哪种神经酰胺更比另一种强。然而，从植物或动物提取的神经酰胺成分的链长不可控，而其可控链长在神经酰胺成分被应用于皮肤细胞时能够“更加适配”。

鲸蜡硬脂醇（cetearyl alcohol）（好）

一种脂肪醇，用作柔润剂、乳化剂、稠化剂和其他成分的载体，可以从椰子中提取，也可以人工合成。

鲸蜡硬脂醇乙基己酸酯（cetearyl ethylhexanoate）（好）

呈油状液态，用作防止皮肤水分流失的润肤剂。也可用于乳霜和护肤霜，使其更为爽滑。参见鲸蜡硬脂醇。

鲸蜡醇（cetyl alcohol）（好）

一种脂肪醇，用作柔润剂、乳化剂、稠化剂和其他成分的载体，可以从椰子中提取，也可以人工合成。和变性酒精、甲醇不同，鲸蜡醇不会刺激皮肤。

合成鲸蜡（cetyl esters）（好）

一种合成蜡，在化妆品中用作稠化剂和柔润剂。

鲸蜡醇棕榈酸酯（cetyl palmitate）（好）

鲸蜡醇棕榈酸脂是一种稠化剂和柔润剂，用于水分易流失的干燥皮肤上可使其润滑和健康。该成分包含有天然脂肪酸。可提取自动物，也可来自植物或者人工合成。

黄春菊（chamomile）（最佳）

品种很多，包括西洋甘菊、母菊和德国蓝洋甘菊等。黄春菊花干燥后可以煎煮黄春菊茶，具有传统的药用价值。黄春菊含有多种酚类化合物，主要有类黄酮物质芹菜素、五羟黄酮、木犀草素、万寿菊素及其葡糖苷。

从黄春菊提取的精油中，主要成分是萜类化合物 α 红没药醇及其氧化物和薁，包括母菊薁。体外试验发现，黄春菊有中度的抗氧化和抗菌效果，并具有显著的抗血小板凝聚的作用。动物实验也发现它有强效抗炎、抗突变、降胆固醇和减轻焦虑的作用。

关于它的不良反应，比如煎煮草药茶或外用，主要是对这类植物过敏的人可能会对黄春菊产生过敏反应。

氯苯甘醚（chlorphenesin）（好）

在化妆品中用作防腐剂。它可有效抑制某些类型的细菌、真菌、酵母菌，几乎总是与其他防腐剂组合使用。

胆甾醇（cholesterol）（最佳）

皮肤最外层的保护层是由神经酰胺、胆甾醇和游离脂肪酸组成。此外还有少量的胆甾醇硫酸盐以及胆甾醇油酸酯。化妆品中的胆甾醇可以维护皮肤的正常功能。胆甾醇也可以作为稳定剂、柔润剂和保水剂。

肉桂（cinnamon）（差）

可能具有抗菌和抗氧化作用，但也可能会刺激皮肤。

柠檬酸（citric acid）（好）

从柑橘类植物中提取，主要用作调节化妆品的 pH 值，以免碱性过强。

香橼（*Citrus medica limonum*）（差）

参见柠檬。

椰油酰胺 DEA 和椰油酰胺 MEA（cocamide DEA and MEA）（普通）

椰油酰胺 DEA（二乙醇氨）和 MEA（乙醇氨）均在化妆品中广泛用于稠化剂，将各成分集结在一起并且产生泡沫。它们从植物（通常是椰子油）中提取，或人工合成。这类成分的安全性得到了全面的评估，允许添加在免洗型产品中的浓度最高为 10%。椰油酰胺 DEA 与其他成分反应可产生致癌物质，已知的有亚硝胺类。

化妆品成分评估（CIR）专家组认为："为防止形成亚硝胺类致癌物，椰油酰胺 DEA 和 MEA 不得用于含有亚硝基化剂的化妆品和个人护理产品中。" CIR 专家组得出结论认为："椰油酰胺 DEA 用于冲洗产品中是安全的；在免冲洗产品中，椰油酰胺 DEA 的浓度不高于 10% 是安全的。"

椰油酰胺丙基甜菜碱（cocamidopropyl betaine）（好）

护肤品中一种比较温和的表面活性剂。单独用作清洁剂时，对清洁成年人的皮肤和头发而言过于温和。

椰油基葡糖苷（coco-glucoside）（好）

来自椰子及葡萄糖的脂肪醇混合物。主要用作清洁剂，可从植物中提取或人工合成。

可可脂（cocoa butter）（最佳）

从可可豆中提取的油脂，用作柔润剂，性质类似于其他非芳香性植物油。可可脂富含抗氧化多酚类物质；体外实验显示它有助于提高皮肤弹性，促进产生健康的胶原蛋白。

与大众认知相左的是，在怀孕期间涂抹可可脂，并不会阻止或减少妊娠纹。

椰子油（coconut oil）（最佳）

一种非挥发性的植物油脂，由于富含饱和脂肪而对皮肤具有柔润作用。椰子油含有丰富的中链脂肪酸，又称中链脂酸甘油三酯类。在保湿方面，椰子油的效力类似于矿物油。

用压榨的椰子油可治愈青春痘的说法都是坊间传闻，并非来自科学的研究报告。然而，仍有一项研究表明，椰子油主要含有的脂肪酸——月桂酸对导致青春痘的细菌（痤疮丙酸杆菌）具有抗菌作用。尽管这项研究不是很深入，且研究本身也没有证明月桂酸可以减少或消除青春痘，但这个发现仍然吸引人。在这份研究当中，当椰子油中的月桂酸通过脂质体成分（一种传递系统）用于皮肤时，它会与细胞膜上的痤疮丙酸杆菌相融合，然后脂质体溶解释放出脂肪酸，进而杀灭痤疮丙酸杆菌。这与将纯椰子油直接涂抹在皮肤上是完全不同的，因为传递系统不同。并且这项研究仅限于椰子油中的月桂酸，并非纯椰子油，所以纯椰子油是否会对痤疮丙酸杆菌产生相似的抑菌结果令人怀疑。

呼吁用椰子油这种“无毒”、纯天然的成分去取代平常使用的防晒霜的声音越来越多——千万不要去相信！一些保健类的网站也建议消费者涂抹特级初榨（几乎不加工的）椰子油来代替防晒品，理由是它已在太平洋群岛使用了“几千年”。这个观念是危险的，需要科学研究来证明的事实岂能由这些传说来提供支持？

如果想用椰子油（无论是特级初榨、冷榨，还是其他种类）来改善皮肤干燥，或者令双腿泛出性感的光泽，那就尽管去用好了。但假使你的皮肤要暴露在紫外线之下，那你必须使用配方良好的、SPF30 及以上的防晒品，这样才能真正保护你的皮肤。重申一次：没有科学证据表明椰子油可保护皮肤不受阳光伤害。你可以选择相信保健网站的好心好意，但我保证如果你真的这么做，一定会对你的皮肤造成伤害。

胶原蛋白（collagen）（好）

胶原蛋白是一类三链螺旋的纤维状蛋白质，广泛分布于人类和动物机体。胶原蛋白可以支撑皮肤、内脏、肌肉、骨骼、关节和软骨组织。

至少有 16 种胶原蛋白自然存在于人体中，其中已知最丰富的是 I 型胶原蛋白。由于胶原蛋白和弹性蛋白的存在，皮肤才具有质感、结构和外观。

晒伤（皮肤衰老的外部因素）和年龄渐长（皮肤衰老的内部因素）会造成皮肤中

的胶原蛋白的分解。

化妆品中的胶原蛋白主要是从动物组织中提取，但有些植物性成分和胶原蛋白类似，也可以用于化妆品中。不论来自动物还是植物，皮肤不会因为涂了胶原蛋白就会促进胶原蛋白的合成，即使化妆品中的胶原蛋白经过微小化加工，足以穿透皮肤的最外层。

紫草提取物（comfrey extract）（差）

一些研究发现，口服紫草提取物可能会致癌或具有毒性，原因在于紫草含有吡咯里西啶生物碱。紫草的各个部位都有吡咯里西啶生物碱，可通过皮肤被人体吸收，当肝脏代谢时就会产生吡咯类代谢物，吡咯类具有很高的毒性。

外用紫草提取物具有抗炎作用，但仅推荐短期使用，并确保每次使用时吡咯里西啶生物碱的含量低于 100 微克——没有精密仪器的帮助是很难做到这一点的，因此要避免使用紫草作为化妆品成分。因为紫草含有生物碱成分，是一种较强的皮肤刺激物。

葡糖酸铜（copper gluconate）（好）

也简称为铜。铜是人体一种重要的微量元素。人体需要铜来吸收和利用铁质，铜也是强抗氧化剂超氧化物歧化酶的重要组成部分。

胶原蛋白和弹性蛋白的合成也需要铜。铜还参与许多重要的生化反应。例如，有研究发现铜有助于伤口愈合及抗衰老，原因在于对基质金属蛋白酶的抑制作用，并可激发健康的胶原蛋白的成纤维细胞生长。葡糖酸铜是一种有前景的抗衰老成分，但在化妆品外用方面，并没有得到深入的研究。

反刺激物（counter-irritant）（差）

反刺激物通过引起局部的炎症来减轻更深的或邻近部位的发炎，换句话说，它们是用发炎来换另一种发炎。反刺激物对皮肤不好，不论什么原因造成的皮肤刺激或发炎，都会削弱皮肤的免疫反应和自愈能力。诸如薄荷醇、椒薄荷、樟脑和薄荷之类的化妆品成分都属于反刺激物。

也许反刺激物对皮肤的结果不一定看得出来，也不一定会造成皮肤红肿，但只要擦拭刺激性物质，就一定会伤害皮肤，而且会累积起来，时间越长，后果会越严重。

黄瓜提取物（cucumber extract）（好）

从葫芦科植物（如西葫芦）中提取的无刺激性植物提取物，常被认为对眼部浮肿有用。声称黄瓜具有消炎或舒缓的特性多是传闻，因为并没有研究证据可以支持这一论点。然而，有研究显示黄瓜所含叶黄素有助于抑制黑色素生成过程——此过程易导致皮肤出现色斑。也有在体外研究显示，黄瓜中的成分有助于皮肤防癌。

大多数黄瓜的含水量高达95%，其他成分主要为维他命C、咖啡酸（一种抗氧化剂）、硅氧矿物质及其他微量矿物质。与大多数植物一样，黄瓜也含有能提供抗氧化功能的物质。黄瓜不含已知的对皮肤有刺激的芳香成分。

甜瓜果提取物（Cucumis melo fruit extract）（最佳）

俗称香瓜、甜瓜。这种水果富含维他命A、C，并且含有多种抗氧化剂。

姜黄素（curcumin）（最佳）

具有较强的抗氧化和抗炎作用的香料，可以促进伤口愈合。

环五聚二甲基硅氧烷（cyclopentasiloxane）（好）

参见聚硅酮。

环四聚二甲基硅氧烷（cyclotetrasiloxane）（好）

参见聚硅酮。

D

D&C（好）

FDA认可的证明书，表明药品和化妆品中所含的着色剂是安全的，但不适用于食品。

癸基葡糖苷（decyl glucoside）（好）

提取自糖的一种温和的清洁剂。

变性乙醇（denatured alcohol）（差）

参加乙醇。

DHA（DHA）（好）

参见二羟丙酮。

双（羟甲基）咪唑烷基脲（diazolidinyl urea）（普通）

这种水溶性防腐剂具有广谱抗菌力，还具有一定的抗真菌能力。这种防腐剂在浓度低于0.5%时被认为是安全的，由于化妆品中常常是多种防腐剂组合使用，双(羟甲基)咪唑烷基脲的浓度往往达不到0.5%。

双（羟甲基）咪唑烷基脲是一种会释放甲醛的防腐剂。尽管听上去有些吓人，但甲醛的释放量要远远低于限值。此外，在同一产品中的其他成分（如蛋白质）也会致使游离的甲醛蒸发并且失去效力，从而不会对皮肤造成伤害。

碳酸二辛酯（dicaprylyl carbonate）（好）

一种人工合成或提取自动物组织的柔润剂。容易在皮肤上涂匀，使皮肤产生丝绒般的触感，同时看上去不油腻。碳酸二辛酯还有助于其他成分更容易被皮肤吸收。

二乙醇胺（diethanolamine/DEA）（普通）

一种用作溶剂和pH值调节剂的无色液体。与发泡剂和清洁剂合用时，也用作护肤或护发产品中的增泡剂。

1999年美国国家毒理学规划处（NTP）完成的一项动物实验发现，外用二乙醇胺及其衍生物和动物的癌症有关。

研究人员在老鼠的皮肤上涂抹纯二乙醇胺长达 14 周（最短）至 2 年（最长）时间,结果发现,低剂量二乙醇胺（每公斤体重使用 50—100 毫克）并没有致癌的危险性。当剂量增加时（每公斤体重使用 800 毫克），老鼠的内脏（肝脏、肾脏）以及体表（炎症、溃疡）会发生病变。

关于二乙醇胺的衍生物，NTP 认为其致癌性可能来自残留的二乙醇胺。不过，NTP 并没有发现二乙醇胺与人类患癌症有关。FDA 重视并且评估了 NTP 的研究结果，认为不足以对 DEA 相关的化妆品成分作出警示。

NTP 的这个研究结果很有趣，但对于化妆品却无法类比，因为含有二乙醇胺的产品（主要是清洁产品）与皮肤的接触时间都很短，不会对使用者造成危险。在针对人体皮肤的体外实验中，发现 DEA 对皮肤的渗透较低，甚至在皮肤持续接触 DEA 超过 24 小时后，DEA 渗入的情况也很少。

2013 年，监管部门对 DEA 再次进行了评估，认为在保持当前添加水平，以及配方中不含会形成亚硝胺类物质成分的情况下，DEA 用于化妆品是安全的。

二羟丙酮（dihydroxyacetone）（好）

所有美黑产品的组成成分，能够改变肤色。二羟丙酮提取自糖类，能与皮肤最外层的氨基酸结合，使皮肤呈古铜色；使用后 2—6 小时起效，重复使用会致使肤色加深。二羟丙酮有很长的皮肤安全应用史，但它只作用于皮肤最上面的表皮层。使用二羟丙酮不会对皮肤构成健康风险，皮肤也不会因此出现加速衰老的迹象。

聚二甲基硅氧烷（dimethicone）（好）

参见聚硅酮。

聚二甲基硅氧烷交联聚合物（dimethicone crosspolymer）（好）

聚硅酮衍生物，用作稳定剂、悬浮剂或稠化剂。

二聚季戊四醇六辛酸酯 / 六癸酸酯（dipentaerythrityl hexacaprylate/hexacaprate）（好）

用作柔润剂和稠化剂的脂肪酸混合物。

双丙甘醇（dipropylene glycol）（好）

合成的润滑剂和渗透促进剂。

椰油酰两性基二乙酸二钠（disodium cocoamphodiacetate）（好）

从椰子中提取的性质温和的清洁剂，最常用于洁面产品中。

EDTA 二钠（disodium EDTA）（好）

参见 EDTA（乙二胺四乙酸）。

二硬脂二甲铵锂蒙脱石（disteardimonium hectorite）（好）

用作悬浮剂，经常与色素一起使用。

DMDM 乙内酰脲（DMDM hydantoin）（普通）

合成的甲醛释出型防腐剂。在与其他众多防腐剂比较的综合研究中，有一些研究表明 DMDM 乙内酰脲会增加皮肤敏感，也有一些研究表明它会降低皮肤敏感，但大多数研究证实了前者。

尽管 DMDM 乙内酰脲与甲醛有某种联系，但化妆品成分评估专家组在三份独立的研究报告中确认了它的安全性，每一份报告都间隔了几年的时间。

在有效性方面，DMDM 乙内酰脲具有较强的抗菌能力，但抗真菌能力却极弱。因此，它不应该成为（通常也不能成为）水剂产品中的唯一防腐剂。

E

依莰舒（ecamsule）（最佳）

参见麦素宁滤光环。

EDTA（好）

EDTA 是乙二胺四乙酸的缩写，在化妆品中用作稳定剂，可以避免化妆品中的成分与存在于水或其他成分中的微量元素（特别是矿物质）相结合。EDTA 也有助于防止其他成分变质，从而保持产品的质地、气味的一致性，因此也被称为螯合剂。常见的 EDTA 成分包括 EDTA 二钠和 EDTA 四钠。

弹性蛋白（elastin）（好）

皮肤用来保持弹性的主要成分。有多种不同类型的弹性蛋白，所有这些蛋白质连结在一起，与支持皮肤的其他物质包括胶原蛋白以及皮肤修复的物质如透明质酸等形成一个复杂的支持网。

护肤品中的弹性蛋白提取自动物或植物。它是一种很好的保水剂，但也仅此而已。没有研究表明弹性蛋白会对皮肤中的弹性蛋白造成影响，对皮肤也不具有其他益处，比如紧致或提拉皮肤。

柔润剂（emollient）（好）

柔软、蜡状，具有润滑、黏稠特性的物质，可以防止皮肤水分流失，且对皮肤有润滑和舒缓的作用。常见的柔润剂包括植物油、矿物油、牛油果树果脂、可可脂、凡士林和脂肪酸（动物油脂包括鸸鹋油、貂油以及羊毛脂，可能羊毛脂与我们的皮脂最类似了）。还有一些听上去高科技的润肤成分，例如甘油三酯、苯甲酸酯、肉豆蔻酸酯、棕榈酸酯和硬脂酸酯，它们在质地和外观上呈现为蜡状，但可最大限度地为皮肤保湿，实现优雅的质感和手感。

乳化剂（emulsifier）（好）

化妆品中的乳化剂用来将不相容、彼此分离的两种成分（如油和水）变成乳状液。在化妆品中充当乳化剂的成分包括聚山梨醇酯、月桂醇聚醚 -4 和鲸蜡醇硫酸酯钾等。乳化剂在化妆品行业中应用广泛，可以将不同的成分完美乳化，为配方的多样化作出了贡献。

恩索利唑（ensulizole）（最佳）

一种防晒成分。它主要吸收紫外线 UVB，只能部分防护紫外线 UVA。恩索利唑防护的紫外线波长介于 290—340 纳米之间，而 UVA 的波长介于 320—400 纳米。如果要全波长防护，必须搭配其他的 UVA 防护成分如阿伏苯宗、二氧化钛、氧化锌或麦素宁滤光环；在美国以外的地区，它也可以与天来施组合使用。

由于恩索利唑是水溶性的，因此使用起来较清爽。它常常用在防晒水和防晒保湿霜中，使用后皮肤不会感觉油腻。

酶（enzymes）（好）

酶是由生物制造的一大类蛋白质分子，在生化反应中用作催化剂，可以加速光合作用、有助于细胞沟通信息、抑制自由基伤害等。酶主要分为 6 大类，包括氧化还原酶、转移酶、水解酶、裂解酶、异构酶和连接酶。

酶用在护肤品中可以去角质，加速因年龄增长或晒伤而减缓的生理反应，并且可以减少自由基伤害。如果没有酶的参与，有些反应根本不能发生或进行得很慢，大部分的酶对环境的要求很高，有时还需要多种酶才能够完成特定的化学反应，而且酶的作用很容易受到温度和 pH 值的影响，有些酶需要辅酶的参与，有些则需要一定的体温才会发挥作用。如果外用于皮肤，则需要很复杂的过程才能激活酶的活性。

赤藓酮糖（erythrulose）（好）

类似于美黑剂二羟丙酮的物质。涂在皮肤上可以使肤色变深，但因为使用者肤色的不同，使用后的效果也不一样。二羟丙酮在 2—6 小时内就可使肤色变深，而赤藓酮糖则需要 2—3 天，出于这个原因，大多数产品不仅包含赤藓酮糖，还包含有二羟丙酮。

棕榈酸乙基己酯（ethylhexyl palmitate ）（好）

脂肪醇和棕榈酸的混合物，用作润滑剂。

硬脂酸乙基己酯（ethylhexyl stearate）（好）

参见稠化剂和柔润剂。

乙基己基甘油（ethylhexylglycerin）（好）

合成的皮肤调节剂，也用作防腐剂或其他成分的载体，或在其他防腐剂如苯氧乙醇中用作悬浮剂。

羟苯乙酯（ethylparaben）（好）

参见羟苯酸酯。

桉树油（eucalyptus oil）（差）

在叶子和油中发现并提取的芳香植物精油有效成分。桉树油具有抗微生物和抗真菌活性，但因其本身所含一些有毒成分（过量摄入可致命），因此有可能造成皮肤刺激。桉树油与迷迭香油类似，有好处也会造成风险。一般来说，少量接触桉油不太会造成过敏性接触性皮炎，但它的芳香成分是公认的刺激物，皮肤会对此强烈反应。

丁香酚（eugenol）（差）

具有挥发性香味的物质，天然存在于丁香、罗勒、月桂叶及其他一些植物中。一直以来，丁香酚都是有香味化妆品的添加成分，目前已证实丁香酚可引起皮肤发红、干燥、肿胀等刺激反应。

丁香酚也是丁香油的主要组成部分。研究表明，培养的皮肤细胞接触到丁香油中的丁香酚，会造成皮肤细胞死亡，即使丁香酚的浓度低至0.33%。最好不要使用免洗型含有丁香酚的产品。

月见草油（evening primrose oil）（最佳）

一种无香的植物油，具有显著的抗炎和柔润剂作用。

F

金合欢醇（farnesol）（普通）

一种植物提取物，在化妆品中主要用作香料。一些动物实验和体外试验发现金合欢醇可能具有杀菌、抗癌和抗氧化作用，但没有研究发现它对皮肤有益。

着色剂（FD&C colors）（好）

FDA 规定，FD&C 字样之后标有某种着色剂的名称，表示这种着色剂可以安全地使用在食品、药品和化妆品当中。当 FD&C 色后跟单词“湖”（lake），则意味着该色彩含有矿物质（最常见的为钙或铝），该颜色不溶于水（不受水影响）。例如，“FD &C 蓝 1 号 - 铝湖”是指其颜色中含铝。“湖”色系可用于糖果和复活节彩蛋的着色，以及数不清的化妆品中。

现行的 FD&C 色素已被深入研究，在许多分类中被列为“长期核准”在药品和食品中使用。有些 FD&C 色素，如蓝 1 和蓝 2，是煤焦油衍生物，有可能引起过敏反应，然而它们在诸如口红类产品中的用量要比在其他产品类型中的用量低。不含煤焦油的色素获准在眼睛周围使用，每一批次煤焦油色素必须被认证为安全以后，才可以在食物、药物或化妆品中使用。

在眼妆中使用的任何着色剂，必须经美国 FDA 的专门批准。化妆品产品的颜色往往很感性地吸引着消费者，柔嫩的粉红色表示这是一款能够嫩滑和舒缓肌肤的润肤乳液，而亮黄色唇膏则可能被视为某种能量和激励。无论是天然的还是合成的，用于护肤品中的着色剂旨在与消费者建立某种视觉关系或者期许得到一个感性的反应，除此之外，不再有其他目的。用于彩妆的着色剂则是另外一回事了，它们就像万花筒，创造出无穷无尽的美丽。

亚铁氰化铁（ferric ferrocyanide）（好）

又称铁蓝，是一种用于化妆品包括用于眼部周围产品的着色剂。1978 年后，FDA 认定亚铁氰化铁是安全的化妆品着色剂。

阿魏酸（ferulic acid）（最佳）

存在于糠 / 麸皮和其他植物中的抗氧化剂。研究表明，它可为皮肤提供抗氧化剂和防护日晒的好处，同时加强外用维他命 E 时的稳定性。

小白菊（倍半萜内酯提取物）（feverfew extract）（普通）

含有倍半萜内酯的小白菊提取物对皮肤有强烈的刺激性，可能引发皮肤的过敏反应。如果从小白菊提取物中排除掉倍半萜内酯，那么就不会造成皮肤问题。不含倍半萜内酯的小白菊提取物具有有效的抗炎特性，并可改善皮肤发红。

有趣的是，服用含有倍半萜内酯的小白菊提取物具有减轻偏头痛和抗炎的功效，还能改善特定类型的关节炎疼痛。如果护肤品中含有小白菊提取物，要及时与化妆品公司联系，以确认其产品中是否含有倍半萜内酯。如果化妆品不给出明确的答复，那么就不要使用该产品，特别是你对某种植物过敏的话。

成膜剂（film-forming agent）（好）

在护发产品中广泛添加的一种成分，也常用于护肤品特别是保湿产品中。成膜剂包括聚乙烯吡咯烷酮（PVP）、丙烯酸酯、丙烯酰胺和共聚物。使用后，它们会在头发和皮肤上留下一层薄膜。这层薄膜具有保水作用，使皮肤触感光滑。有些人的皮肤会对成膜剂敏感，但这几乎总是取决于用量多寡；少量使用一般不成问题。

香精（fragrance）（差）

给化妆品带来香味的一种或几种混合在一起的挥发性芳香植物精油（或人工合成的精油），赋予产品芳香和气味。由于是由几百种独立的化学成分所构成，所以它们通常会刺激皮肤。香精是导致皮肤对化妆品过敏的最常见因素之一。

G

染料木黄酮（genistein）（最佳）

植物成分（多从大豆中提取），也可以人工合成，富含抗氧化剂。研究表明外用染料木黄酮对皮肤有多种好处，包括改善皮肤在阳光下的氧化耐受性。染料木黄酮具有抗炎功能，所以有助于促进伤口愈合。

老鹳草油（geranium oil）（差）

一种芳香性油脂，具有杀菌作用，但也会引起皮肤刺激或皮肤敏感。老鹳草提取物对皮肤来说是一种相当不错的抗氧化剂，被提取使用的部分往往不香，因而只会对皮肤产生最微小的刺激。

生姜提取物和生姜油（ginger extract and oil）（好）

自姜科植物中提取，研究发现，食用和外用生姜具有抗炎和抗癌作用。不过把生姜油涂在皮肤上时，它所含有的芳香成分会对皮肤有刺激性。

银杏叶提取物（*Ginkgo biloba* leaf extract）（最佳）

研究发现银杏叶提取物具有很强的抗氧化作用，可以促进血液循环，所以常常添加在宣称能改善橘皮组织的产品中。但没有研究发现改善血液循环会影响到橘皮组织。

外用时，银杏叶提取物是很好的抗氧化剂，因为它富含黄酮类化合物。这一植物提取物还具有抗菌和抗真菌效果。其他研究也表明，在实验室环境下，银杏叶提取物有助于皮肤免受 UVA/UVB 灯照下的红肿和发炎。银杏叶提取物似乎也能增加皮肤水分，并减少皮肤中会导致炎症的因素。

麸质成分（gluten ingredients ）（好）

麸质成分是天然存在于许多谷物如小麦、黑麦和大麦中的一种蛋白质。麸质成分包括几种谷物或谷物衍生成分，对于已经确诊患有自身免疫性疾病，比如腹腔疾病等的病患来说，可能具有潜在的问题。如果你有腹腔疾病或对麸质过敏，是不是应该避免使用含有麸质成分的化妆品呢？一般的建议是不用避免。因为外用时麸质成分并不会穿透皮肤并影响到小肠。但是，在嘴唇上使用含麸质成分的产品，则意味着可能会摄入一定量的麸质成分进入消化系统，所以应该避免使用含麸质成分的唇部护理或唇色产品。

有些患腹腔疾病的人也对小麦成分过敏，包括接触到皮肤（通过护肤品）以及饮食途径。这种情况下，这些人最好避免与麦类或其他含有麸质成分的化妆品接触。2012 年 9 月刊登在《营养与营养学学院学报》的一篇文章指出：患有腹腔疾病的人不用担心护发品或护肤品，尤其是他们在使用后会立即洗手。如果担心化妆品中所含的麸质成分，就不要使用带有“小麦”、“大麦”、“麦芽”、“黑麦”、“燕麦”、“小麦属植物”等字样的唇部护理产品。

甘油聚醚-26（glycereth-26）（好）

合成的甘油基成分，在化妆品中用作柔润剂和稠化剂。

甘油（glycerin）（最佳）

甘油存在于所有天然脂类（脂肪）中，无论动物或植物。它可以从脂肪经水解后，以及从糖发酵后的天然物质中提取，也可以人工合成。

甘油是一种与皮肤结构相同并且能够修复皮肤的成分，皮肤中天然存在甘油。它是皮肤中众多有助于保护皮肤外部屏障并且防止皮肤干燥或脱水的物质之一。

对于甘油一类的保湿剂，一直存在着这样一个疑问：它们是否从皮肤中汲取了太多的水分。浓度为 100% 的纯甘油对皮肤并没有帮助，如果留在皮肤上的时间过长，实际上还会使皮肤干燥、脱水从而引发水肿。所以，任何保湿剂（其中也包括甘油）的一个主要缺点，就是当以纯态的形式使用时，它们会导致皮肤较低层（真皮）的水加快进入皮肤表面层（表皮），从而造成皮肤失水，因为表层皮肤的水很容易就流失到环境中去了，这对干性皮肤或其他皮肤类型都没有好处。出于这个原因，甘油和一般的保湿剂总是与其他成分组合起来润肤。甘油与其他润肤剂以及（或者）油脂的组合，是制作大多数保湿产品的基石。

研究表明，经常使用甘油、二甲聚硅氧烷、矿脂、抗氧化剂、脂肪酸、卵磷脂以及其他一些成分的组合，在改善皮肤愈合、减少患皮肤炎以及恢复正常的皮肤屏障功能方面尤其有用。还有研究发现，皮肤的细胞间质有甘油存在时，有利于皮肤脂肪发挥更好的功能。

甘油山嵛酸酯（glyceryl behenate）（好）

甘油和天然存在的脂肪酸山嵛酸的简单混合物。甘油山嵛酸酯具有多种功能，在化妆品中用作柔润剂、乳化剂和表面活性剂。

甘油椰油酸酯（glyceryl cocoate）（好）

在化妆品中用作柔润剂和稠化剂，可以从植物中提取，也可以人工合成。

甘油二棕榈酸酯（glyceryl dipalmitate）（好）

甘油和棕榈酸的混合物，在化妆品中用作柔润剂和稠化剂。可以从植物和动物中提取，也可以人工合成。

甘油二硬脂酸酯（glyceryl distearate）（好）

甘油和硬脂酸的混合物，在化妆品中用作柔润剂和稠化剂。可以从动物中提取，也可以人工合成。

甘油异硬脂酸酯（glyceryl isostearate）（好）

甘油和异硬脂酸的混合物，在化妆品中用作柔润剂和稠化剂。可以从动物中提取，也可以人工合成。

甘油肉豆蔻酸酯（glyceryl myristate）（好）

甘油和肉豆蔻酸的混合物，在化妆品中用作柔润剂、表面活性剂、乳化剂和稠化剂。可以从植物中提取，也可以人工合成。

甘油油酸酯（glyceryl oleate）（好）

甘油和油酸的混合物，在化妆品中用作柔润剂、表面活性剂、乳化剂和（不常用的）芳香剂。可以从植物和动物中提取，也可以人工合成。

甘油棕榈酸酯（glyceryl palmitate）（好）

甘油和棕榈酸的混合物，在化妆品中用作柔润剂、表面活性剂和乳化剂。可以从植物和动物中提取，也可以人工合成。

甘油聚甲基丙烯酸酯（glyceryl polymethacrylate ）（好）

甘油和聚甲基丙烯酸的混合物，用作成膜剂。它具有令皮肤光滑，改善皮肤质地，方便许多护肤产品涂抹的作用。参见成膜剂。

甘油硬脂酸酯（glyceryl stearate）（好）

甘油和硬脂酸的混合物，在化妆品中用作柔润剂、表面活性剂和乳化剂。可以从动物中提取，也可以人工合成。

甘油硬脂酸酯 SE（glyceryl stearate SE）（好）

应用广泛的自乳化（即“SE”）形态的甘油硬脂酸酯。参见甘油硬脂酸酯。

野大豆油（*Glycine soja* oil）（最佳）

参见大豆油。

野生大豆甾醇（*Glycine soja* sterols）（最佳）

自野生大豆（大豆）植物中提取。甾醇是从动物和植物中提取的固态复合醇，虽然是一种醇，但甾醇不会使皮肤干燥或刺激；相反，它们用来滋润干燥的皮肤并且改善皮肤的质感。

羟基乙酸（glycolic acid）（最佳）

参见 AHA。

葡糖氨基葡聚糖（glycosaminoglycans）（最佳）

又称黏多糖，是皮肤组织的基本成分，也是一类人体必需的复杂的蛋白质，硫酸软骨素和透明质酸都属于葡糖氨基葡聚糖，属于与皮肤结构相同的成分和皮肤修复成分。

甘草次酸（glycyrrhetic acid）（最佳）

甘草提取物中的活性抗炎成分。参见甘草提取物。

光果甘草（*Glycyrrhiza glabra*）（最佳）

参见甘草提取物。

金（gold）（差）

一种常见的过敏原，会导致脸部和眼部的皮炎，产品中添加的金颗粒还有可能让皮肤遭受氧化损伤和中毒的危险。其实，金在 2001 年就获得了美国接触性皮炎协会颁布的“年度过敏冠军”这个暧昧称号。声称金可产生电荷从而修复皮肤皱纹完全是没有事实根据的。

护肤品中使用的金是另一种形态的“胶体金”，意味着金颗粒微小（通常为 1—15 纳米），得以在溶液中均匀分散。尽管金是一种重金属，而重金属的使用面临严格的监管，但胶体金制剂却未受监管，所以它的使用风险尚未知。据初步研究，胶体金是相当安全的，可通过尿排出体外。

胶体金也被用于药物，有很少数量的研究认为它所具有的抗炎作用可能有助于改善类风湿性关节炎。但是大多数相关研究要么是很早以前的，要么被研究对象的范围很窄，所以不足以证实胶体金的有效性。

即使金是一种好的抗炎剂，它也无法与化妆品中的众多有效且稳定的抗炎成分相提并论，何况那些成分都得到大量研究证实是有益和安全的。可以肯定的一点是：没有任何公开发表的研究可以证明金——不论正常状态还是胶体状态——具有抗衰老或者除皱的功能。

葡萄籽提取物（grape seed extract）（最佳）

含有化学成分如原花青素、多酚、类黄酮和花青素，这些都是非常有效的抗氧化剂，有助于减少日晒所致损害，并且可减少自由基伤害。

研究发现葡萄籽提取物具有促进伤口愈合的功效，当与其他抗氧化剂组合外用时，有助于减少患皮肤癌的风险。红葡萄中含有白藜芦醇，这种醇同样是非常有效的抗氧化剂，也是红葡萄酒（和葡萄汁）之所以有益健康的主要因素。

葡萄籽油（grape seed oil）（最佳）

这种无香的植物油在化妆品中用作柔润剂，具有强效抗氧化作用。参见葡萄籽提取物。

葡萄柚油（grapefruit oil）（差）

柑橘类植物油，其挥发性成分（主要是呋喃香豆素）对皮肤有刺激性。涂在皮肤上可能会引起接触性皮炎或光敏感。

柚子果皮提取物（grapefruit peel extract）（差）

在产品成分列表中通常表示成“柑橘 × 葡萄柚（西柚）果皮提取物”，该果实的果皮富含类似呋喃香豆素（会引发皮肤的光毒性反应）的成分，结果可导致皮肤变色。少量使用这种成分不会有问题，但要注意它是否列在产品成分表的靠前位置，散发西柚香气的产品更有可能造成皮肤问题。

葡萄柚籽提取物（grapefruit seed extract）（普通）

这种成分常常被说成化妆品的天然防腐剂。但研究表明它并不具有广谱的防腐能力，不能防范霉菌和细菌的生长，即使产品采用了密封、抽真空的包装。虽然柑橘类植物提取物确实有抗菌能力，但它们的效力还不足以抵御一系列病原体。

绿茶（green tea）（最佳）

很多研究证实了茶叶（包括红茶、绿茶、白茶等）对于身体健康十分有益，茶叶具有很好的抗衰老、抗氧化和抗癌功效。

2001 年 12 月 31 日发表在《光化学和光生物学》期刊上的一项研究指出：“绿茶里含有多酚类物质，具有抗氧化、抗炎和抗癌作用。”

绿茶和其他种类的茶叶（如白茶）对皮肤都很有益处，但绝对没有化妆品公司和保健食品商说的那么神奇。研究人员大都认同茶叶（红茶、绿茶、白茶）具有较强的抗炎和抗氧化作用，无论是喝茶还是外用。最新研究还表明，茶叶的一种提取物——表没食子儿茶素没食子酸酯（EGCG）能避免胶原蛋白的分解和紫外线对皮肤的损害，因此在护肤品中添加茶叶成分是不无道理的。

胶（gums）（好）

具有保水作用的物质，在化妆品中主要用作稠化剂。有些胶非常黏稠，可以用在喷发胶中充当成膜剂，还有一些胶会收缩皮肤，对皮肤有刺激性。天然的胶类稠化剂包括阿拉伯树胶、黄芪胶、刺槐角豆胶等。

H

北美金缕梅（*Hamamelis virginiana*）（差）

参见金缕梅。

向日葵籽油（*Helianthus annuus* seed oil）（最佳）

参见向日葵籽油。

己基肉桂醛（hexyl cinnamal ）（差）

许多香水所添加的芳香成分，也常用于带香味的护肤品。己基肉桂醛带有类似茉莉的香味，被认为是一种香精过敏原，因此必须在产品成分表中注明。但是以前化妆品公司则笼统地把己基肉桂醛这样的成分标注为“香精”。

胡莫柳酯（homosalate）（最佳）

FDA 批准的紫外线 UVB 防晒活性成分。因其防护的 UVA 范围非常狭窄，所以不会单独用于防晒产品中。胡莫柳酯是国际上认可的防晒成分，最大用量可至 15%的浓度，被认为不会引起皮肤过敏并且是无毒的，最常添加在 SPF30 及以上的防晒产品中。

蜂蜜（honey）（最佳）

蜜蜂采集的开花植物之花蜜，包含果糖和葡萄糖成分，可食用，还含有氨基酸、肽和维他命成分，所以也可用来护肤。

关于蜂蜜与护肤之间的研究着重于蜂蜜是否有助于伤口愈合上：它可以保护伤口，

但其中的糖分又助长了细菌的繁殖，有可能延缓伤口愈合或造成感染。对于不涉及伤口的一般护肤品（皱纹可不是伤口），蜂蜜具有抗炎特性，也可作为抗氧化剂。深色蜂蜜与淡色蜂蜜相比，具有更强的抗氧化作用。普通的蜂蜜也称为提纯蜂蜜或纯化蜂蜜。

用于一些护肤产品中的麦卢卡蜂蜜，在大肆宣传中被神化为一种特殊的蜂蜜。它产自新西兰，是蜜蜂给本地的麦卢卡树授粉的产物。麦卢卡蜂蜜类似于“普通的”三叶草蜜，只是据说含有较多的甲基乙二醛成分——这可能会使麦卢卡蜂蜜具有抗菌和潜在的抗病毒功能。然而，一些研究表明它不一定有这些优势，凡此种种取决于细菌的种类。

七叶树提取物（horse chestnut extract）（好）

对皮肤可能有抗炎作用。口服可改善静脉周围的弹性组织，从而缓解下肢水肿。

问荆提取物（horsetail extract）（普通）

植物提取物，具有抗氧化和抗炎的作用，但并没有可靠的研究显示将其应用到皮肤上会发挥上述功效。问荆在产品成分表上表示为 *Equisetum arvense*。

透明质酸（hyaluronic acid）（最佳）

皮肤组织的组成部分，人工合成的透明质酸在护肤产品中用作很好的保水剂。透明质酸具有细胞沟通能力，可以提高皮肤的含水量、消炎，并有助于防止水分流失。

氢化卵磷脂（hydrogenated lecithin）（最佳）

细胞沟通成分卵磷脂的氢化形式。可从动植物（蛋黄是一个来源）中提取或人工合成。参见卵磷脂和氢化橄榄油。

氢化橄榄油（hydrogenated olive oil）（最佳）

植物油在被氢化时，在化学工艺上用氢气加压处理，将植物油从液体转换为半固体或固体形式。氢化使油状液体可在室温下保持固体形态。氢化橄榄油富含抗氧化剂，并且如上所述，氢化油会从其自然的液态转变为固态。

氢化棕榈油甘油酯（hydrogenated palm glyceride）（好）

棕榈甘油酯是一种含有棕榈油的脂肪酸成分，氢化可使油状液体在室温中保持固体形态。参见氢化橄榄油。

氢化聚癸烯（hydrogenated polydecene）（好）

一种合成的聚合物，用作柔润剂和皮肤调节剂。参见氢化橄榄油。

氢化聚异丁烯（hydrogenated polyisobutene）（好）

一种合成的聚合物，用作皮肤调节剂和柔润剂。它具有厚重的质地。参见氢化橄榄油。

水解植物蛋白（hydrolyzed vegetable protein）（好）

植物中各种蛋白质经水解后所产生的物质，主要用作保水剂。

水解小麦蛋白（hydrolyzed wheat protein）（好）

水解的小麦蛋白质部分，这是一种由带水物质和盐酸化学反应后形成的一种改性物质。可用于护发和成膜剂。

氢醌（hydroquinone）（最佳）

一种强效黑色素合成抑制剂，是目前治疗黑斑病最有效的物质，被视为减少和消除潜在的色斑及色素沉着的黄褐斑最有效的成分，多年来一直被称为“皮肤漂白剂”。氢醌并不能去除皮肤细胞中的黑色素，但它可以抑制黑色素的产生，所以皮肤漂白剂的说法并不正确。

非处方氢醌产品含有 0.5%—2% 浓度的氢醌，4% 及以上浓度的产品必须凭医生的处方购买。医药文献把氢醌视为最重要的外用黑色素合成抑制剂。与其他一些成分（特别是维他命 A 酸）同时使用，能大大减轻甚至消除皮肤色斑。

有人对氢醌用于皮肤的安全性表示过担忧，但相关研究发现，氢醌外用于皮肤的副作用非常小，除非使用高浓度的氢醌，或者与其他美白成分如糖皮质激素或碘化汞同时使用。后一种情况在非洲尤其普遍，因为混用各种成分在质量较差的美白产品中比较常见。加州大学医学院梅巴克教授（Howard I. Maibach）认为："总体来说，使用氢醌后出现副作用的情况非常少，副作用也非常轻微，到目前为止还没有明确的报道，氢醌在化妆品中已经有 30 多年的安全应用史了。"梅巴克还指出，"氢醌毫无疑问是最有效、最安全的皮肤脱色剂"。

尽管存在着争议，但是大量权威机构的研究都认定氢醌是安全的，并且极其有效。有趣的是，研究甚至发现，接触纯氢醌的工人的癌症发生率要低于一般水平。

你可能读到过氢醌与白血病有关的报道。这种联想是由苯而起，苯经过代谢可以转换成氢醌。正是苯引起了人们的担忧，而不是添加在美白产品中的氢醌。有的研究针对经培养的人体细胞或口服纯态氢醌的方式来考察氢醌与白血病之间的关系，但这些实验方案对氢醌的用法都与护肤品中对氢醌的使用方式无关。此外，这些实验中的氢醌用量也远超化妆品中氢醌的含量。研究人员还发现，人类能做到对氢醌彻底的新陈代谢，然而老鼠（在氢醌毒性研究中最常用的动物）对氢醌的代谢却存在着很大差异，这可能是研究中为什么提到口服或注射氢醌会带来健康方面问题的原因。

底线是：氢醌不会致癌。对引发这种担忧的动物研究进行详尽分析后，研究人员发现，氢醌不会也不可能成为针对人类的致癌物。如果你深受黄褐斑或日晒造成的皮肤色斑的困扰，使用氢醌产品仍然是你的首选。

丙烯酸羟乙酯/丙烯酰二甲基牛磺酸钠共聚物（hydroxyethyl acrylate/sodium acryloyldimethyl taurate copolymer）（好）

合成的聚合物，在化妆品中用作稳定剂、增稠剂和遮光剂。

羟乙基纤维素（hydroxyethylcellulose）（好）

植物提取物，通常用作稠化剂、保水剂或乳化剂，也可用作成膜剂（通常在美发产品中）。

I

咪唑烷基脲（imidazolidinyl urea）（普通）

同样作为防腐剂，咪唑烷基脲被认为比它的“堂兄”双（羟甲基）咪唑烷基脲在功效上要弱一些，因为它虽然具有活性抗菌的作用，却没有双（羟甲基）咪唑烷基脲的抗真菌作用。大多时候咪唑烷基脲与羟苯酸酯类共用，因为它们合用效果更好。咪唑烷基脲被认为是一种甲醛释放型防腐剂。虽然这听起来有点吓人，但甲醛的释放量要远低于安全接触的限量。不过，专家仍警告婴儿应避免使用含咪唑烷基脲成分的产品。

非活性成分（inactive ingredient）（好）

非活性成分也是产品成分表的一部分，它不受 FDA 监管，但必须按照浓度高低逐一列出来，浓度高的在前，浓度低的在后。如果是在美国生产的非处方药品，非活性成分列表按字母顺序排列也是可以的。化妆品中的非活性成分有成千上万种，它们是否真的不具有活性是一个大大的疑问，长期或短期使用非活性成分是否会对皮肤和身体产生安全上的问题目前也不明确。

碘丙炔醇丁基氨甲酸酯（iodopropynyl butylcarbamate）（好）

合成的防腐剂，通常以低于 0.1% 的浓度使用。这种成分的抗真菌效力非常强，但抗菌能力较弱，这也是它用于水剂产品时必须与其他防腐剂合用的原因。

氧化铁（ironoxides）（好）

铁化合物，在化妆品中用作着色剂。氧化铁也用作金属抛光剂，在自然界中最常见的形态就是“铁锈”。虽然氧化铁自然存在，但用于化妆品的却是人工合成物。氧化铁的使用受到美国 FDA 的严格监管。根据网站 CosmeticsInfo.org（可链接到 FDA 有关氧化铁的联邦监管细则）的介绍，“氧化铁的合成方法有多种，包括热解铁盐（如硫酸亚铁）以产生红色；沉淀铁盐以产生黄色、红色、棕色、黑色；用铁来还原有机化合物会产生黄色和黑色”。

羟苯异丁酯（isobutylparaben）（好）

参见羟苯酸酯。

异十二烷（isododecane）（好）

用作溶剂的碳氢化合物，质感清爽，可以使产品更容易涂抹开，增加涂抹面积。所有用于化妆品的碳氢化合物都可以避免皮肤水分的流失。

异十六烷（isohexadecane）（好）

合成成分，可以令皮肤看上去干爽。在化妆品中用作清洁剂、乳化剂和稠化剂，尤其适合油性皮肤。

异壬酸异壬酯（isononyl isononanoate）（好）

合成酯，用作润肤剂、皮肤调节剂。天然存在于可可精油和薰衣草油中。

异丙醇（isopropyl alcohol）（差）

也称摩擦醇或外用酒精。参见乙醇。

肉豆蔻酸异丙酯（isopropyl myristate）（好）

在化妆品中用作稠化剂和柔润剂。曾经有动物实验发现它会阻塞毛孔。但这个研究结果并不可靠，与其他柔润剂、蜡质成分及稠化剂相比，后来的研究并没有发现肉豆蔻酸异丙酯更容易造成皮肤问题。

棕榈酸异丙酯（isopropyl palmitate）（好）

在化妆品中用作稠化剂和柔润剂。与其他柔润剂和稠化剂类似，它也可能会阻塞毛孔，特别是棕榈酸异丙酯含量较高的产品，或者皮肤对该成分反应不良。

常春藤提取物（ivy extract）（差）

植物提取物，对皮肤有刺激性。由于它具有刺激和收敛（使皮肤收缩）特性，特别是对有过敏、哮喘或特异反应性皮炎的人容易造成皮肤问题。尽管如此，没有研究证明护肤产品中使用微量的常春藤提取物有害，然而，也没有可靠信息说将它外用到皮肤上有什么好处。

J

茉莉花油（jasmine oil）（差）

一种芳香性油脂，通常添加在香水中。茉莉花油所含的芳香化合物（主要是芳樟醇）可能会造成皮肤刺激或过敏。茉莉花油可能具有抗真菌的作用。

霍霍巴酯类（jojoba esters ）（最佳）

来自霍霍巴油和氢化霍霍巴油的酯类混合物。具有蜡样质地，特别是在与甘油合用时，可成为极好的皮肤柔润剂及收敛剂。参见氢化橄榄油。

霍霍巴油（jojoba oil）（最佳）

柔润剂，类似于其他非芳香植物油。霍霍巴油可增强皮肤屏障修复功能，促进伤口的愈合。作为富含脂肪酸的一种植物油，霍霍巴油可用于护肤，它也可能促进胶原蛋白的合成，并帮助皮肤更好地防护紫外线的伤害，外用还有抗炎作用。

欧刺柏（juniper berry）（差）

这种植物对皮肤可能有抗炎作用，但由于含有甲醛成分，反复使用会造成皮肤刺激。欧刺柏缺乏足够的数据证明外用于皮肤是安全的，在化妆品中被添加的主要是油态或提取物的形式，以便给产品带来香味。

K

高岭土（kaolin）（好）

天然存在的黏土矿物质（硅酸铝），在化妆品中用作吸收剂。高岭土的吸附特性使之成为受欢迎的针对油性皮肤的黏土面膜成分。经常大量使用高岭土会使皮肤干燥，但它仍不失为一种有益健康的成分。

曲酸（kojic acid）（好）

酿造日本清酒的副产品。研究发现，无论是人体试验、体外试验还是动物实验，曲酸都能抑制黑色素的合成。

曲酸的缺点在于它是性质极不稳定的成分，只要接触空气或阳光，就会失效变成褐色。许多化妆品公司使用较稳定的曲酸二棕榈酸酯来替代曲酸。虽然曲酸二棕榈酸酯也是一种很好的抗氧化剂，但没有研究证实它具有与曲酸相同的美白功效。

曲酸二棕榈酸酯（kojic dipalmitate）（好 ）

曲酸和棕榈酸的混合物，用作皮肤调节剂和脂溶性抗氧化剂。尽管它的性质比听上去差不多的曲酸更稳定，但没有研究显示曲酸二棕榈酸酯跟曲酸一样有效果。

石栗坚果油（kukui nut oil）（最佳）

非芳香植物油，在夏威夷、印度和印度尼西亚很常见。研究表明，石栗坚果油具有抗炎、减少疼痛和促进伤口愈合的功效。

L

左旋抗坏血酸（L- ascorbic acid）（最佳）

一种维他命 C 形态，具有较强的抗氧化剂和抗炎性质，可抗皱或去除皱纹，减少肤色不匀及黄褐斑。在产品成分表中通常依从国际命名化妆品原料（INCI）规则，标注为“抗坏血酸”(ascorbic acid)，但这两者之间没有不同——它们指的是同一种成分。

乳酸（lactic acid）（最佳）

从牛奶中提取的一种 AHA，但在化妆品中使用的大多是人工合成的乳酸，因为合成的乳霜比较易于调制和保持性质稳定。在 pH 值适宜的配方中，乳酸通过破坏使皮肤角质细胞相连接的物质，从而将皮肤表层的角质细胞剥落，达到去角质的效果。虽然并不常见，但乳酸仍有可能会刺激到黏膜和造成刺激。乳酸也具有保水特性，并且像羟基乙酸（另一种 AHA ）那样有助于减轻皮肤变色。

羊毛脂（lanolin）（好）

自绵羊的皮脂腺中分泌的油脂，在化妆品中用作柔润剂。羊毛脂长期以来背负着过敏原或增敏剂的恶名，这让化妆品配方师很困惑，因为羊毛脂是一种非常好的保湿剂。《英国皮肤病学》期刊上的一项研究显示，“羊毛脂的致敏性相对较低，即使易过敏体质的人，他们涂羊毛脂而过敏的几率仍然很低。”在 24 449 名受试者中，用不同形式的羊毛脂进行实验，结果证明“羊毛脂过敏的年均发生率为 1.7%”。看起来是时候该为羊毛脂正名了。

因为羊毛脂酷似人类皮脂腺分泌的油脂，所以它可有效减轻皮肤干燥，但对于油性皮肤来说可能会是一个问题。另外，作为一种动物提取成分，与人工合成或植物提取物相比，羊毛脂有时不那么讨人喜欢。

羊毛脂醇（lanolin alcohol）（好）

从羊毛脂中制取的柔润剂成分。尽管名称中有“醇”字样，但该成分不会刺激皮肤。相反，这种脂肪醇有助于防止水分流失，并能保持皮肤的柔软触感，可以让干性皮肤大大受益。

月桂醇聚醚-23（laureth-23）（好）

从月桂醇中制得，用作表面活性剂或乳化剂（一般兼作两用）。参见表面活性剂、乳化剂。

月桂醇聚醚 -4（laureth-4）（好）

从月桂醇中制得，用作表面活性剂或乳化剂（一般兼作两用）。参见表面活性剂、乳化剂。

月桂醇聚醚 -7（laureth-7）（好）

月桂醇（自椰子油中提取的无刺激性脂肪醇）的一种形态，用作乳化剂或表面活性剂。除来自互联网上的未经证实的信息，没有充足的证据证明这种成分会引起粉刺。

月桂酸（lauric acid ）（最佳）

在椰子油及其他天然油脂中发现的几种脂肪酸之一，月桂酸在化妆品中有多种用途。月桂酸具有天然月桂叶的香味，大量使用可以给产品增加香味。但月桂酸通常还是用作表面清洁剂，并且越来越多地在产品中发挥抗菌和抗炎作用。

研究表明，免洗型产品中的月桂酸有助于抗痘，可破坏导致青春痘的痤疮丙酸杆菌的细菌膜，使其不能繁殖生长。月桂酸还可消除青春痘所致的炎症。

月桂酰赖氨酸（lauroyl lysine）（好）

一种氨基酸衍生物，用作皮肤和头发调节剂。它还能使凝胶类产品的质感更好，且在高温下依然保持性质稳定。

薰衣草提取物和薰衣草油（lavender extract and oil）（差）

一种广泛使用的唇形科植物提取物。薰衣草提取物主要用作香料，但可能也有抗菌作用。体外研究表明，薰衣草提取物的成分，特别是芳樟醇和乙酸芳樟酯具有细胞毒性，这意味外用薰衣草提取物就算浓度低至 0.25%，仍会导致细胞死亡。这项研究是针对内皮细胞进行的，内皮细胞跟人体内血管的状态有关，并且在皮肤发炎机制中发挥重要作用。

由于芳樟醇和乙酸芳樟酯很快就能被皮肤吸收，并且在 20 分钟内对血细胞产生影响，因此对内皮细胞进行相关检测是理想的选择。该研究还发现，薰衣草提取物会伤害生成胶原蛋白的纤维母细胞。

薰衣草油中的芳香成分——芳樟醇和乙酸芳樟酯在接触到空气后会被氧化，从而增加薰衣草油的致敏性。如果你疑惑薰衣草油好像对自己没有什么影响，研究表明，这只是因为你未必时刻能够察觉到它对皮肤造成的伤害而已。

卵磷脂（lecithin）（最佳）

一种存在于蛋黄和动植物细胞膜中的磷脂，在化妆品中广泛用作柔润剂和保水剂。卵磷脂还具有细胞沟通能力。

柠檬（lemon）（差）

柑橘类水果，会造成皮肤敏感和皮肤刺激。虽然柠檬有抗菌作用，但它对皮肤的刺激有可能破坏皮肤的免疫反应。

柠檬汁通常被认为有助于减轻黄褐斑或“漂白”皮肤。但事实上柠檬汁的酸性（pH值低至 2）很强，会严重刺激皮肤。把柠檬汁涂抹在皮肤上，接受日晒后会造成大家熟知的“日光皮炎”（PPD）。日光皮炎的症状从长红色皮疹到皮肤出现棕色色斑不一而足，这与人们错把柠檬汁当作美白佳品的预期恰恰相反。日光皮炎是由柠檬烯引起的，这种挥发性的芳香物质大量存在于柠檬汁当中。无论是含有柠檬汁还是柠檬油的化妆品，都应竭力避免使用。参见柠檬烯。

柠檬油（lemon oil）（差）

常用的柑橘类果油，对皮肤有刺激性，尤其是刮擦过的皮肤。仅有有限的研究证明柠檬油对皮肤有益，但是却有大量的传闻声称它可以净化油性皮肤，疏通堵塞的毛孔，并且改善青春痘的症状。与其他许多芳香精油一样，柠檬油也含有有益的抗氧化成分，但是与它造成的破坏相比，你完全没有必要因小失大。

柠檬油中含有大量芳香的化学物质，使其具有光毒性，当皮肤暴露在阳光下，随后会引起过敏反应。柠檬油所含的芳香化学物质包括：柠檬烯、佛手柑内酯和氧化前胡内酯。虽然柠檬油闻上去挺不错，但香味并不能护肤！柠檬油中主要的芳香成分就是柠檬烯。参见柠檬烯。

柠檬香茅油（lemongrass oil）（差）

这种挥发性芳香油脂可用作驱蚊剂。外用时，它所含的化合物（包括柠檬烯和柠檬醛）可能会造成皮肤刺激。

甘草提取物（licorice extract）（最佳）

甘草提取物具有抗炎功效。此外，甘草根含有的物质能阻断促进黑色素生长的酶生化反应，所以甘草有助于改善皮肤暗沉及色素过度沉着。

研究表明，甘草具有抗痤疮丙酸杆菌的功效，所含的光甘草定是有效的抗氧化剂和抗炎成分，这也是针对敏感性和发红皮肤的产品中常常添加甘草的原因。

来檬油和来檬提取物（lime oil or extract）（差）

柑橘类水果，它所含的挥发性成分会造成皮肤刺激和光敏感。来檬油是芳香过敏原，含有芳香的佛手柑内酯和柠檬烯，外用于皮肤然后接受日晒时，会造成皮肤的光毒反应。光毒反应会造成皮肤出现难以消退的棕褐色色变。虽然来檬提取物和来檬油对皮肤可能有一定的抗菌和抗氧化作用，但比较而言，它们所造成的皮肤刺激要严重得多。

柠檬烯（limonene）（差）

柠檬烯是许多天然芳香物质的化学成分，有名的包括柑橘油如柠檬油（d- 柠檬烯）和松树油或唇形科植物油（l- 柠檬烯）。早期的研究表明，口服柠檬烯可能是一种有效的抗癌成分，可增强免疫力，但其他研究表明柠檬烯可能会促进肿瘤生长。

外用于皮肤时，柠檬烯可能造成接触性皮炎，除非护肤品中只存在微量的柠檬烯，否则应尽量避免使用。此外，由于柠檬烯对皮肤有增强渗透性的作用，因此尤其要避免不仅含柠檬烯而且含其他刺激物如乙醇的产品。

研究表明，另一种形态的柠檬烯（R- 柠檬烯）在接触空气时会形成“引起过敏的氧化产物”。就算产品中柠檬烯的浓度低至 0.5% 也会对皮肤产生不良反应，这证明了柠檬烯及其组成成分是一种接触性过敏原。

芳樟醇（linalool）（差）

芳樟醇是薰衣草和芫荽的芳香性成分，与空气接触后很容易造成皮肤刺激和过敏。研究还发现芳樟醇对皮肤细胞具有毒性。

亚油酸（linoleic acid）（最佳）

存在于谷物油、红花油、葵花油中的不饱和 ω-6 脂肪酸，在化妆品中用作柔润剂和稠化剂。一些研究发现，它能够调节皮肤细胞和修复皮肤屏障功能，也具有抗氧化和抗炎作用。

亚麻酸（linolenic acid）（最佳）

天然、无色、多元不饱和脂肪酸液体，多作为皮肤调节剂和细胞沟通成分。也称为 α- 亚麻酸，这种成分是一种植物性的 ω-3 脂肪酸，存在于植物油、亚麻籽油、菜籽油和大豆油中。胡桃为这种脂肪酸的第一来源。研究显示，外用亚麻油有助于改善许多皮肤问题，包括湿疹、银屑病、青春痘和非黑色素瘤皮肤癌等。

亚麻酸能帮助修复皮肤屏障功能，减少前炎症物质的产生，与构成皮肤免疫系统的细胞进行沟通。研究还显示，外用亚麻酸（以及类似的）脂肪酸有助于伤口愈合。

M

硅酸铝镁（magnesium aluminum silicate）（好）

一种干燥的白色粉末，在化妆品中用作稠化剂和粉剂。

抗坏血酸棕榈酸镁（magnesium ascorbyl palmitate）（好）

一种脂肪酸基维他命 C 的衍生物，具有有效的抗氧化作用。研究表明，这种形态的维他命 C 不如其他形态的（抗坏血酸磷酸酯镁）那么性质稳定，这也是我们给它的评价不如其他形态维他命 C 那么高的原因。

抗坏血酸磷酸酯镁（magnesium ascorbyl phosphate）（最佳）

一种性质稳定的维他命 C，对皮肤来说是有效的抗氧化剂。这种形态的维他命 C 有助于提高皮肤的保水能力和弹性。与大多数形态的维他命 C 类似，抗坏血酸磷酸酯镁（浓度为 5% 及以上）有助于改善色素过度沉着。

扁桃酸（mandelic acid）（普通）

一种果酸，又称苦杏仁酸。少数研究发现它可作为其他果酸的替代品，扁桃酸虽然有杀菌作用，但与羟基乙酸不同的是，它对光线很敏感，产品必须采用不透明包装。

锰紫（manganese violet）（好）

FDA 于 1976 年把锰紫列为化妆品的安全的着色剂和添加剂，包括用于眼部皮肤的产品。

芒果核黄油（*Mangifera indica* <mango> seed butter）（最佳）

植物提取物，富含脂肪酸和抗炎成分，可作为柔润剂。

母菊花提取物和母菊花油（matricaria flower extract and oil）（最佳）

参见黄春菊。

互生叶白千层（*Melaleuca alternifolia*）（好）

参见茶树油。

辣薄荷（*Mentha piperita*）（差）

参见辣薄荷。

薄荷醇（menthol）（差）

椒薄荷的提取物。薄荷醇对皮肤的刺激作用与椒薄荷相同。尽管薄荷醇的刺激性已经得到证实，但添加薄荷醇的产品却数不胜数，尤其是那些声称控油和抗痘的产品。

遗憾的是，薄荷醇带给皮肤的那种冰凉、清新的感觉，恰恰是薄荷醇刺激皮肤的明证。

薄荷氧基丙二醇（menthoxypropanediol）（差）

合成的薄荷醇衍生物，会导致变应性皮炎，和薄荷醇一样，会造成皮肤刺激。薄荷氧基丙二醇最常用于宣称具有丰唇效果的产品中。

薄荷醇乳酸酯（menthyl lactate）（差）

在化妆品中用作清凉剂和香料。它是一种薄荷醇的衍生物，虽然据认为刺激性比薄荷醇要弱，但仍然会刺激皮肤。

甲基葡糖醇聚醚-20（methyl gluceth-20）（好）

合成的液态成分，用作保水剂和皮肤调节剂。

甲基氯异噻唑啉酮（methylchloroisothiazolinone）（差）

常与甲基异噻唑啉酮合用，混合物的商品名叫卡松 CG（Kathon CG），20 世纪 70 年代中期被用于化妆品，但很多使用者会发生过敏反应，除了使用后很快会被冲洗掉的少数清洁产品外，这种成分不再添加于其他化妆品。当与甲基异噻唑啉酮合用时，甲基氯异噻唑啉酮会产生广谱抗微生物活性。在许多产品中，这种混合物被用来替代羟苯酸酯类防腐剂，尽管事实上羟苯酸酯有着更好的安全记录并且致敏率更低。在免洗型产品中，甲基异噻唑啉酮一直被认为是常见的过敏原，尤其是护发产品和女性卫生护理用品。

甲基异噻唑啉酮（methylisothiazolinone）（差）

甲基异噻唑啉酮是一种防腐剂，通常建议仅用于冲洗型产品如清洁产品或洗发香波中。虽然甲基异噻唑啉酮也添加在免洗型产品中，但这种成分会令皮肤敏感。事实上，美国接触性皮炎学会在 2013 年就将甲基异噻唑啉酮列为年度过敏原！

与大多数有可能造成皮肤问题的成分一样，这些成分是否真的造成皮肤问题取决于产品中用量的多少，但是作为一般性原则，如果你看到甲基异噻唑啉酮在免洗型产品成分表的中间位置，你就应该避免使用，尤其当你是敏感性皮肤，或者产品中甲基异噻唑啉酮与防晒活性成分如奥西诺酯或阿伏苯宗组合使用时。

甲基异噻唑啉酮具有较强的抗菌活性，但抗真菌作用较弱。在可冲洗型和免洗型两类化妆品中，甲基异噻唑啉酮的用量受到限制，以保证在发挥作为防腐剂的效力的同时，不会对皮肤造成刺激。然而，即使在低用量（0.01%）的条件下，它还是比其他大多数防腐剂容易引发皮肤敏感问题。

在与甲基氯异噻唑啉酮组合使用时，甲基异噻唑啉酮在免洗型产品中更容易成为过敏原，特别是在护发、婴儿护理和女性卫生护理产品中。必须要明确的是：在冲洗型产品如洁面乳或沐浴露中，这些防腐剂都不会被认为是有问题的成分；令人担心的是免洗型产品，尤其是用于眼部周围皮肤的产品。

羟苯甲酯（methylparaben）（好）

参见羟苯酸酯。

甲基丙二醇（methylpropanediol）（好）

一种二醇，主要用作溶剂。甲基丙二醇有助于化妆品成分（如水杨酸）渗入皮肤。它还具有保湿功能，可使皮肤光滑润泽。

麦素宁滤光环（Mexoryl SX™）（最佳）

又称依莰舒(ecamsule)，是一种人工合成的防晒剂，由欧莱雅公司开发并拥有专利，1991 年首先获准在欧洲使用，从 1993 年开始添加于在美国境外销售的防晒化妆品中。

2006 年 7 月，FDA 批准第一个含有麦素宁滤光环的防晒产品，即欧莱雅公司旗下品牌理肤泉（La Roche-Posay）的安得利全护极效防晒保温霜（Anthelios SX SPF 15），这也是唯一一个在美国境内销售的含麦素宁滤光环的防晒产品。这个产品在成分表上将麦素宁滤光环标示为“依莰舒”，此外还含有阿伏苯宗和奥克立林（octocrylene）等防晒成分（这两种成分在多年前已被 FDA 列为有效的防晒剂）。对于这个防晒产品通过了 FDA 的审批，欧莱雅公司在媒体上做了大力宣传，宣称麦素宁滤光环的稳定性比阿伏苯宗好，并说该产品对于紫外线 UVA 的防护是当时效果最好的。

化妆品科技实验室前主席、防晒剂研究专家肯·克莱因（Ken Klein）认为，麦素宁滤光环在阳光照射下的分解速度虽然比阿伏苯宗慢，但它的防晒效果还是会逐渐减弱，经过几个小时的紫外线照射后，阿伏苯宗的防晒能力会减少65%，而麦素宁滤光环会减少40%，因此麦素宁滤光环的作用稍好一些。但是，如果阿伏苯宗和其他防晒剂尤其是奥克立林合并使用时，稳定性会得到提高。在美国以外的地区，防晒剂天来施经常被用来增强阿伏苯宗的稳定性。

其实所有的防晒成分在日晒之后都会逐渐失效，这也是必须经常补擦防晒产品的原因。从防晒的角度来看，紫外线UVA是指波长介于320—400纳米的光线，虽然麦素宁滤光环可以防护全波长的紫外线UVA，但氧化锌和二氧化钛不仅可以防护紫外线UVA，也可以防护紫外线UVB，防护波长的范围介于230—700纳米，所以说虽然麦素宁滤光环是一个有效的紫外线UVA防护剂，但绝对不是唯一的选择。

云母（mica）（好）

云母是天然矿物质，用来使产品闪耀及有光泽。光泽和闪亮效果完全取决于云母的颜色和用于液体、乳霜和粉状产品所研磨的精细度。

微晶蜡（microcrystalline wax）（好）

从石油中提取出的具有塑胶性质的蜡，主要用作稠化剂，可以使化妆品呈半固体或固体，涂抹起来触感顺滑。

矿物油（mineral oil）（好）

从石油中提取的无色无味的油脂，很少引起过敏反应，也不会变成固体而堵塞毛孔，故被广泛应用于化妆品中。由于矿物油与石油的关联再加上坊间的大量宣传，说它不好或者易使皮肤衰老，但请谨记，石油也是取自地球的天然成分。一旦它纯化后变成符合美国药典的矿物油（化妆品及药用级矿物油），它就与最初的石油完全不同了，再也不是污染物或致癌物了。

化妆品级别的矿物油或矿脂，是目前所知最安全、最不刺激的保湿成分，还能够有效促进伤口愈合。

除非你是油性皮肤，矿物油稍显油腻的质地并不会给皮肤造成不好的感觉。再强调一次，矿物油不会堵塞毛孔，引发青春痘，或使皮肤窒息。

护肤品中的矿物油必须符合美国药典或英国药典的规定。它完全是安全的，不会刺激皮肤，有助于皮肤保持光滑和健康。

蒙脱土（montmorillonite）（好）

一种黏土类型，是膨润土（另一种黏土）和漂白土的混合体，后者是存在于沉积物中白色至棕色的物质。像所有的黏土一样，蒙脱土也具有吸收剂的作用，对油性皮肤和容易长痘的皮肤有帮助。它也可以用作增稠剂。

黑桑提取物（mulberry extract）（好）

非芳香的植物提取物，由于其天然含有桑皮苷 A 和桑皮苷 F，因此在抑制黑色素合成方面具有一定作用。黑桑提取物在化妆品中的用量标准尚未确定，所以最好将它与其他证实有效的美白成分一起使用。

肉豆蔻酸（myristic acid）（好）

一种清洁剂，也能用作起泡剂，但会造成皮肤干燥。

肉豆蔻醇肉豆蔻酸酯（myristyl myristate）（好）

在化妆品中用作稠化剂和柔润剂。具有湿滑触感，对干性皮肤十分有益。

N

天然成分（natural ingredient）（普通）

FDA 试图对一些术语如“天然”、“不会导致过敏”等制定一套定义和规范，但在法庭上被推翻了，所以化妆品公司可以随意在成分标签上使用这些字眼，导致被滥用。虽然“全天然”的字样在化妆品促销方面大有好处，但仔细研究产品成分表，你会发现这些植物提取物仅仅占了很小的比例。此外，化妆品在添加植物成分的同时必须添加防腐剂和稳定剂，“天然”的意义早就丧失了。

新戊二醇二辛酸酯 / 二癸酸酯（neopentyl glycol dicaprylate/dicaprate）（好）

用作柔润剂和稠化剂。

新戊二醇二庚酸酯（neopentyl glycol diheptanoate）（好）

新戊二醇（一种成膜剂和溶剂）和庚酸（从葡萄中制取的一种脂肪酸）的化合物，用作非水性的皮肤调节剂和稠化剂。

橙花油（neroli oil）（差）

芳香性植物油，拉丁名为 *Citrus aurantium*，带有橙花香气，可能会造成皮肤刺激和光敏性。它也可能是有效的抗氧化剂。参见柠檬烯和芳樟醇。

烟酰胺（niacinamide）（最佳）

又称维他命 B_3、烟酸。烟酰胺是一种强效细胞沟通成分，能给衰老的皮肤带来多种好处。除了帮助皮肤改善遭受的晒伤，烟酰胺还有助于增强皮肤弹性，显著提高皮肤屏障功能，帮助消除色斑，恢复皮肤健康的色泽和质地。

外用烟酰胺能提高皮肤中神经酰胺和游离脂肪酸的水平，防止皮肤水分流失，并且促进真皮层的微循环。它还能有效改善肤色不均匀，减轻青春痘的症状，促进痘印的消退。烟酰胺在高温和强光下不易分解，是一种出色的抗痘和抗衰老成分。

锦纶 -12（nylon-12）（好）

用作吸收剂和稠化剂的粉末状物质。当这种成分在护肤品或彩妆品中大量存在时，会显示出控油特性。

O

燕麦麸提取物（oat bran extract）（最佳）

燕麦的一部分，具有抗氧化和抗炎作用。研究表明，外用燕麦麸提取物可保护纤维母细胞（皮肤中生成胶原蛋白和弹性蛋白的细胞）避免自由基伤害导致的氧化，从而保护皮肤中的胶原蛋白。

燕麦（oatmeal）（最佳）

天然成分，对皮肤有抗刺激和抗炎的效果。

奥西诺酯（octinoxate）（最佳）

又称甲氧基桂皮酸辛酯和甲氧基肉桂酸乙基己酯。奥西诺酯是最早和最常用的防晒剂活性成分，主要用来防护紫外线 UVB。虽然奥西诺酯有一定的紫外线 UVA 防护能力，但无法提供全波长的 UVA 防护，因此它应该与其他提供 UVA 防护的防晒剂一道使用。

奥西诺酯的安全性十分可靠（几十年来几千份研究报告证实它是一种安全的防晒剂）。糟糕的是，仍然有传言将它与癌症联系起来，令许多人担心含有奥西诺酯防晒产品的安全性。但没有研究报告证实当防晒产品添加奥西诺酯时，它会导致或提高患癌症的可能。当文献搜索设定关键字“奥西诺酯＝癌症”时，仅找到一份被引用的研究报告，而且该研究中奥西诺酯的用法与用量无法与护肤品中的条件相对比。例如，“研究”中使用的奥西诺酯浓度极高（远超过防晒产品中的用量），而且是施用到分离的皮肤（而非完整的皮肤），甚至给实验动物喂食。

只要你不喝下去，奥西诺酯就是安全的。对于防晒产品中添加奥西诺酯，没有任何研究报告认定它会导致癌症或其他病症。实际上，欧盟对奥西诺酯防晒剂的准许用量要高于美国的标准（美国是 7.5%，欧盟是 10%）。

水杨酸辛酯（octisalate）（最佳）

一种防晒剂活性成分，学名为丁基辛醇水杨酸酯。参见丁基辛醇水杨酸酯。

奥克立林（octocrylene）（最佳）

防晒剂成分，以保护皮肤免受紫外线 UVB 的伤害。它还有助于保持 UVA 防晒剂阿伏苯宗的性质稳定。类似所有的人工合成（或“化学”）防晒剂，奥克立林可能会对某些人的皮肤造成敏感，尤其是那些口服治疗关节炎药物酮苯丙酸的人。

棕榈酸辛酯（octyl palmitate）（好）

从棕榈油中提取，在化妆品中广泛用作稠化剂和柔润剂。

水杨酸辛酯（octyl salicylate）（最佳）

防晒剂成分，也称为水杨酸乙基己酯。主要用来防护紫外线 UVB。有关这种防晒剂是否扰乱荷尔蒙（内分泌系统）方面的研究并没有得出明确的结论，也没有发现它具有雌性荷尔蒙活性。

硬脂酸辛酯（octyl stearate）（好）

在化妆品中用作稠化剂和柔润剂。参见硬脂酸。

辛基十二醇（octyldodecanol）（好）

在化妆品中主要用作柔润剂和乳浊剂。由于它具有滑润皮肤的作用，所以也常在保湿产品中用作稠化剂。

辛基十二醇肉豆蔻酸酯（octyldodecyl myristate）（好）

由辛基十二醇（稠化剂）和肉豆蔻酸混合而成的化合物，可用作皮肤调节剂和柔润剂。

辛基十二醇新戊酸酯（octyldodecyl neopentanoate）（好）

可用作皮肤调节剂和柔润剂。

油橄榄（Olea europaea）（好）

参见橄榄油。

油醇聚醚-10（oleth-10）（好）

油醇的（无刺激性）脂肪形态，可作为乳化剂和表面活性剂。油醇天然存在于鱼油之中，但在化妆品中通常使用人工合成物。

橄榄油（olive oil/olive fruit oil）（好）

从油橄榄中提取的非芳香性植物油，具有柔润皮肤的作用。橄榄油含有干性皮肤所需的脂肪酸，包括油酸、棕榈酸和亚油酸，因此对干性皮肤有益。它还含有酚类化合物，因此具有抗氧化的功能。少数动物试验表明，外用橄榄油在一定程度上能够防护紫外线 UVB 的伤害。

单独使用橄榄油可能会造成皮肤问题，因为它会减弱皮肤屏障的完整性，延缓受损皮肤的愈合。当橄榄油与葵花籽油合用时，橄榄油对皮肤的不良影响更加明显，而葵花籽油所含的脂肪酸与橄榄油所含的明显不同。据信，问题恰恰出在橄榄油含有丰富的亚油酸。此外，橄榄油不太会造成皮肤刺激或皮肤敏感。必须明确的是：当少量橄榄油与其他有益成分组合使用时，橄榄油能够提供滑爽滋润的作用，并且给皮肤一定程度上的抗氧化保护。只有当橄榄油单独外用于皮肤，尤其是婴儿皮肤时，它的负面影响才会明显。

氧苯酮（oxybenzone）（最佳）

防晒剂成分（也称二苯酮-3），主要提供紫外线 UVB 防护和部分 UVA 防护。它是二苯酮的一种。大部分国家准许一定浓度的氧苯酮作为防晒剂出售，包括美国、加拿大、欧盟国家、日本、澳大利亚、中国和韩国。

二苯酮类成分不仅用于防晒，也在化妆品中用作光稳定剂。它们有助于防止产品变色或产品中有效成分因为接触到阳光而降解。此外，二苯酮类成分还有其他用途，比如用作食品增味剂。

就像许多防晒成分一样，氧苯酮也一直备受争议。我们在第 14 章的“防晒产品会让我得癌症吗？”对此进行了讨论。

地蜡（ozokerite）（好）

矿物性蜡质，在化妆品中用作稠化剂，最常用于唇膏和粉条。

P

棕榈酸（palmitic acid）（好）

皮肤中天然存在的脂肪酸，是合成许多棕榈酸酯如棕榈酸异丙酯的基础成分。棕榈酸在化妆品中具有多种功能，如用作清洁剂、柔润剂等。在清洁产品中，棕榈酸是否会造成皮肤干燥，取决于它与何种成分搭配，以及产品的 pH 值。在保湿产品中，棕榈酸是一个非常好的润肤剂，有助于强化皮肤的健康屏障功能，令皮肤更光滑。

棕榈酰寡肽（palmitoyl oligopeptide ）（最佳）

参见棕榈酰六肽 -12。

棕榈酰六肽 -12（palmitoyl hexapeptide-12 ）（最佳）

棕榈酸脂肪酸与其他几种氨基酸如丙氨酸、精氨酸、天冬氨酸、甘氨酸、组氨酸、赖氨酸、脯氨酸、丝氨酸和（或）缬氨酸的混合物，也被称为 pal-KTTKS 。从理论上讲，许多肽具有细胞沟通能力，可以帮助皮肤细胞更具正常功能，维持更健康的活动。虽然有关棕榈酰六肽 -12 的研究还远未取得共识，并且这种成分在化妆品中的用量标准也未明确，在应用当中须注意保持其性质稳定，但这种成分有助于胶原蛋白的合成，促进细胞间质如透明质酸的生成。

棕榈酰四肽 - 7（palmitoyl tetrapeptide-7）（最佳）

合成的肽（商品名：Matrixyl3000），可抑制皮肤中白细胞介素的化学信使效应，从而减少皮肤炎症反应。这种成分似乎也可增厚由于衰老导致变薄的皮肤。

棕榈酰三肽 -5（ palmitoyl tripeptide-5）（最佳）

合成的肽，在胶原蛋白合成和防止皮肤中胶原蛋白分解方面发挥功用。

人参根提取物（Panax ginseng root extract ）（最佳）

植物提取物，可能具有强大的抗氧化功效（潜在的抗癌功能），有助于伤口愈合。

人参根提取物是否会影响橘皮组织尚不明确。

泛醇（panthenol）（好）

维他命 B 泛酸的醇形态。泛醇具有吸收和保持水分的能力，因此在护肤品中多用作保湿剂。泛醇有时也被称为维他命原 B_5，容易与许多不同类型的成分相容，从而在化妆品配方中充当多面手。泛醇有助于加强皮肤的屏障功能，维持生成胶原蛋白的纤维母细胞的繁殖。

木瓜蛋白酶（papain）（差）

从木瓜中提取的酶。涂在皮肤上会造成严重的皮肤刺激和水疱。敏感性皮肤的人经常会对木瓜蛋白酶产生过敏反应。研究证实，木瓜蛋白酶对于皮肤是一种强过敏原。

木瓜提取物（papaya extract）（普通）

含有木瓜蛋白酶的植物提取物，理论上有去角质的功用，但是大多数研究没有用到人类的皮肤。木瓜提取物可能会造成皮肤刺激，但刺激性没有纯木瓜蛋白酶那么强。即使这样，它也不适合每天使用。市场上有更好的免洗型去角质产品可以选择，比如羟基乙酸和水杨酸产品。参见羟基乙酸和水杨酸。

羟苯酸酯（parabens）（好）

一类广泛用于化妆品的防腐剂，包括羟苯丁酯、羟苯丙酯、羟苯甲酯和羟苯乙酯。目前认为羟苯酸酯类防腐剂比其他防腐剂对皮肤的刺激性要小，并且具有广谱的抗真菌和良好的杀菌效力。这类成分曾因传言会导致乳腺癌而备受诟病。经过深入细致的研究，研究人员得出结论认为，羟苯酸酯并非应该避免的有害成分。有关这方面的更多信息，请参考本书第 14 章。

石蜡（paraffin）（好）

从石油中提炼出来的蜡状物质，在化妆品中用作稠化剂。

帕索 1789（Parsol 1789）（最佳）

参见阿伏苯宗。

PEG 化合物（PEG compounds）（好）

PEG 的全名是聚乙二醇。形态不同的 PEG 与脂肪酸、脂肪醇结合后会形成各种功能不同的物质，在化妆品中用作表面活性剂、结合剂（确保各成分融合）、稳定剂和柔润剂。常见的 PEG 成分包括稠化剂和乳化剂 PEG-100 硬脂酸酯以及许多 PEG 化合物与氢化油相结合的化合物，它们在化妆品中常用作柔润剂或粘合剂。PEG 化合物也可以充当清洗剂，例如 PEG-7 甘油椰油酸酯、PEG-80 失水山梨醇月桂酸酯和 PEG-40 硬脂酸酯均为温和的清洁剂。

PEG 后所跟随的数字越大，表示其分子越“重”和越复杂。例如，PEG-200 棕榈油甘油酯就要比 PEG-100 硬脂酸脂更重。PEG 化合物被广泛用于化妆品行业，这些成分已经得到广泛的测试，添加在化妆品中是安全的。

四辛酸季戊四醇酯（pentaerythrityl tetraoctanoate）（好）

从异硬脂酸衍生的无水酯，在化妆品中用作稠化剂和粘合剂。

椒薄荷（peppermint）（差）

椒薄荷油和椒薄荷提取物都具有抗菌作用，但也可能造成皮肤发炎和过敏反应。椒薄荷油比椒薄荷水更具有刺激性。椒薄荷是造成脸上出现过敏性接触性皮炎的一个常见原因，尤其是嘴唇四周的皮肤，因为椒薄荷常常用来给牙膏调味。

肽（peptide）（最佳）

蛋白质由长链（有时是短链）的氨基酸组成，这些长链再细分成各个独立的片段，每个独立的片段就叫肽。在人体内，肽通过与目标细胞的相互作用，来调节许多系统的活性。有的肽具有荷尔蒙活性，有的肽可以调节免疫系统，还有的肽可以作为细胞沟通成分，“指令”细胞作出正确的反应，有的肽可以促进伤口愈合，还有的肽可能与异位性皮炎的病理有关。

理论上所有肽都具有细胞沟通能力，前提是产品的配方支持所使用的肽，并且包装能确保产品在使用过程中肽成分不会降解（不要采用敞口瓶包装！）。

在皮肤上擦拭肽是否有助于伤口愈合、修复皮肤屏障功能或有杀菌的效果还很难有定论，因为肽太过亲水，无法渗入皮肤，留在皮肤上也不能保持性质稳定，而且以水为基底的肽产品也不稳定。此外肽很容易被酶分解，一旦肽被皮肤吸收，皮肤中丰富的酶会迅速把肽分解而使它失去作用。

有趣的是，最新研究发现，有些合成的肽可以进入细胞膜内，在不被分解的同时将生物活性物质传递给细胞。有的合成肽还具有显著的抗炎作用。在实验室中把合成好的肽链与脂肪酸相结合，可以克服肽的一些缺点，从而性质更稳定，并且可以渗入皮肤发挥作用，不过这还需要长期的研究，才能确定合成的肽会产生怎样的效果。

除了具有保水作用，合成肽要想超越传统肽，必须符合三个条件：在化妆品中必须保持性质稳定；必须先和载体结合，增强穿透皮肤的能力；在达到目标细胞之前不能被分解。

最后一点：与许多有关肽的宣传相反，事实上还没有哪一种含有肽的护肤品具有肉毒杆菌毒素、激光或皮肤填充剂的美容效果。肽也不能丰唇（至少效果不显著），不能提拉松弛下垂的皮肤、淡化黑眼圈或消除眼袋。含肽产品神乎其神的广告宣传都没有得到公开发表、经同行评审的研究报告的支持。

辣蓼提取物（Persicaria hydropiper）（最佳）

辣蓼（水蓼）提取物取自这种蓼科植物的整株，它富含生物类黄酮（如五羟黄酮）和倍半萜烯，具有抗氧化和抗炎的特性；体外试验发现，当辣蓼用于人类纤维母细胞时，它会抑制基质金属蛋白酶 MMP-1 的表达，而 MMP-1 会分解皮肤的胶原蛋白。

研究显示，辣蓼还能够抑制金黄色酿脓葡萄球菌的活性，并且抑制皮肤上其他一些病原体。辣蓼添加到化妆品中可以用来改善皮肤的保水功能，减少炎症的发生。

矿脂（petrolatum）（好）

纯的矿脂就是凡士林，它是经 FDA 认可的柔润剂和护肤成分。出于一些未知的原因，凡士林在护肤方面的形象不佳，虽然大量研究的结果恰好与之相反。事实上，在皮肤上涂凡士林有助于修复外层，并且减轻炎症。凡士林的安全性和有效性得到了广泛的认可。

苯氧乙醇（phenoxyethanol）（好）

化妆品中常见的防腐剂，被认为是对皮肤刺激性最少的成分之一。苯氧乙醇不会释放甲醛。它是全球范围内许可用于水剂化妆品的防腐剂，浓度最高可达 1%。

化妆品成分评估专家组对苯氧乙醇的安全性进行了几次评估。专家组对苯氧乙醇的基础科学数据和最新披露的数据进行了评估，得出结论认为苯氧乙醇作为化妆品成分是安全的。有趣的是，在护肤品中所使用的苯氧乙醇几乎都是人工合成的，而这种化学成分却在绿茶中天然存在。

进一步的研究和不断积累的安全数据表明，苯氧乙醇不仅无毒，而且口服和外用均可。在一项有关苯氧乙醇口服量的研究中，当受试者服用高剂量的苯氧乙醇后，研究人员发现他们一些器官的重量有所增加。但这项研究所用的剂量要比苯氧乙醇用于化妆品和个人护理产品中的高得多（何况化妆品不是用来吃的）。总之，无论是免洗型还是冲洗型产品，添加一定量的防腐剂苯氧乙醇是安全有效的。

苯基聚三甲基硅氧烷（phenyl trimethicone）（好）

这种成分涂在皮肤上的效果比聚二甲硅氧烷要更干燥。在护肤品中它被用作密封剂和调节剂，有助于形成丝滑的妆效。由于苯基聚三甲基硅氧烷的黏度较高，因此更适合干性皮肤的人使用。

苯乙基间苯二酚（phenylethyl resorcinol）（普通）

合成的抗氧化剂，经常用于美白产品中。与其他被证实有效的美白成分如氢醌和各种形态的维他命 C 相比，有关苯乙基间苯二酚的研究还比较缺乏。其中最引人瞩目的一项研究考察了含苯乙基间苯二酚与其他三种美白成分合用的效果。研究中，20 名女性受试者在 3 个月内不仅使用防晒产品，而且涂抹这种乳霜。最终，受试者皮肤上的色斑减少了 43%。

但问题是，我们不知道色斑改善究竟在多大程度上是由苯乙基间苯二酚引起的，因为受试者并没有单独使用苯乙基间苯二酚，而在大多数情况下，美白产品中并不仅仅只依赖这一种成分来改善黄褐斑。如果脸上的色斑是你关注的重点，那么在更多的研究报告证实苯乙基间苯二酚的美白功效之前，你没有必要对它寄予太大希望。当然，如果产品中除了含有苯乙基间苯二酚，还添加了其他可靠的美白成分，那么这种产品还是值得你考虑的。

磷脂（phospholipid）（最佳）

由甘油、脂肪酸和磷酸酯所构成的一种脂肪。磷脂可以稳定细胞膜，是细胞的一种很重要的成分。卵磷脂是磷脂的一种。参见卵磷脂。

植物甾醇类（phytosterol）（最佳）

存在于所有植物性食品中的胆固醇类分子，在植物油中含量最高，如菜籽油、花生油、红花油和芝麻油等。总体而言，坚果、种子和豆类都富含植物甾醇类成分，对身体健康和皮肤健康都有帮助。研究显示，把植物甾醇类涂在皮肤上可能会停止有损胶原蛋白的物质的成形，胶原蛋白遭到破坏的情况在被晒伤的皮肤中更加普遍，所以把植物甾醇类成分添加到护肤品当中，能够改善晒伤对皮肤的影响。大豆植物甾醇可以帮助修复受损的皮肤屏障，而植物甾醇的另一种常见类型 β - 谷甾醇则有助于减轻特异反应性皮炎的症状。

菠萝提取物（pineapple extract）（普通）

包含菠萝蛋白酶，能破坏皮肤角质细胞之间的连接，因此具有去角质的作用。单独使用菠萝蛋白酶的效果不错，但菠萝提取物还含有其他刺激性成分，可能造成皮肤刺激。

泊洛沙姆 184（poloxamers 184）（好）

合成的聚合物，用于清洁剂。

聚丁烯（polybutene）（好）

从矿油中提取的人工合成的聚合物，用作稠化剂和润滑剂。参见聚合物。

聚乙烯（polyethylene）（好）

塑料（合成聚合物），在化妆品中具有多种功能。球形的聚乙烯颗粒在许多面部磨砂膏中充当摩擦剂，用来替代过于粗粝的核桃壳颗粒或其他研磨过的果核颗粒。在保湿产品中，聚乙烯还用作稳定剂、结合剂、稠化剂及成膜剂。

2013 年 12 月发表在《海洋污染公告》期刊上的一份研究报告表明，虽然聚氨酯颗粒对人体无毒，但它们不会在污水处理过程中被过滤掉，而是一直沉积在排水沟里，这有可能增加动物误食的风险。

同时发表的另一份研究表明，排水沟中的聚氨酯颗粒有吸附污染物的能力。这项研究旨在证实聚氨酯的吸附能力，然而研究环境并非真实的排水沟。

强生和联合利华等个人护理用品品牌已经宣布，在 2015 年，它们将分阶段彻底淘汰含聚乙烯的产品。

聚乙二醇（polyethylene glycol）（好）

在成分表上也用 PEG 表示，聚乙二醇这种化妆品成分常常受到自称“天然”的网站的非议，认为聚乙二醇是一种防冻剂，添加在化妆品中非常危险（其实防冻剂是乙二醇，而不是聚乙二醇），但是并没有研究发现聚乙二醇会造成皮肤问题。聚乙二醇在性质上和甘油类似，化妆品中添加微量的聚乙二醇有助于保持产品的性质稳定。因为聚乙二醇能够渗入皮肤，所以也可以作为载体，帮助其他成分进入皮肤深层。在医疗上聚乙二醇也可用来清洗肠道。参见 PEG 化合物。

聚羟基硬脂酸（polyhydroxystearic acid）（好）

一种以硬脂酸为原料的聚合物，用作悬浮剂。参见聚合物。

聚异丁烯（polyisobutene）（好）

从石油中获得的异丁烯烃的聚合物。由于其分子较大，聚异丁烯不易穿透皮肤，多用作稠化剂和成膜剂。

聚合物（polymer）（好）

聚合物从字面上理解是“许多部分”的意思。任何一种具有高分子量的化合物，要么包含有许多较小的分子，要么是由许多小分子聚合成较大的分子，从而它就有了新的形态和新的功能。塑料就是聚合科技的一个例子，尼龙也是。聚合物没有明确的分子式，因为其组成的链长不确定。自然界中存在着天然的聚合物，例如多糖、橡胶和纤维素。人体中也有许多聚合物，比如各种蛋白质、核酸和作为能量源的糖原。随着聚合科技的不断进步，用于化妆品的成百上千种聚合物成分被创造出来。

聚甲基丙烯酸甲酯（polymethyl methacrylate）（好）

合成的聚合物，通常用于成膜剂。据网站 CosmeticsInfo.org 的信息，美国 FDA 已批准聚甲基丙烯酸甲酯可用于医疗，包括人工晶状体、骨接合剂、牙齿填料和皮肤填充剂。这些医疗材料被直接植入人体，并可以长期留在人体内。FDA 还准许聚甲基丙烯酸甲酯用作间接食品粘合剂，以及可与食品接触聚合物。

化妆品成分评估专家组（CIR）对用于化妆品的聚甲基丙烯酸甲酯的安全性进行了多次评估。通过审查科学数据，专家们得出结论认为用于化妆品的这种成分是安全的。参见聚合物。

聚甲基硅倍半氧烷（polymethylsilsesquioxane ）（好）

聚合物，由甲基三甲氧基硅烷经冷凝和水解而形成。参见聚合物。

聚硅氧烷 -11（polysilicone-11）（好）

特殊合成的交联硅氧烷，用作成膜剂。参见聚合物。

聚山梨醇酯（polysorbates）（好）

聚山梨醇酯的种类很多（包括常用的聚山梨醇酯 20），大多来自椰子中的月桂酸。聚山梨醇酯通常用作乳化剂，也具有适度的表面活性剂特性。一些聚山梨醇酯取自许多水果中天然存在的山梨醇，另一些则含有脂肪酸成分。化妆品中使用的浓度及用于食品（在食品中聚山梨醇酯作为稳定剂）的聚山梨醇酯是无毒安全的。

石榴提取物（pomegranate extract）（最佳）

石榴及其提取物具有抗氧化和抗癌特性。虽然在动物实验和体外研究中发现石榴提取物具有这些好处，但对皮肤是否也有同样的功效还有待进一步研究。外用含有石榴成分的产品，可减少皮肤炎症，预防皮肤遭受进一步的伤害，从而改善皮肤皱纹。研究还表明，石榴皮提取物对破坏胶原蛋白的物质 MMP-1 有抑制作用。

氢氧化钾（potassium hydroxide）（普通）

一种强碱，在化妆品中用量很少，主要用来调节产品的 pH 值。在一些清洁产品中氢氧化钾也用作清洁剂，浓度较高时它对皮肤有强烈的刺激性。

肉豆蔻酸钾（potassium myristate）（普通）

一种清洁剂，是肥皂的成分之一；对某些肤质可能会造成皮肤干燥和过敏。

山梨酸钾（potassium sorbate ）（好）

在化妆品中，山梨酸钾用作防腐剂，当它分解成山梨酸时可抑制霉菌和酵母菌的生长。山梨酸钾的抗菌能力较弱，所以在产品中总是与其他防腐剂组合使用。

防腐剂（preservative）（好）

在化妆品尤其是水剂产品中用来防止细菌和微生物滋生的物质。虽然防腐剂有可能造成皮肤刺激，但很多专家认为，使用被污染的化妆品，对皮肤和眼睛的伤害反而会更大。

丙二醇（propylene glycol）（好）

和乙二醇、甘油一样，丙二醇主要用作保湿剂，还可用作载体，帮助其他成分被皮肤吸收。网上有人宣称丙二醇是真正的工业防冻液，是刹车油的主要成分，会对皮肤造成严重的刺激，并且美国物料安全数据报告（MSDS）指出，丙二醇会造成肝肾功能异常，最好不要让皮肤接触这种物质。虽然这种说法很可怕，但丙二醇在化妆品的使用上却是安全的，物料安全数据报告所指的是纯丙二醇，况且就算是针对水和盐，物料安全数据报告的相关说法也很吓人。

在化妆品中，丙二醇的使用量非常微量，用来防止化妆品在高温时融化或低温时结冻，还能帮助有效成分渗入皮肤。丙二醇在化妆品中的用量非常少，所以不用担心其安全性，也没有人因为化妆品中的丙二醇而造成肝脏疾病。

美国卫生及公共服务部指出，“化妆品中的丙二醇或其他二醇类不具有致癌性”。化妆品成分评估专家组和其他团体分析了外用丙二醇的所有毒理学数据，得出结论认为这种成分是安全的，不会给使用者带来健康方面的问题。

丙二醇二辛酸酯 / 二癸酸酯（propylene glycol dicaprylate/dicaprate ）（好）

凝胶质地的成分，用于许多轻透的保湿产品中。为丙二醇和癸酸的混合物，一种从植物中提取的脂肪酸。

丙二醇异硬脂酸酯（propylene glycol isostearate ）（好）

丙二醇和异硬脂酸的混合物，用作柔润剂和乳化剂。

丙二醇月桂酸酯（propylene glycol laurate ）（好）

丙二醇和月桂酸的化合物，为众多植物油成分。

丙二醇硬脂酸酯（propylene glycol stearate）（好）

丙二醇和硬脂酸的混合物，用作皮肤调节剂和乳化剂。

羟苯丙酯（propylparaben）（好）

参见羟苯酸酯。

苹果（*Pyrus malus*）（好）

从苹果中提取的果胶，在化妆品中可用作稠化剂。苹果的干细胞对皮肤不具有特殊的抗衰老功能。参见干细胞。

Q

季铵盐 -15（quaternium-15）（普通）

用于化妆品的一种甲醛释出型防腐剂。和其他防腐剂一样，它可能会造成皮肤敏感。如果产品中季铵盐 -15 的用量小于 0.2%，那么它对皮肤的致敏力是非常低的。

五羟黄酮（quercetin）（最佳）

从植物中提取的生物类黄酮成分。五羟黄酮天然存在于红酒、茶、洋葱、甘蓝、西红柿、草莓和其他许多蔬果中，在叶子和皮中含量最高。五羟黄酮具有抗氧化、抗炎、促进皮肤愈合的功用，主要原因在于它对免疫系统有刺激作用，而皮肤是我们人体的第一道防线。一些草药也含有五羟黄酮，如圣约翰草和银杏等。

在护肤方面，研究表明借助脂质给药系统，五羟黄酮能发挥最大的抗氧化功能。更令人兴奋的是，这种配方有助于五羟黄酮持续 24 小时有效。经测试，当五羟黄酮与聚硅酮和脂质混合时，皮肤对它的吸收量最大。

此外还有更多好消息：五羟黄酮有助于改善紫外线 UVB 对皮肤的伤害，减少弹性蛋白降解酶的合成，并且可帮助皮肤愈合和改善疤痕。

R

白藜芦醇（resveratrol）（最佳）

一种多酚类，具有很强的抗氧化作用，在红葡萄、红提、红葡萄酒中含量很高。很多研究发现白藜芦醇是一种效果最强的天然化学防癌剂之一，在肿瘤发展的各个阶段都能够抑制肿瘤细胞。它也有显著的抗炎特性，对人体内主要的抗氧化剂谷胱甘肽可能具有刺激和保护作用。与之相对的是，也有研究显示，将一定剂量的纯白藜芦醇直接涂抹在皮肤上，然后接触紫外线照射会导致细胞死亡。当然，这与白藜芦醇在护肤品中的使用无关，但在涉及化妆品中到底该添加多少白藜芦醇才合适时，这是一个很有意思的例子。

类维他命 A（retinoids）（最佳）

类维他命 A 是指与维他命 A 有关的化学物质，数量超过 2 500 种。外用非处方级类维他命 A 产品包括视黄醇、视黄醇棕榈酸酯、视黄醇亚油酸酯等。处方级类维他命 A 包括维他命 A 酸（Renova，Retin-A）、阿达帕林（Differin）和他扎罗汀（Tazorac）。其他类维他命 A 化学物质包括 β-胡萝卜素和存在于颜色鲜艳的水果及深绿叶蔬菜中的各种类胡萝卜素。

外用时，类维他命 A 对皮肤具有多种功能。首先，它们作为细胞沟通成分，会连接皮肤细胞的受体，并且“指令”皮肤细胞以更正常和更健康的方式工作。类维他命 A 对超过 125 种皮肤问题有好处，从青春痘到牛皮癣再到皱纹，以及其他晒伤症状。它们在一定程度上能够改善新生皮肤细胞的形态，成熟皮肤细胞的行为，以及发挥正常的功能。

所有的类维他命 A 对皮肤都存在一个耐受性问题。处方级类维他命 A 比非处方级更有可能导致副作用。外用时最常见的副作用是会刺激皮肤、起皮屑、皮肤发红（有时类似于皮肤被晒伤，触碰会疼痛）。副作用往往会在首次使用类维他命 A 之后的 2—4 天内出现。大多数情况下，这些副作用会在几周内自行消退，但也有一些人的皮肤对类维他命 A 全然无法耐受。

没有必要在皮肤上涂抹太多的类维他命 A 产品。更多并不一定更好，而且更容易造成副作用出现。例如，处方级类维他命 A 乳霜的使用说明书要求每次的用量相当于一颗豌豆的大小，这已经很多了。逐次增加用量，未必有更好更快的结果，反而会增加出现副作用的机会。

研究表明，不同强度的视黄醇和处方级类维他命 A 对皮肤都是有益的。但是，对于任何类型的类维他命 A，抱有“如果一点是好的，那更多一定更好”的心态很可能会适得其反。有些人的皮肤可以耐受较强力的类维他命 A，但最好还是从低效力产品开始用起，观察皮肤的反应，如果效果不错并且可以耐受，再逐渐增加强度。交替使用强度不同的类维他命 A 产品也是不错的选择，比如今天晚上使用非处方视黄醇产品，明天晚上再用处方级类维他命 A 产品。

视黄醇（retinol）（最佳）

维他命 A 的统称。视黄醇对皮肤有很多好处：它是细胞沟通成分和抗氧化剂。皮肤细胞中有一个受体非常适合视黄酸（视黄醇的一个组成部分）匹配。视黄酸和皮肤细胞之间的这种关系便于“指令”皮肤细胞更正常地发挥功能，减少受损或衰老的皮肤细胞。这是视黄醇成为超赞的抗衰老成分的原因之一。

视黄醇有助于皮肤细胞创造出更好更健康的皮肤细胞，提供抗氧化支持，并增加可强化皮肤结构的物质的含量。产品包装依然是关键，添加顶级护肤成分的产品不应该选择会接触空气（如敞口瓶）或透光（如透明容器）的包装。然而，许多视黄醇产品的包装都不行，导致视黄醇很快会失效。

许多消费者都关心视黄醇在抗衰老产品如精华液或保湿产品中所占的比重。虽然比重也很重要（特别是用量极低时），但这个数据无助于你理解视黄醇产品有益皮肤的机制。更重要的是给药系统、产品包装和搭配的其他成分。含有一系列抗氧化剂和视黄醇的产品，要远比尽管用量高但仅添加视黄醇一种成分的产品更有价值。皮肤是人体最大的器官，它所需要的远非一种成分就能够满足。仅仅关注视黄醇的含量没有意义，其他许多因素也很重要。

视黄醇是已知的有助于改善皮肤结构的成分之一，因此在改善橘皮组织的产品中也有一定的价值。在所有抗橘皮组织的产品中，添加视黄醇的产品应该是首选。不过大部分相关产品中所含有的视黄醇非常少，而且视黄醇很容易在空气中被分解，但大多数产品的包装无法确保视黄醇的性质稳定。

视黄醇棕榈酸酯（retinyl palmitate）（最佳）

一种维他命 A，由视黄醇（完整的维他命 A）和棕榈酸结合而成。研究发现它具有抗氧化和调节皮肤细胞功能的作用。视黄醇棕榈酸酯对皮肤安全吗？我们在第 14 章“防晒产品会让我得癌症吗？”深入讨论了这个问题。

视黄醇视黄酸酯（retinyl retinoate）（最佳）

合成的“新一代”类维他命 A。研究显示，它能有效改善皱纹、青春痘和皮肤中透明质酸的合成。关于视黄醇视黄酸酯的研究数量有限但前景广阔（大部分来自韩国的研究小组），研究表明，它对皮肤的刺激要比视黄酸（处方级强度）和非处方级视黄醇要小。视黄醇视黄酸酯在皮肤中转换成视黄酸的速度较慢，因此它对皮肤的刺激也会比纯视黄醇要弱。有关视黄醇对皮肤造成的刺激，可以借助缓释给药系统和成分附加的方式，在最大程度发挥它的功效的同时，令它对皮肤的刺激最小（即减少“视黄醇皮炎”的可能性）。

如果你的皮肤不太可能耐受视黄醇和处方级类维他命 A，尽管有理由考虑使用视黄醇视黄酸酯产品，但它也不会比其他添加了视黄醇或类维他命 A 的非处方级产品更好或更安全。

米糠油（rice bran oil）（好）

一种和其他非挥发性植物油相似的柔润剂。没有研究发现它对皮肤有特别的益处。

突厥蔷薇油（Rosa damascena oil）（差）

一种从很香的粉红色蔷薇提取的植物油，在化妆品中用作香料。大量研究表明它有多重功效。好的方面在于，这种花香具有放松、降血压的效果，花瓣含有抗炎和抗氧化剂，它们都有益皮肤。但另一方面，导致这种蔷薇独特香味的众多化学物质会刺激皮肤，有可能引发过敏性接触性皮炎。

玫瑰花油（rose flower oil）（差）

芳香的挥发性油，可能会造成皮肤刺激或过敏，没有研究发现它对皮肤有益，虽然它的某些成分对皮肤有消炎和抗氧化作用。难就难在外用时皮肤不会因为芳香成分而遭到刺激。

野玫瑰果油（rosehip oil）（好）

一种无香的植物油，可以充当很好的柔润剂，具有抗氧化作用。

迷迭香提取物（rosemary extract）（普通）

对皮肤可能有抗氧化作用，但是它的芳香物质会造成皮肤刺激或过敏。在大多数护肤品中，迷迭香提取物的用量较少，不太可能像迷迭香油那样引发皮肤问题，原因在于迷迭香提取物通常不含迷迭香油中的芳香成分。

迷迭香油（rosemary oil）（差）

芳香的植物油，从迷迭香中提取。在化妆品中主要用作香料，但它所含的挥发性芳香物质（比如樟脑）会造成皮肤刺激。研究表明，迷迭香油具有抗真菌、抗菌和抗氧化功能。但许多其他成分也具有这些功能，却不像迷迭香油那样有可能造成皮肤问题，因此没有令人信服的理由非得去使用迷迭香油。如果你喜欢它的香味，不妨点上一根香味蜡烛，闻闻是没问题的。

花梨木油（rosewood oil）（差）

芳香的植物油，带有甜辣味，也被称为蔷薇木。提取自一种常绿乔木的木屑，花梨木油中含有几种挥发性的芳香物质，包括莰烯、香叶醛、香叶醇、柠檬烯、芳樟醇、香叶烯和橙花醛。花梨木油主要用作香精和调味剂。虽然它没有毒性，但也没有研究表明它对皮肤有益。它能杀死健康的皮肤细胞，并且更厉害的是，它也能杀死不断扩散的癌细胞。

S

糖类同分异构体（saccharide isomerate）（好）

对皮肤是一种很好的保水剂和柔润剂，尤其适合干性皮肤。相比其他容易被冲洗掉的保湿剂，它能够与皮肤蛋白质结合，具有更强的附着力。

红花籽油（safflower seed oil）（最佳）

与其他非芳香性植物油类似，是一种具有柔润作用的植物油。红花籽油含有有益的脂肪酸，主要是亚麻酸，能帮助修复皮肤的屏障功能，对干性皮肤尤其有帮助。

水杨酸（salicylic acid）（最佳）

又称 β 羟基酸（BHA），具有多种功能，可以解决多种造成青春痘的问题。数十年来，皮肤科医生一直使用水杨酸来去角质，但它也是一种抗刺激成分。水杨酸的结构和阿司匹林很类似（它们都是水杨酸盐，阿司匹林的学名是乙酰水杨酸），因此它也具有抗炎作用。

水杨酸还可以杀菌，这是用它来治疗青春痘的一个重要原因。水杨酸还能深入毛孔，清除皮肤表面和毛孔内的老化角质细胞，所以可以用来有效抗痘，包括改善白头和黑头粉刺。

此外，还有研究发现它可以增加皮肤厚度，提高皮肤屏障功能，并促进胶原蛋白的合成。作为去角质剂，8%—12% 浓度的水杨酸是一种有效的去角质治疗手段，0.5%—2% 浓度的水杨酸性质更温和，类似于果酸，可以在皮肤表面发挥去角质的作用。

檀香木油（sandalwood oil）（差）

芳香性油脂，可能造成皮肤刺激和皮肤过敏。一项动物实验发现它具有抗癌作用。如果你的皮肤非常敏感，或者对香精过敏，那么一定不要选用含檀香木油的产品。

SD 乙醇（SD alcohol）（差）

参见乙醇。

沙棘（sea buckthorn）（好）

一种灌木状树木的浆果提取物。这种植物的果实中含有苹果酸和乙酸（果酸类成分，使水果具有酸涩味道）、有益成分类黄酮，以及油脂类。沙棘富含维他命 C，但大部分已在水果加工过程中（包括用于化妆品过程中）流失掉了。

外用沙棘被认为有多种好处，比如抗痘，但是缺乏相关研究的证实。比较有说服力的研究显示，在伤患处涂抹沙棘有助于伤口愈合，并且具有一定的抗氧化能力。

研究还表明，食用沙棘有助于改善紫外线对皮肤的伤害，原因在于它能够控制胶原蛋白的降解，并且提高超氧化物歧化酶的活性。超氧化物歧化酶是一种天然存在的抗氧化剂，有助于修复皮肤损害。

芝麻油（sesame oil）（好）

与其他无香植物油类似的柔润油。除与其他植物油相似之处外，芝麻油并不比我们评级更高的柔润油有其他过人之处。

牛油果树果脂（shea butter）（最佳）

一种植物性油脂，自卡特利树中提取，化妆品中用作柔润剂。牛油果树果脂富含抗氧化剂，包括表儿茶酸酯、表儿茶素、表棓儿茶酚、表儿茶素棓酸酯和表棓儿茶酚棓酸酯，以及五羟黄酮。

硅石（silica）（好）

大量存在于砂岩、黏土、花岗岩及部分动植物体内的矿物质。它是玻璃的主要成分。在化妆品中用作吸收剂和稠化剂。

二甲基甲硅烷基化硅石（silica dimethyl silylate）（好）

在化妆品中用作滑爽剂和悬浮剂。

聚硅酮（silicone）（好）

从硅石（沙子是一种硅石）中制取的一种物质。由于聚硅酮具有液体的特性，所以在皮肤上很容易抹匀，涂在皮肤上具有丝绸般柔滑的触感，具有保湿功能，其实在皮肤湿润的时候也有保水功能。有一些聚硅酮还可以促进伤口愈合，使皮肤疤痕看起来不明显。

用于化妆品的聚硅酮多种多样，特别是在免洗型护肤品和各种护发品当中。聚硅酮的常见形式是环五聚二甲基硅氧烷和环己硅氧烷；还有各种类型的聚二甲基硅氧烷和苯基聚三甲基硅氧烷。

声称聚硅酮会引发或加重青春痘，以及会刺激皮肤或“窒息”皮肤的说法并未得到公开发表的研究报告的证实。几乎所有这些说法不是胡编乱造就是坊间传言，仅仅凭这些不足以对化妆品成分的安全性和有效性下判断。我们怎么知道聚硅酮不会“窒息”皮肤呢？这是由它们的分子特性决定的，它们既透气又阻挡空气。不妨把配方中的聚硅酮设想成一个茶包，把茶包浸入水中，茶叶及其里面所有的抗氧化剂便会释放出其功能。

聚硅酮留在皮肤的表面，它所混合的其他成分都被“浸”透了。所有成分必须悬浮在一些基础配方上，其中某些成分留在皮肤表面，另一些则被皮肤吸收。这样做的目的是为了“活性成分”打开通路。试想有多少采用凡士林或矿物油作悬浮剂的外用药品，能够为其中的活性成分打开通路？还有就是凡士林比聚硅酮在防止水分流失方面更有效。

此外，常用的聚硅酮的分子结构也使得它们不可能窒息皮肤（更不用说不让皮肤呼吸了）。聚硅酮独特的分子结构（大分子之间都很稀疏）使之形成可渗透的保护屏障，这也解释了为什么聚硅酮成分既能够防止水分流失却又很少显得厚重或是闭塞的。

有趣的是，聚硅酮已被证实有助于改善皮肤干燥，并且防止常用的抗痘活性成分如过氧化苯甲酰和外用抗生素所造成的掉皮屑现象。此外，聚硅酮有时还用作填充剂，用来改善痘疤的外观，如果聚硅酮是一种会堵塞毛孔的物质，那么它就不会有效果了。聚硅酮之所以不会堵塞毛孔从而导致青春痘（或黑头粉刺），从化学的角度来看，最大的原因在于它们大多数是易挥发的。这意味着聚硅酮最初虽然显得黏稠，但随后迅速被挥发，从而不会渗入毛孔导致青春痘。聚硅酮反而会帮助产品中的其他成分更容易抹匀，从而形成丝滑的效果，显著改善皮肤的质地和外观——同时不刺激皮肤。

滑爽剂（slip agent）（好）

滑爽剂是指帮助其他成分在皮肤表面上涂开并渗入皮肤的一系列化妆品成分。滑爽剂也有保湿剂的作用。常见的滑爽剂包括丁二醇、甘油、聚山梨醇酯、丙二醇和甘油等。在化妆品中，滑爽剂和水同样重要。

丙烯酸钠 / 丙烯酰二甲基牛磺酸钠共聚物（sodium acrylate/acryloyldimethyl taurate copolymer）（好）

一种合成的聚合物，可用作稳定剂、悬浮剂及稠化剂。参见聚合物。

抗坏血酸磷酸酯钠（sodium ascorbyl phosphate ）（最佳）

一种性质稳定、水溶性形态的维他命 C，有抗氧化的功能。数量有限但很有前景的研究表明，浓度 1% 以上的抗坏血酸磷酸酯钠具有抗痤疮丙酸杆菌的功效，5% 浓度可降低青春痘引发的炎症反应。

这种形态的维他命 C 也有较强的美白作用，虽然相关的支持性研究并不多。

苯甲酸钠（sodium benzoate）（好）

一种苯甲酸盐，可用作防腐剂。这种成分中的苯甲酸贡献出一定的防腐特性，最显著的是抗真菌。

C14-16 **烯烃硫酸钠**（sodium C14-16 olefin sulfate）（差）

主要用作清洁剂，但对皮肤有较强的干燥和刺激作用。可以从椰子中制取。添加这种成分有助于产品保持性质稳定，它确实还会产生丰富的泡沫。有些清洁产品也添加了这种成分，以减少对皮肤的负面影响，但为什么不选用更温和的清洁产品呢？温和的清洁产品适合所有肤质，况且市面上可供选择的还不少。真的没必要勉强接受这种有可能造成皮肤问题的成分。

氯化钠（sodium chloride）（好）

即食盐。在护肤品中主要用作结合剂，有时也在去角质产品磨砂膏中作为摩擦剂。在化妆品中氯化钠最常见的用处是充当稠化剂。它常用于给香波、沐浴液和无皂洁面乳增稠。

椰油酰两性基乙酸钠（sodium cocoamphoacetate）（好）

从椰子脂肪酸中制取的温和的清洁剂，对皮肤有温和的调节作用。使用时会轻微起泡。

椰油酸钠（sodium cocoate）（差）

在肥皂中用作清洁剂。对皮肤有干燥和刺激作用。

椰油酰谷氨酸钠（sodium cocoyl glutamate）（好）

从椰子油中提取的清洁剂。它也有助于软化硬水，即从硬水中除去多余的矿物质。

椰油酰羟乙磺酸酯钠（sodium cocoyl isethionate）（好）

从椰子中提取，是一种温和的清洁剂。

脱氢乙酸钠（sodium dehydroacetate）（好）

用作防腐剂的有机盐。

透明质酸钠（sodium hyaluronate）（最佳）

与皮肤结构相同的物质——透明质酸的盐成分，认为比纯透明质酸对皮肤更具有功效。参见透明质酸。

氢氧化钠（sodium hydroxide）（普通）

氢氧化钠是一种碱性很强的物质，只能微量用于化妆品中调节产品的 pH 值。在一些清洁产品中也用作清洁剂。高浓度的氢氧化钠会对皮肤造成严重刺激。

月桂醇聚醚硫酸酯钠（sodium laureth sulfate）（好）

可从椰子中制得，是一种温和有效的清洁剂，常添加在洗发水和沐浴露中。月桂醇聚醚硫酸酯钠与月桂醇硫酸酯钠名字相似，但由于不同的化学分子式及制造该清洁剂所需的脂肪醇结构不同，使得月桂醇聚醚硫酸酯钠不具有刺激性，是一种更加温和的清洁剂，并且被众多行业专家认定为安全的化妆品成分。

月桂酰两性基乙酸钠（sodium lauroamphoacetate）（好）

性质温和的表面活性剂，也用作增泡剂。

月桂醇硫酸酯钠（sodium lauryl sulfate）（差）

月桂醇硫酸酯钠（SLS）由多种非挥发性醇化合而成，主要用作表面活性剂，但也可充当皮肤调节剂、乳化剂和溶剂。SLS 是刺激性最强的清洁成分之一，实际上它被当作衡量其他成分对皮肤刺激性大小的标准物质。在科学研究中，要想判断某种物质是否会造成皮肤问题，研究人员往往拿这种成分与 SLS 做对比。

浓度为 2%—5% 的 SLS 会引起许多人的皮肤过敏或应激反应。除了对皮肤有刺激性，SLS 的缺点并不像互联网上说的有那么多、那么严重。

甲基椰油酰基牛磺酸钠（sodium methyl cocoyl taurate）（好）

温和的表面活性剂，提取自椰子，常用作清洁剂，能够产生丰富的泡沫。

棕榈油酸钠（sodium palmate）（差）

肥皂成分，从棕榈油的酸盐中制取。可以是天然的，也可以人工合成。作为肥皂成分，它会使皮肤干燥，且产品的 pH 值通常为碱性，从而破坏皮肤的屏障功能，增加皮肤上的有害细菌。

PCA 钠（sodium PCA）（最佳）

PCA 的英文全名为 pyrrolidone carboxylic acid（吡咯烷酮羧酸），是皮肤的一种天然成分，也是一种很好的保水剂，可以充当皮肤修复成分。

聚丙烯酸钠（sodium polyacrylate ）（好）

多用途的合成聚合物，用作成膜剂、稳定剂、吸收剂、稠化剂和柔润剂。

溶剂（solvent）（好）

用来溶解或分解其他成分的物质（如水）。溶剂也可用来清洁皮肤，去除皮肤中的皮脂。

山梨酸（sorbic acid）（好）

一种防腐剂，可从花楸的浆果中提取，也可人工合成。山梨酸可用于化妆品、食品及隐形眼镜护理液等多种产品中。在一项有 514 名患湿疹的受试者参加的研究中发现，山梨酸造成的皮肤过敏反应仅占0.6%，比其他防腐剂低很多，有的防腐剂造成的皮肤不良反应甚至高达13.6%。

山梨坦硬脂酸酯（sorbitan stearate）（好）

在化妆品中用作稠化剂和稳定剂。

大豆提取物（soy extract）（最佳）

对皮肤有较强的抗氧化和抗炎作用。大豆提取物是许多具有抗自由基生物活性的植物提取物之一。研究发现大豆中的染料木黄酮可以刺激胶原蛋白的生成，并且大豆中多种成分能改善皮肤厚度和弹性，因此近年来大豆提取物在抗衰老产品中使用越来越广。

研究人员还考察了双叉杆菌发酵的豆奶提取物。在针对老鼠皮肤和人类皮肤纤维母细胞（实验室培养）的实验中，这种大豆提取物能够刺激皮肤中透明质酸的合成，这都归因于发酵过程中释放出大量的染料木黄酮。

还有研究发现，大豆提取物可以减少紫外线UVB对人类皮肤的伤害。

食用大豆或大豆提取物具有雌性荷尔蒙的作用，但没有研究发现外用在皮肤上也有同样的效果。

大豆油（soy oil）（最佳）

类似于其他非挥发性植物油的柔润油。

角鲨烯（squalene）（最佳）

从鲨鱼肝脏、植物（通常是橄榄树）和皮脂中提取的油脂。它是皮肤的一种天然成分，具有抗氧化和刺激免疫力的功能，也是很好的柔润剂。

圣约翰草（St.John’s wort）（好）

含有好几种经日晒后会对皮肤具有毒性的成分。使用任何含有圣约翰草成分的产品之后，都应该使用具有全波长防晒能力的防晒霜。

口服圣约翰草补充剂可以改善抑郁症，但这不表示涂在皮肤上会有同样的效果。不过它也具有较强的抗氧化作用。

有关皮肤愈合方面，有研究表明圣约翰草可加快愈合进程，同时减少疼痛，不失为一个将疤痕缩小、最终改善疤痕外观的合适选择。它还具有抗真菌和抗菌活性。

硬脂酸（stearic acid）（好）

一种脂肪酸，可用作柔润剂和乳化剂。参见柔润剂和乳化剂。

硬脂醇（stearyl alcohol）（好）

一种脂肪醇，可用作柔润剂，也可以帮助保持化妆品中其他成分的稳定。不要将硬脂醇与会导致皮肤干燥、刺激皮肤的变性酒精相混淆。

干细胞（stem cells）（普通）

干细胞是动植物体内能够转变成其他组织细胞，并再生出更多该组织细胞的细胞。尽管干细胞研究仍处于起步阶段，但许多化妆品公司仍然声称已经成功地将来自植物或人体的干细胞用于抗衰老产品，说这些产品能够减少皱纹，修复皮肤中的弹性蛋白，并且再生新的皮肤细胞，以此来诱导消费者购买。

而事实是，护肤品中的干细胞并不能发挥那些神奇的功效，达不到所承诺的效果。它们根本就不管用，因为干细胞必须是活着的才能发挥出干细胞的作用，可等到这些易损伤的细胞被添加到护肤品中的时候，它们早就死掉了，所以说真没什么用处。实际上，干细胞产品没用倒是一件好事，因为研究表明干细胞存在着致癌的潜在危险。

来自苹果、甜瓜、水稻的植物干细胞并不能刺激到人体皮肤的干细胞，然而因为它们是植物提取物，所以也可能有一定的抗氧化功效。这一点虽然不错，但干细胞产品的性价比不高，划不来。另外，植物干细胞的作用机制不能跟护肤品中的相同，你总不想让皮肤在吸收干细胞之后再长出苹果或西瓜来吧！

也有人说既然植物干细胞可以让植物做到自我修复或者在恶劣的环境中生存下来，那么这样的益处也可以转移到人体皮肤。但自然界中植物的功能发挥机制与人类皮肤的完全是两回事，所以这些说法靠不住。不论植物在沙漠中是如何存活下来的，也不管你往皮肤上涂多么厚的这类产品，如果你不注意保湿、防晒、穿衣，以及采取其他护肤手段，你的皮肤仍然不会好多少。

有关干细胞还有一个话题，化妆品公司都宣称已经从植物干细胞中分离出其成分（如肽），并且能够保持这些成分的性质稳定，那么它们就能够像干细胞那样发挥既有的功能，或者对皮肤中天然存在的成体干细胞发挥影响。对于这些改动过的类似干细胞的成分，这些说法完全是站不住脚的，因为干细胞必须保持自身完整才能够发挥作用。如何借助肽或其他成分去影响皮肤中的成体干细胞还有待进一步研究，但目前科学家们还在努力想搞清楚这么做是不是行得通，以及安全性如何。有些化妆品公司宣称已经从干细胞中分离出有用的物质，并且能够做到保持这些物质的性质稳定，但这些公司基本上没有对消费者说实话。至今，还没有公开发表、经过同行评审的研究报告证实干细胞提取物能够影响到人类的干细胞。

硫酸盐（sulfates）（好）

在护肤品和护发品中主要用作清洁剂，包括月桂醇硫酸酯钠、月桂醇硫酸酯铵、月桂醇聚醚硫酸酯钠。由于广泛传播的错误信息，许多消费者都惧怕化妆品中的硫酸盐。其实硫酸盐并没有问题，可一旦某些组织和公司给消费者造成了对某种化妆品成分的恐惧和担忧，那就回不了头了，伤害已然铸就。

事实上并没有研究可证实硫酸盐在护肤品或护发品中除了刺激性之外还存在其他问题，但一些化妆品公司大肆宣传和销售的不含硫酸盐的清洁产品也同样存在刺激皮肤的问题。一个清洁产品是否会造成皮肤刺激，将取决于硫酸盐的用量以及配方中添加了其他哪些成分。

以下是一些很典型的反对硫酸盐的观点：

“无硫酸盐洗发水和洁肤乳对头发和皮肤更有益。”这种说法远非事实。硫酸盐被认为会严重导致头发干枯和受损，但其实这跟清洁产品的情况相同，不含硫酸盐的洗发水同样有可能损伤发质。标榜不用硫酸盐的化妆品公司其实是拿其他一些清洁剂来替代，比如月桂醇磺基乙酸酯钠、月桂醇聚醚磺基琥珀酸酯二钠、月桂酰肌氨酸钠、椰油酰胺丙基羟基磺基甜菜碱、椰油酰羟乙磺酸酯钠、椰油酰胺丙基胺氧化物、2-磺基月桂酸甲酯钠等。但为什么这些成分就一定比硫酸盐好呢？对此化妆品公司既没有解释，也没有引用某项研究——因为相关研究根本就不存在。有时，这些公司会把这些成分罗列出来，说它们是从椰子中提取或者是来自椰子的成分，让它们听起来更“天然”，让消费者联想到它们对皮肤更有好处——可是它们归根结底大部分还是人工合成的。这并不是说它们有什么不好，只是说这样的宣传毫无诚意。你必须知道的是，无论产品中有没有添加硫酸盐清洁剂，这个产品会不会造成皮肤刺激将取决于配方和（或）你自身皮肤的反应。所有这些清洁产品都可以洗去油脂、堆积的死皮细胞，以及卸妆，这恰恰是这些产品本身该做的事。

“硫酸盐会导致癌症、白内障以及肝肾功能衰竭。”这可能是你听到过的最吓人的错误言论吧，但它们都没有得到科学研究的证实。连网站也爱吓唬你，说使用硫酸盐的洗发水或洁面乳会导致健康问题，但这些说法同样没有被研究所证实。

有一个网站引用了 20 世纪 80 年代做的一项研究，研究中纯硫酸盐清洁剂被用在兔子的眼睛上。往兔子眼睛里滴入纯硫酸盐会造成刺激毫不奇怪，但类似的研究表明，眼睛接触到睫毛膏（大多数女性每天都用）、柠檬和椒薄荷同样也会产生刺激。出现这些情况，与产品中成分的含量、与产品的使用方式之间却是一笔糊涂账。更重要的一个情况是，生产纯硫酸盐的工人并没有因为接触这类成分而增加患癌症、白内障或其他疾病的风险。

尽管没有研究显示硫酸盐和这些严重的健康问题之间有任何关联，但是有些硫酸盐含有微量 1,4- 二噁烷，这种成分被认为是可能的致癌物。从给老鼠喂食 1,4- 二噁烷的实验结果来看，让人联想到硫酸盐似乎会造成健康问题。但是摄入纯 1,4- 二噁烷和皮肤或头发接触到 1,4- 二噁烷根本不是一回事。请记住，不是所有含硫酸盐的产品都混有 1,4- 二噁烷，而使用硫酸盐替代品的产品中也可能很容易混有 1,4- 二噁烷，这个问题是永远得不到解决的。当然，这些问题也不会去解决，因为这些公司可不想把你吓跑——它们只想强调“硫酸盐是坏东西，我们的产品才安全”。

“硫酸盐会堵塞毛孔。”这简直太荒谬了！要真是这样的话，会有研究报告显示出硫酸盐合适的用量，以便这样的清洁剂能够温和地清洁头发和皮肤，并且减少青春痘。

“清洁产品中的硫酸盐很便宜。”这倒是真话，但便宜又怎么样呢？许多成分，无论是天然的还是合成的都便宜，有一些成分却很贵，但这跟质量和效果全无关系。无硫酸盐型洗发水的第一大成分是水（约占 90%），没有哪种化妆品成分比水更便宜了！

“含硫酸盐的地板清洁剂有腐蚀性。”这可能是真的，如果硫酸盐的用量很大并且长期残留在地板上，但那又怎么样呢？道路除冰要用盐，可能会让汽车生锈，但这不能说盐就不好；一切只取决于用量的多少，以及在物体上存留多久。不含硫酸盐的洗发水和洁肤乳也是一样，它们也可能有腐蚀性，取决于用量多少和时间长短罢了。

“硫酸盐有刺激性。”这绝对是真的，但是，那又怎么样呢？一般来说，只要成分的用量合适，含硫酸盐或不含硫酸盐的洗发水和洁肤乳都不会刺激皮肤。所有关于硫酸盐刺激性的研究都采用斑片试验，让皮肤接触一定浓度的硫酸盐长达 24 小时，以绷带覆盖，这与洗发水或洁肤乳的使用方式完全不同。月桂醇硫酸酯钠被认为是刺激性最强的清洁剂之一，如果它在产品成分表靠前的位置，我们建议你不要使用——这并非因为它是一种硫酸盐，而是因为它与皮肤之间的相互作用。

总之，硫酸盐各不相同，其中大部分是相当安全有效的。更重要的是，长时间一直接触不含硫酸盐的替代品也可能导致皮肤干燥和皮肤刺激，当然，这些产品也不是这么使用的。

葵花籽油（sunflower oil）（最佳）

非芳香、非挥发性植物油，在化妆品中用作柔润剂。葵花籽油有助于修复皮肤的屏障功能和减轻炎症反应。它富含脂肪酸如亚油酸，非常适合干性皮肤。

超氧化物歧化酶（superoxide dismutase）（最佳）

人体中的一种具有较强抗氧化能力的酶。

表面活性剂（surfactant）（好）

表面活性剂可以去除皮肤的油脂或乳化油脂，和洗涤产品一样，可以使污垢悬浮在水中方便清洁。大部分洁面产品都含有表面活性剂，且大部分表面活性剂都是温和有效的，但也有一些会造成皮肤刺激或皮肤干燥，当它们是洗面奶、沐浴露或洗发水的主要成分时，应尽量避免使用这些产品。在导致皮肤干燥、皮肤刺激的表面洗性剂当中，最常见的是月桂醇硫酸酯钠。听上去名字很接近的月桂醇聚醚硫酸酯钠则好得多。

T

滑石粉（talc）（好）

天然硅酸盐矿物质，是扑面粉的主要成分，在护肤品中也用作吸收剂。大量研究发现，使用含滑石粉化妆品的消费者或滑石粉产品制造工人患肺癌的几率和一般人是一样的，但流行病学研究发现，在女性外阴部经常使用纯滑石粉会增加患卵巢癌的风险。但发表在《管制毒理学与药理学》期刊上的另一篇文章指出："滑石粉没有毒性，将滑石粉注射入老鼠的卵巢后也没有致癌……没有确切的证据证实使用含滑石粉的化妆品会增加患癌症的风险。"

大红桔油（tangerine oil）（差）

一种芳香的挥发性油，可能会造成皮肤刺激。大红桔（*Citrus tangerina*）油所含的主要刺激性成分来自它的芳香物质苧烯。

互生叶白千层油（tea tree oil）（好）

来自白千层属灌木。白千层油有杀菌作用，能杀死造成青春痘的细菌，它也有抗炎和抗氧化作用。

一些有趣的研究表明，白千层油是一种有效的抗微生物剂。《应用微生物学》期刊上的一篇研究指出："白千层油具有广谱抗菌活性，对革兰氏阴性菌（大肠杆菌AG100）、革兰氏阳性菌（金黄色葡萄球菌 NCTC 8325）和酵母菌（白色念珠菌）有效。白千层油能够破坏细胞膜结构的阻渗层，并减少化学渗透假说的控制力，这是它在最低抑制水平下杀死细菌的重要原因。"

此外，在一项针对白千层油治疗唇疱疹的随机、安慰剂对照研究中，发现白千层油具有类似 5% 浓度阿昔洛韦的药效。

有关抗痘，一些研究表明，白千层油作为外用消毒剂能够杀死导致青春痘的细菌。然而，问题的关键在于：多大用量的白千层油才能够起效？

《澳大利亚医学》期刊的一篇研究比较了白千层油和过氧化苯甲酰在治疗青春痘方面的疗效。研究中，119 名患者中，58 名使用 5% 浓度的白千层油凝胶，61 名使用 5%

浓度的过氧化苯甲酰乳液。研究得出结论认为："两种治疗方法在减少皮损方面都是有效的，但过氧化苯甲酰的效果更加显著。在皮肤控油方面，同样是过氧化苯甲酰的效果更显著。"然而，虽然过氧化苯甲酰在减少青春痘方面效果更优，但副作用（皮肤干燥、刺痛、出现烧灼感）也更明显——"使用过氧化苯甲酰的患者中有 79% 出现副作用，使用白千层油的只有 49%"。

在治疗青春痘时，白千层油的推荐浓度为 5%—10%。然而，大多数护肤品中白千层油的含量不到 1%；因此，这些产品基本没有杀菌效果。注意：白千层油是一种芳香性油脂，其挥发性成分苧烯和桉叶油素会导致皮肤在接触到空气时发生皮炎。对于白千层油产品，一定要小心使用和储存。

月桂醇硫酸酯 TEA 盐（TEA-lauryl sulfate）（差）

月桂醇硫酸酯 TEA 盐被认为是一种令皮肤极其干燥的清洁剂，当该成分充当产品的主要清洁剂时尤其如此。大量研究发现月桂醇硫酸酯钠是一种可能导致皮肤过敏的清洁成分，但并没有研究表明月桂醇硫酸酯 TEA 盐也会如此。不过因为这两种成分非常接近，建议都不要使用含有这两种成分的产品，主要目的是避免皮肤刺激，如果有人不同意这种看法也是可以理解的。

四己基癸醇抗坏血酸酯（tetrahexyldecyl ascorbate）（最佳）

一种稳定的维他命 C 形态，类似于左旋抗坏血酸。与纯维他命 C（抗坏血酸）不同，四己基癸醇抗坏血酸酯是脂溶性的。一些研究人员相信这种形态的维他命 C 与皮肤关系更密切，因为它的脂肪酸成分有助于渗入皮肤，从而避免维他命 C 成分迅速被氧化。研究表明，这种成分能刺激健康的胶原蛋白合成，并且有助于改善深度皱纹。

EDTA 四钠（tetrasodium EDTA）（好）

螯合剂，用来防止化妆品配方中的某些矿物质与其他成分相结合。

稠化剂（thickening agent）（好）

具有蜡质或乳霜质感的物质，涂后令皮肤感觉柔润，也可以作为润滑剂。稠化剂有几千种，广泛应用于乳液、乳霜、唇膏、粉底和睫毛膏等产品中。不同稠化剂的组合运用，能够形成产品独特的触感和形态，让消费者有更多的选择。

麝香草提取物（thyme extract）（普通）

来自麝香草的叶子或花的提取物，有较强的抗氧化作用。它的芳香成分也可能引起皮肤刺激，但其中的有益成分对皮肤有帮助。一般来说，麝香草提取物在护肤品中不是主要的抗氧化剂，然而，在以较低用量与其他抗氧化剂组合使用时，它便成为一个有益的添加物。

麝香草油（thyme oil）（差）

从麝香草中提取的植物油，含有多种有效抗氧化剂，但它的芳香成分有可能刺激皮肤。出于这个原因，含有麝香草提取物的产品相对比添加麝香草油的产品更安全，既能获得麝香草抗氧化剂带来的好处，又能避免麝香草油中芳香成分给皮肤的刺激。

麝香草油还具有药用价值，3% 及以上浓度的麝香草油具有抗真菌和抗菌特性。然而，麝香草油只是在短期内用来杀灭真菌和有问题的细菌，而不适合添加在护肤品中长期使用。

天来施（Tinosorb）（最佳）

欧洲批准使用两种防晒剂来防护紫外线 UVA，分别是天来施 S（双 - 乙基己氧苯酚甲氧苯基三嗪）和天来施 M（亚甲基双 - 苯并三唑基四甲基丁基酚）。目前还不确定这两种成分是否比其他紫外线 UVA 防护成分更好。在本书付印时，天来施 S 和天来施 M 仍然未获批准在美国和加拿大使用。

二氧化钛（titanium dioxide）（最佳）

在化妆品中用作稠化剂、增白剂、润滑剂和防晒剂的惰性矿物质。它能防护皮肤免遭紫外线 UVA 和 UVB 的伤害，而且对皮肤没有刺激性。由于二氧化钛性质温和，所以尤其适合敏感性皮肤或患有酒渣鼻的人使用。它也适合用在眼睛周围的皮肤，几乎不会令皮肤刺痛。

虽然二氧化钛是一种天然成分，但自然界中的纯二氧化钛总是会掺入一些潜在有害的污染物，如铅和铁。因此，化妆品和防晒品中使用的二氧化钛是通过人工合成的方法纯化而来的。

用于化妆品的二氧化钛通常经过了微粉化和涂覆处理。微小的二氧化钛颗粒更容易在皮肤上涂匀，形成更雅致的妆效；并且与未经过微粉化的二氧化钛颗粒相比，它的防晒功能更强更稳定。二氧化钛微粉不会渗入皮肤，所以使用者不用担心它会进入身体。甚至当使用二氧化钛纳米颗粒时，它上面涂覆材料的分子也大到足以防止它们进入最外层的皮肤。这意味着二氧化钛防晒产品不会有伤害皮肤细胞的任何风险。

涂覆处理提高了二氧化钛的易用性，增强了防晒效果，还可以防止在日晒下二氧化钛与其他成分相互作用，从而增强了防晒产品的稳定性。用于涂覆二氧化钛的成分多数为氧化铝、聚二甲基硅氧烷、硅石和三甲氧基癸酰基硅烷。

作为防晒剂使用的二氧化钛也常常被改性，以确保其有效性和稳定性。常用的表面改性剂成分包括硬脂酸、异硬脂酸、聚羟基硬脂酸和聚二甲 / 聚甲基硅氧烷共聚物。

一些网站和医生认为二氧化钛不如氧化锌。氧化锌是另一种矿物防晒成分，其核心特性与二氧化钛相似。我们不知道这个说法是从何说起的，但事实上二氧化钛的确是一个很棒的全波长防晒成分，被广泛用于各种防晒产品之中。一些研究通过 UV 频谱图来给防晒成分评级，这才是令一些消费者感到迷惑之处。按照大多数标准，防晒剂的全波长防护范围要超过 360 纳米，而二氧化钛的防护范围还不止 360 纳米。根据所掌握的研究报告的不同，你会发现有的研究认为二氧化钛与氧化锌功效相同，有的则认为二氧化钛要稍弱。

虽然在防护紫外线 UVA 方面，二氧化钛的评级不如氧化锌那么靠前，但毕竟是很小的差距（就好比 10 岁与 10 岁零 3 个月的差别）。防晒成分会不会受到产品中其他成分的影响，这是很难搞清楚的，因此许多人，包括一些皮肤科医生，都假定氧化锌对紫外线 UVA 的防护力要超过二氧化钛。尽管二氧化钛的紫外线 UVA 防护力要弱于氧化锌，但这两种成分在相同的时间内，都能够持续提供全面的紫外线 UVA 防护。

生育酚（Tocopherol）（最佳）

参见维他命 E。

生育醋酸酯，生育酚乙酸酯（tocopherol acetate，tocopheryl acetate）（最佳）

参见维他命 E。

海藻糖（trehalose）（好）

一种植物糖，对皮肤有保水作用。

三山嵛精（tribehenin）（好）

又称三山嵛酸甘油酯，是甘油和山嵛酸的化合物，用作皮肤调节剂。

十三烷醇硬脂酸酯（tridecyl stearate）（好）

在化妆品中用作稠化剂和柔润剂。参见稠化剂和柔润剂。

十三烷醇偏苯三酸酯（tridecyl trimellitate）（好）

用作皮肤调节剂和稠化剂。参见稠化剂。

三乙醇胺（triethanolamine）（好）

在化妆品中用来调节产品的 pH 值。和其他胺类化合物一样，它也可能生成致癌物质亚硝胺。理论上亚硝胺无法渗入皮肤，并且化妆品中三乙醇胺的含量都很低，尽管如此，含有三乙醇胺的化妆品是否存在安全问题尚有争议。

三乙氧基辛基硅烷（triethoxycaprylylsilane）（好）

一种具有结合剂和乳化剂作用的聚硅酮。

U

泛醌（ubiquinone）（最佳）

又称为辅酶 Q10。口服、外用泛醌均有抗氧化和抗炎作用。化妆品中的泛醌通常是合成的。

群青类（ultramarines）（好）

无机色素，有多种颜色，FDA 已把它列为可以永久使用的色素，但只可外用，包括眼部皮肤也可以使用。

尿素（urea）（好）

尿液中的一种成分，但化妆品中的尿素是人工合成的。低浓度的尿素对皮肤具有很好的保水和去角质作用，但高浓度尿素可能会造成皮肤发炎。

V

扁叶香果兰果提取物（*Vanilla planifolia* fruit extract）（好）

该提取物主要用作香精。扁叶香果兰含有儿茶素（一种多酚类），具有抗氧化和抗炎的作用。

乙烯基聚二甲基硅氧烷 / 聚甲基硅氧烷硅倍半氧烷交联聚合物（vinyl dimethicone/methicone silsesquioxane crosspolymer）（好）

硅氧烷聚合物的共混物，用作增稠剂和纹理增强剂。参见稠化剂。

维他命 A（vitamin A）（最佳）

参见视黄醇。

维他命 B_3（vitamin B3）（最佳）

参见烟酰胺。

维他命 B_5（vitamin B5）（最佳）

参见泛醇。

维他命 C（vitamin C）（最佳）

参见抗坏血酸。

维他命 E（vitamin E）（最佳）

最知名和研究最彻底的一种抗氧化剂，口服或外用均有效。目前认为维他命 E 是抗氧化物种的明星（最佳的抗氧化剂并非一种，而是一组）。维他命 E 是脂溶性的，有各种形态，其中生物活性最高的是 α - 生育酚。

无论是人工合成的还是天然存在的，维他命 E 有 8 种基本形态，其中最典型的形态是 d- α - 生育酚、d- α - 生育酚乙酸酯、dl- α - 生育酚和 dl- α 生育酚乙酸酯。在“α”前的“d”表示来源于天然物质，例如植物油或小麦胚芽。“dl”表示人工合成。研究表明，与人工合成的维他命 E 相比，天然形态的维他命 E 效力更强，对皮肤的作用时间也更长，但这两种维他命 E 都具有抗氧化活性。

纯维他命 E 对伤疤有效吗？少量的纯维他命 E 与其他皮肤修复成分混合使用会有助益，但含量过高也可能造成问题。发表在《皮肤外科学》期刊上的一篇研究得出的结论是：“……研究表明，在做美容外科手术后，口服纯维他命 E 对疤痕没有影响，外用维他命 E（比如把维他命 E 药片碾碎涂抹在皮肤上）甚至可能对疤痕的外观有害。”在这项研究中，90% 的案例外用维他命 E 无效，或者反而会让疤痕更明显。然而，就像许多皮肤科医生披露的那样，很多患者相信维他命 E 可以防止疤痕形成，或者改善疤痕的外观，因此有关维他命 E 的各种用法及其效果的传闻仍将传播下去。

少量的维他命 E 有抗氧化作用且不会有接触性皮炎的风险，但如果大量使用，则可能造成接触性皮炎。从这个角度来说，维他命 E 是一种有助于皮肤愈合的添加剂。

VP / **二十碳烯共聚物**（VP/eicosene copolymer）（好）

成膜剂，通常在防水的防晒产品中使用。它有助于防晒剂更好地附着在皮肤上，并且防止产品在水中分解。它不会长时间有效，这也是为什么即使你用了防水型防晒霜之后，仍然必须定时补擦的原因。

VP/ 十六碳烯共聚物（VP/hexadecene copolymer）（好）

一种合成的聚合物，在化妆品中用作结合剂、稠化剂和分散剂。参见聚合物。

W

胡桃壳粉（walnut-shell powder）（普通）

研磨后在磨砂膏中充当摩擦剂，但它比聚乙烯颗粒要差，因为胡桃壳粉的轮廓不可能光滑，从而会导致皮肤微小的刮擦，破坏皮肤的保护屏障。

水（water）（好）

使用最广的化妆品成分；水通常是化妆品中含量最高的成分，所以常常被列在产品成分表之首。尽管有人宣称皮肤需要水分，有些产品宣称添加的是特殊的水，但研究证明水对皮肤来说并不是最重要的成分。皮肤表层只需要 10% 的水分就可以让皮肤保持光滑了。研究发现干性皮肤与中性皮肤及油性皮肤中的含水量并没有明显差别，而且皮肤中的水含量过多，还会破坏联系皮肤细胞的细胞间质，造成皮肤问题。皮肤细胞间的脂质和其他物质的最重要作用是保持细胞完整和避免水分流失。

柳树皮（willow bark）（好）

含有水杨苷，口服后会在体内转变成水杨酸。将水杨苷转换成水杨酸的过程需要酶的参与，过程很复杂。此外，水杨苷和水杨酸一样，只有在酸性环境下才能保持性质稳定。一般来说，化妆品中微量的柳树皮要想发挥水杨酸的功效是不太可能的，然而，水杨苷的结构和阿司匹林类似，所以柳树皮对皮肤还是具有一定的抗炎作用。

金缕梅（witch hazel）（差）

常用的一种植物提取物，具有较强的抗氧化作用和一定的抗刺激作用。然而，金缕梅中的丹宁含量很高（丹宁是一种强力抗氧化剂），由于丹宁会导致血管收缩，反复用于皮肤会造成皮肤刺激。金缕梅的树皮比树叶含有更多的丹宁。在制取金缕梅提取物时，可采用蒸馏法去除丹宁，但它也将失去收敛剂的作用。

蒸馏过程会添加 14%—15% 的酒精。金缕梅水是由整个植物经过蒸馏而得来的，因此你无法确切知道最终的产物是什么，但是酒精还在。

如果你一定要用含金缕梅的产品，你就必须先做试验，看皮肤能够耐受多少量的酒精（会导致自由基伤害和胶原蛋白分解），或者能够耐受多少量的丹宁，或者同时耐受多少量的酒精和丹宁。此外，金缕梅还含有芳香的化学物质丁香酚，这种物质也会造成皮肤刺激。

X

黄原胶（xanthan gum）（好）

用作稠化剂和稳定乳液的天然成分。乳液是指把多种不同的物质如油和水混合在一起的混合物的总称。

Y

酵母菌（yeast）（好）

能发酵糖类的一类真菌。酵母可提取 β - 葡聚糖，β - 葡聚糖是一种很好的抗氧化剂。酵母是单细胞真菌，通过芽殖或裂殖生成新的细胞。由于啤酒酵母菌繁殖迅速，所以在生物科技产业中被广泛运用。但是有些酵母菌会致病，例如隐球菌和白色念珠菌。

啤酒酵母菌是否对皮肤有益目前尚不明确。少数几篇研究发现活性酵母菌细胞提取物能促进伤口愈合，但相关研究非常少。目前对酵母菌效用的认识还停留在理论阶段，大部分都和组织修复作用或抗氧化作用有关。把酵母菌添加在护肤品中可能具有潜在的前景，但到底有什么效果仍不确定。

香水树（ylang ylang）（差）

一种挥发性的芳香油脂。1971 年后，人们已经认识到它会造成皮肤刺激，也可能导致皮肤过敏。每天使用这种成分比偶尔使用会有更大的风险。

酸乳（yogurt）（普通）

没有研究发现外用酸乳对皮肤有益。

Z

锌（zinc）（最佳）

越来越多的研究表明，锌具有显著的抗炎和抗氧化作用。与外用抗生素红霉素一起使用时还可以治疗青春痘。服用锌可促进伤口愈合，也有助于身体健康。

氧化锌（zinc oxide）（最佳）

一种惰性矿物质，在化妆品中用作稠化剂、增白剂、润滑剂和防晒剂。目前认为氧化锌和二氧化钛同样对皮肤没有刺激性。它还具有抗炎和较强的抗氧化作用。

外用纳米级氧化锌是否具有安全性还有待进一步研究。

图书在版编目(CIP)数据

美丽圣经: 升级版/(美)宝拉·培冈,(美)布莱恩·拜伦,(美)德希莉·斯托达著;童文煦,程云琦译. —桂林: 广西师范大学出版社,2017.4(2019.3 重印)
书名原文: THE BEST SKIN OF YOUR LIFE STARTS HERE
ISBN 978－7－5495－9582－2

Ⅰ. ①美… Ⅱ. ①宝… ②布… ③德… ④童… ⑤程… Ⅲ. ①美容－基本知识 ②皮肤－护理－基本知识 Ⅳ. ①TS974.1

中国版本图书馆 CIP 数据核字(2017)第 042611 号

出 品 人: 刘广汉
责任编辑: 阴牧云　顾杏娣
装帧设计: 李婷婷

广西师范大学出版社出版发行
(广西桂林市五里店路 9 号　邮政编码: 541004
网址: http://www.bbtpress.com)
出版人: 张艺兵
全国新华书店经销
销售热线: 021－65200318　021－31260822－898
山东鸿君杰文化发展有限公司印刷
(山东省淄博市桓台县寿济路 13188 号　邮政编码: 256401)
开本: 690mm×960mm　1/16
印张: 28.25　字数: 300 千字
2017 年 4 月第 1 版　2019 年 3 月第 3 次印刷
定价: 78.00 元